DSLR
流行镜头大比拼
LENS TEST REPORT

策划　伍振荣
编撰　胡民炜、黎韶琪、姜荣杰

U0310231

中国摄影出版社
China Photographic Publishing House

C O N T E N T S 目 录

Olympus

Panasonic

Pentax

Sigma

Sony

Tamron

Tokina

以客观测试数据为依据
评说数码单反镜头实力

100% 现场实拍

▲ 要测试镜头的真实成像素质，必须认真地拍摄。我们由经验丰富的编辑操作，每次试用都要求试出镜头的威力，呈现出所测试镜头到底有多厉害！

美国一个由专业摄影师创办的器材评测网站Kenrockwell.com在一篇评测AF—S Nikkor 70—200mm f/2.8G IF ED的文章中，不点名地批评某个广为一般网友追捧的数码相机网站于2008年5月刊登的一篇镜头评测文章"已沦为美国专业摄影师的笑柄"。该网文提出，这是一个由一名业余摄影发烧友建立的网站，以业余人士的认知能力写文章给业余人士看，文章从表面上看似乎头头是道，但由于欠缺专业摄影知识，一味以发烧友想当然的观点去品评这一支Nikon名镜，结果令那些真正每日靠这支镜头去"搏杀"的专业摄影师感到该种评测荒谬绝伦。

事实上，在Web 2.0时代，任何人都可以在网上发表任何不用负责的言论，网下一个人，网上另一张脸，说错了，改另一个名又可以"重新登录"。例如一些任由网友自己发表的器材评测，由各人自己写出心中所想的"优点"和"缺点"，往往对同一支镜头不同的人有完全相反的评价，一个优点在其他人眼中又变成缺点，反之亦然；这些用户凭良心的率直评论虽然也有一定的参考价值，但亦流于极度主观，因此读者除非想选择性地找自己喜欢听的说话，否则要极小心过滤那些由没有真正用过该器材的人作的主观判断；由用户自己说会因为拥有该器材而难免多说"好话"，评语未必能一针见血。但由非拥有者评论，只要"敢言"，总有网民拍烂手掌信以为真。

《摄影杂志》早在1989年已开始出版第一册"流行镜头测试"。那个时候，香港的摄影刊物都是翻译国外刊物的测试内容，几乎100%全文翻译，可信度完全可以和国外的权威刊物挂钩；后来我们慢慢发展自己的镜头测试，但早期的测试其实只是试用报告，我们以用户的角度亲自体验镜头的表现，用的方法是以幻灯片实拍，然后按照幻灯片的影像表现实话实说。在撰文的过程中，我们只会写出在幻灯片上看到的事实，例如，我们看到f/2.8有暗角，或24mm时有桶状变形，就写"镜头有暗角"或"有明显的变形"，看不到当然就不写，纯粹只是事实的陈述；我们和世界上其他摄影杂志一样，只会就产品的规格作评述，而不会大肆抨击个别产品的规格应该怎样，例如我们不会抨击某镜头只有f/4光圈不够大，因为用户如嫌f/4不够大，可以选择f/2.8的版本；我们不会以激烈的言词去抨击超广角镜头边缘有暗角，因为这是光学的必然现象，这不是生产商的错，只是他们没有"矫正"好，但要矫正也就绝不是这个价钱。

100% Lab Test

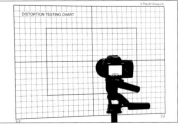

▲ 为了反映镜头线性失真状态，我们有专用的图表，客观准确地呈现每支镜头的线性失真结果。

▲ 我们测试镜头要求严格，采用色温准确的灯箱，每次测量都保证光源稳定一致，得出的结果才能信任！

▲ 为了准确显示镜头的解像力，本刊特意订购符合ISO国际标准的测试板，这才能真实反映镜头的锐度。

▲ 我们测试四角失光，是用均匀光源，才可真正反映镜头四角失光的情况。

▲ 我们每次试镜都抱着认真的心态，绝无虚假！

到了DSLR时代，我们除《摄影杂志》外也出版了《DC Photo》，开始订立科学化的镜头测试机制，一套严格的测试流程开始出台，自2000年以来，我们测试镜头的方法已被不少本地同行仿效，但我们以对摄影器材长期的经验及专业认知，不停完善及更新评测方法。但也有一些有问题的做法，我们一旦发现后就会弃用。

例如，几年前网上有一软件产商推出一套镜头评测的软件，只要先拍摄几个图表的影像，软件就能产生一些看似十分科学化的仿真MTF数据及偏色数据的图表。我们本来也购买了这套软件，但试用了几个月后，就发现它有极大的漏洞，根本不能获得稳定的结果，因此我们把沿用已久的评测数据和该软件的评测结果并排刊登给读者参考。但由于两组数字相差太远，我们于是在确定该软件极不可靠后便放弃使用。原因是就算同一部DSLR以同一镜头在同一环境下拍摄的两个构图轻微不同的影像，软件产生的数据就不同了，这根本不是测试镜头而只是测试影像。但影响拍摄结果的因素太多太多了，例如光源的分布、色温等。又例如同一支镜头安装在不同DSLR拍摄，或以不同的器材拍摄也是有明显区别的，这种不稳定的数据根本难以令人相信。因此，我们决定维持以传统的、环境受到绝对控制的Lab Test（实验室测试）方式，以实拍的影像找出结果。经过观察、评估和计算后得出的测试结果，而且，每次的测试会反复做几次，肯定数据稳定才以最中庸的数字刊登，以排除人为错误得出的错误数据。

我们每支镜头的测试报告，均罗列结论性的数字供读者参考，我们没有任何的"吹捧"，也没有任何的"夸大"，一切由客观的数据为准，并加上我们以数据所得出的结论。

这本2012年出版的《DSLR流行镜头大比拼》收录了60多款近年最流行的DSLR镜头，均是我们严格进行过实测的试用报告，所有数据均有事实的支持，对有兴趣考虑投资这些镜头的消费者极有参考价值。

伍振荣

▲ 早在1989年已推出的第一册"流行镜头测试"。

广角、标准、远摄
选择最合适的镜头

镜头数量繁多，满足用户不同的喜好和需要，但数目之多却令用户眼花缭乱，其实按照镜头的焦距，我们可以把各种镜头大致分成三大类，分别为广角镜头、标准镜头和远摄镜头。以135格式而言，广角镜头一般是指视角比50mm广阔的镜头，常用的是24mm、28mm、35mm，甚至有20mm或18mm以下的超广角镜头；一些变焦范围全都属于广角的，称为"广角变焦镜头"，特别适合风景及纪实摄影。而标准镜头也很受欢迎，常用的标准镜头是50mm，而由于APS-C格式的DSLR需要把焦距乘换算系数来推算其视角，所以APS-C格式用的35mm焦距也被视为标准镜头；此外，涵盖标准镜头焦距的变焦镜头，也可以称为"标准变焦镜头"，适合广泛的用途。至于专业用户常常用到的远摄镜头也有很多选择，以80mm到135mm左右属中等焦距的远摄镜头，习惯称为"中焦镜头"，适用于人像摄影，因此又称为"人像镜头"；135mm以上的，例如200mm、300mm，均属正式的远摄镜头；变焦范围全属远摄的，则称为"远摄变焦镜头"，本文以下会为大家一一介绍这些镜头的特点以及应用的范围。

▲利用广角镜头涵盖宽阔的画面，很适合风景或纪实摄影。

广角与广角变焦

WIDE

广角镜头是指视角较人类肉眼的视觉范围更为广阔的镜头，以135格式为例，大约35mm或以下焦距的镜头，或APS-C格式的24mm左右或以下的都可以被视为广角镜头。135格式的焦距短于20mm，例如18mm或APS-C格式的14mm或以下，就更可以被称为"超广角镜头"。

▲ Canon EF 16-35mm f/2.8L II USM

■常用的广角镜头焦距

135	APS-C
18mm	12mm
24mm	16mm
28mm	18mm
35mm	24mm

135、APS-C和4/3格式

DSLR普遍可分为135格式（全画幅）、APS-C格式及4/3格式三大类。例如Nikon就把它们分别称为"FX"（135格式）及"DX"（APS-C格式），其他品牌如Canon、Sony等也有推出135格式及APS-C格式的DSLR，至于Olympus及Panasonic则推出4/3及M4/3两款面积更小的格式。究竟它们之间有何特点？

135格式是指CCD/CMOS的面积与传统的135胶片的面积相同，就是24mm×36mm，因此又称为全画幅。它可以沿用过去135胶片相机用的镜头，并提供相同的视觉效果；在135格式的DSLR面世前，所有DSLR所用的CCD/CMOS的面积均比135格式更小，比以往胶片时代的APS格式更小，因此便有人称为APS-C画幅，C代表小型（Compact）之意。

至于4/3或M4/3是画幅更小的格式，由Olympus、Panasonic及Leica等相机公司共同开发和使用，而4/3与M4/3的画幅大小相同。

由于APS-C和4/3都比135格式小，同一焦距的镜头安装在APS-C的DSLR上，视角便比用135格式时小了。因此，便要乘以一个"换算系数"才能推算出相当于用在135格式时的视角。例如APS-C需要乘以1.5或1.6，以50mm镜头为例，用于APS-C乘以1.5或1.6就等于75mm或80mm的视角，若用于4/3或M4/3，则要乘以2，相当于100mm的视角；此外，个别DSLR的CCD/CMOS面积介乎135与APS-C之间，要乘以1.3倍，被称之为APS-H格式。

APS-C画幅变化的影响

135格式

APS-C格式

■TIPS

选择全画幅还是 APS-C镜头好一点？

由于APS-C格式的DSLR远比全画幅DSLR便宜，用APS-C的摄影人远比用全画幅DSLR的多。因此，APS-C格式已成为一种最流行的DSLR格式，日后未必一定要"升级"到全画幅。用户选择镜头时，如使用入门级DSLR的朋友，完全可以集中考虑用APS-C规格的镜头。虽然当用户"升级"到全画幅时，这些APS-C镜头便没法用，但考虑到价格、体积和重量，特别是广角镜头方面，APS-C格式的焦距特别短，比全画幅的广角镜头更适用。

▲ 利用超广角可拍到极具震撼的影像，照片非常夸张，极有气势。

定焦广角与变焦广角

DSLR的时代早已是变焦镜头的时代，不少人学习摄影其实都是以变焦镜头开始的。如今已很少有摄影爱好者以定焦镜头开始其摄影生涯，原因是市面上初中级的DSLR大多以套装出售，所附带的镜头都是由广角开始的"标准变焦镜头"，由广角到中焦，适合大部分常见的题材。但较资深的摄影师，则有可能选择使用定焦广角镜头或广角变焦镜头。

以135格式为例，定焦广角常见的有35mm、28mm、24mm，甚至20mm或18mm。定焦广角镜头在变焦时代仍有相当多的优点均是不会轻易被变焦镜头取代的，包括定焦广角镜头一般会有较大的光圈，例如f/2.8或更大的光圈；而且定焦镜头与变焦镜头相比更短小、轻巧，方便携带和使用；加上一般定焦广角镜头会有较近的对焦距离，这是一般广角变焦镜头所不及的。

至于广角变焦镜头，并非指所有涉及广角焦距范围的变焦镜头，而是专门指一些整个变焦范围均属广角或不超越标准镜头的变焦镜头，例如APS-C格式的10-24mm、12-24mm，或135格式的14-24mm和18-35mm等。

广角镜头的应用

广角镜头是极流行的一类镜头，因为纪实范畴的摄影，均用得着广角镜头。例如新闻摄影、纪实摄影、风景摄影、人物摄影、体育摄影，均有很多机会用得着广角镜头。因此，无论是专业摄影师或业余摄影爱好者，均少不了准备一支或多支适用的广角镜头。

例如新闻摄影或纪实摄影，通常要在狭窄的环境作近距拍摄，广角镜头就可以在这种情况下在近距离拍摄到显著的主体及丰富的背景，这是标准镜头或远摄镜头所无法做到的；对于风景摄影而言，广角镜头可以拍摄到宏伟的风貌，名山大川，均可以利用广角镜头把慑人的气势表现出来；对于建筑摄影而言，无论建筑物的外貌或它内部的室内设计及装饰，均可用广角镜头把它们的空间感适当地表达，而且，也只有广角镜头才能把景物收入画面之中。

至于人物摄影，除了半身人像外，一些人与环境的表达，以至全身人像，也可以借助广角镜头，例如35mm镜头能把它们恰到好处地记录下来；至于体育摄影，一般人以为非远摄镜头不可，但其实对整体性的体育项目而言，摄影师也有机会用到广角镜头作近距拍摄。例如拍摄整个场馆或近距离拍摄一些项目特写，在赛车场拍摄比赛前的车场特写或其他可以靠近拍摄的体育场地内的赛事，就是发挥广角镜头优势的好机会。

至于对业余摄影爱好者而言，广角镜头更是用途大了，包括用于一般的街头摄影、生活摄影、典礼活动的记录，以至拍摄烟花、夜景、民间传统庆典均是没有广角镜头不行的。

广角镜头的特性

广角镜头的主要特点是拥有广阔的视角，以至夸张的透视感，尤其对一些特别广的广角镜头而言，这一种特性更加明显；甚至当使用较夸张的广角镜头时，摄影师向前或向后移动相机，也会出现分别极明显的变化。因此，广角镜头是一种非常灵活的镜头，画面变化多端，越广角越有挑战性。

由于广角镜头的特点是把画面中越近的元素拍得越大，越远的就越小。因此，有经验的摄影师常常利用广角镜头在近距离拍摄，令主体在画面中占较大的面积，背景则变得很小，因而可以纳入更多的细节，表达出主体和背景的关系以及明确表示出宾主的关系。

超广角镜头的应用

对135格式来说，18mm和焦距更短的镜头被称之为超广角镜头，如以APS—C格式的DSLR来说，12mm镜头便是广角镜头。这种视角极广的镜头可以令影像有极强的透视感，可以使近处的主体显得相当大，远方的景物被"推"到很远并变得很小，有极大的"视觉冲击力"，给人类的视觉带来极

▲ Zeiss Distagon T* 18mm f/4 ZM

▲ Tokina AF 35mm f/2.8 Macro(AT-X M35 PRO DX)，拥有135格式等效焦距52mm，属摄影人常用的标准焦距。

▲ 无论拍摄建筑物的外部还是内部，都需要用到广角镜头。

▌TIPS

135格式的18mm已是超广角镜头，但把它用于APS-C相机，乘以1.5或1.6后，只有27mm或29mm左右的视角，只能算一般广角；在APS-C上，12mm才算是超广角，对4/3来说，9mm才算是超广角的起点！

震撼的新体验。因此，有些摄影师特别喜欢利用超广角镜头的视觉效果让自己的作品看起来更特别，例如使空间变得相当辽阔和深远，或极度夸张前景的主体；也因此，使用超广角镜头要极小心处理构图，特别是拍摄人物时，切勿过分强调其肢体的部分，令主体的体形失去合理的比例。如用于拍摄建筑或室内设计，则可以带来极深的空间感，把狭小的空间拍成极宽阔的画面。

也由于超广角镜头有极大的景深，因此，如配合收小的光圈，可以令画面的清晰范围扩大到极致，令画面中远近景物之间的大小比例及距离变得不易分清楚。

▲ 纪实摄影经常需要近距离用广角镜头拍摄。

▌APS-C与135格式的视角

对于APS-C格式的DSLR而言，由于CCD/CMOS比较小，导致像场收缩了，因此影响了传统135格式的广角或远摄概念，为了方便"换算"，可以把镜头的焦距乘以一个"换算系数"，就大约可以得出相当于135格式时的某一个焦距的视角。例如APS-C的35mm 相当于135格式等效焦距52.5mm，而24mm用于APS-C格式则大约相当于135格式35mm镜头的视角。这一种转换只涉及视角，镜头的实际焦距其实是不变的。

▲ 超广角镜头有极大的景深，令景物十分清晰，而且景物之间的距离感不再明显。

▲ 定焦50mm标准镜头是相当好用的镜头，经常被用来捕捉特写画面。

标准与标准变焦

STANDARD

以135格式而言，标准镜头是指50mm镜头，它很早就广为摄影人所采用，早已成为一种标准装备，故称为"标准镜头"；接近50mm的，包括较罕见的45mm、49mm、52mm或58mm，均属于标准镜头，有别于"广角镜头"或"远摄镜头"等，这些名词本身已明确指出其视觉上的特性。

▲ 此镜头焦距的实用性很高，涵盖广角到远摄，成为Nikon用户心仪的镜头。

所谓标准镜头，指视觉上的"标准"，以135格式的50mm为例，拥有大约47°的视角，与人类的视觉范围相近。由于视觉效果自然，其光学结构也简单，因此光学素质可以达到相当高；加上生产成本低而且光圈大，因此，广受摄影爱好者欢迎，产量也十分高。

到了变焦镜头流行的DSLR时代，相机生产商为了促销，开始设计及生产一些成本较低、结构较简单的变焦镜头。通常，这些镜头涵盖了最常用的焦距范围，由一般的广角到中焦的范围，大约2倍至3倍的变焦倍率，光圈一般较小，以套装形式出售，成为变焦时代的标准配备。因此，这些广角至中焦的轻便变焦镜头，可以称为标准变焦镜头。

标准镜头与标准变焦镜头

以135格式为例，50mm是最常见的标准镜头。其实，大约45—60mm之间的焦距，也可以算"标准"镜头，例如50mm f/1.4或50mm f/1.8是最流行的标准镜头，但也曾有相机厂商出品过f/1.2、f/1.1、f/1.0，甚至f/0.95的标准镜头，也有的生产过45mm、俗称"饼干头"的标准镜头。至于标准变焦镜头方面，最早的43—86mm f/3.5可以视为最早的标准变焦镜头，自上世纪80年代流行的35—70mm以至后来的28—70mm等，曾是极流行的标准变焦镜头。DSLR时代的24—120mm也属于标准变焦镜头。至于APS-C格式用的18—55mm及18—70mm，也是流行的标准变焦镜头。

▌常用的标准镜头及 ▌标准变焦镜头焦距

135	APS-C
50mm	35mm
24-70mm	16-85mm
24-85mm	17-55mm
24-120mm	18-55mm
28-70mm	18-70mm

定焦标准镜头的优势

　　虽然50mm标准镜头是众多定焦镜头中最多摄影人拥有的镜头，但也是最容易被人忽略的镜头，甚至在过去不少人曾觉得它只是一支"随机附送"的镜头而无视它的价值。原因是它们只是一支常规镜头，视觉效果和人眼的视觉太相似而不受重视。不少当时的摄影师甚至宁可另外选购35mm f/2或28mm f/2.8也拒绝使用50mm f/1.8或50mm f/1.4，令如今二手市场上有大量保存得十分好的50mm手动镜头供应。

　　到了DSLR年代，由于DSLR所配的套装镜头大多只有较小的光圈，例如f/4—5.6或f/3.5—5.6，就算另外选购专业级的变焦镜头都只是f/2.8。因此，拥有大光圈的定焦标准镜头便显得极有优势。例如50mm f/1.4比f/2.8大两级光圈，比对f/4—5.6的镜头更是大3—4级光圈。在弱光下拍摄，这两级光圈起了决定性的作用，加上定焦标准镜头有着极佳的光学素质，这也是近年DSLR时代众多用户另外购买又便宜又轻巧的50mm f/1.8镜头的原因。

　　例如50mm f/1.4或f/1.8可以用于弱光下抓拍街头人物，用于纪实摄影很有价值。至于用于拍摄人物，由于f/1.8或f/1.4均可以提供极小的景深，所以，吸引了不少喜欢拍摄人像的用户；至于把50mm用于APS-C格式充当大光圈人像镜头，也成为一股风气；但如果APS-C格式的DSLR

■TIPS

　　传统的标准镜头的英文名称是"Normal Lens"，中文可译为"常规镜头"，只是这个叫法在中文上并不流行。以135格式的传统来说，以往属于在定焦镜头的时代习惯了以大约50mm的镜头作为标准镜头，因此，标准镜头就是指视觉自然的镜头。

▼标准镜头是拍摄快照的利器，因为它的焦距易于使用，不像广角那样视角宽阔，又不像远摄镜头要保持距离，加上标准镜头往往有大光圈，用途广泛，不少用户也会用于拍摄快照。

用户只想要一支视觉效果自然的大光圈镜头，则可以选用35mm f/1.8，视角与135格式50mm镜头相近。

标准变焦镜头的应用

自从有了APS-C格式的DSLR后，用于135格式的标准变焦镜头的选择下降了不少，例如以往的28-100mm、35-70mm、35-100mm及28-85mm等均已不常见。如今135格式的标准变焦镜头只有24-70mm f/2.8、24-120mm f/3.5-5.6以及28-70mm f/2.8，但供APS-C格式用的标准变焦镜头的选择却十分多，包括16-85mm、17-55mm、18-55mm和18-70mm等。

标准变焦镜头的特点，是涵盖了从广角至中焦的范围。过去135时代流行由35mm或28mm开始，大约到70mm-135mm左右，但如今广角焦距大受欢迎，又有较大的市场需求，不少标准变焦镜头均由24mm或28mm开始，到120mm或135mm左右。因此，它们涵盖了大部分常用的焦距范围，由广角、标准到中焦甚至稍短的长焦，换言之，大部分摄影题材均可以用它们来应付。

但这类镜头也不无缺点，例如，它们的光圈较小，除了少部分专业级镜头有f/2.8恒定光圈外，大部分的光圈均由f/3.5或f/4开始再随着变焦浮动到f/4.5或f/5.6左右。在阳光下使用还可以，在稍暗的情况下使用便要改用较高的感光度才能保证照片不模糊，影像的质量因此会大打折扣。此外，这类镜头的最近对焦距离一般不及定焦广角镜头，使它们在近距拍摄时受到一定的限制，所以，购买前要注意自己的需要。

高倍率变焦"天涯镜"

标准变焦镜头的"原意"是指一些属于标准配备的变焦镜头，一般指介于小广角到中焦的小倍率变焦镜头，约2-3倍变焦。但随着市场的变化，要迎合业余用户的需要，标准变焦镜头的变焦倍数越来越大，例如3倍变焦。随着DSLR的流行而出现较轻巧的APS-C格式的变焦镜头，更高倍数的变焦镜头已出现并变得相当普及。例如，近年特别流行的18-200mm，用于APS-C格式的DSLR上便相当于27-300mm，超过10倍的变焦，让摄影人可以只带一支镜头便足以应付所有（或接近所有）他将会遇到的拍摄情况，由广角到超远摄，用户认为用这支镜头可以"一镜走天涯"。因此，在摄友的圈子中，也称这种镜头为"天涯镜"。

▲ Sigma 24-70mm f/2.8 IF EX DG HSM

▲ 定焦50mm标准镜头可以拍得相当近。

▲ 定焦标准镜头也可拍摄远景。

这些"天涯镜"的焦距包括了标准变焦镜头的范围，只是较一般的标准变焦镜头更具远摄功能，甚至可以说是结合了标准变焦镜头及远摄镜头在同一支镜头之内，但也被界定为标准变焦镜头的范围。除了10倍的18—200mm外，还有7.5倍的18—135mm也属于这个类别。

这些高倍率的标准变焦镜头由于镜身较长，因此，使用及携带不及一般的标准变焦镜头方便。但考虑到它所涵盖的焦段相当多，适用的范围相当广，所以，对不少摄友来说，它还是值得去投资，只是要注意它们在远摄端作非无限远对焦时，视角会比一般定焦远摄镜头大一些。因此，令人觉得没有那么强的远摄效果，但一旦把它们对焦到无限远，则完全没有区别。

标准变焦镜头的定义模糊

定焦的标准镜头十分容易定义，一般就是指50mm镜头。但标准变焦镜头则没有明确的定义，一般是小广角到中焦范围的2—3倍变焦镜头，例如135格式的35—70mm或28—80mm。由于相机行业的竞争激烈，生产商都会在镜头的变焦范围上着力，把广角端造得更广角，把长焦端造得更长，使变焦倍率高达4—5倍。例如135格式的28—105mm或28—135mm，以至APS-C格式的18—105mm或18—135mm等，均属于变焦倍率略高的广角至远摄变焦镜头，用途较为广泛。但无论如何，它们都已把传统标准镜头的50mm或在APS格式提供正常视觉的35mm包括在内，至于包含广角到超远摄的高倍率变焦镜头，由于近年大为流行，也开始被视为标准变焦镜头。

▲ 135的18mm用于APS-C等于28mm的视角。

▲ 135的28mm用于APS-C等于42mm的视角。

▲ 135的50mm用于APS-C等于75mm的视角。

▲ 135的80mm用于APS-C等于120mm的视角。

▲ 135的200mm用于APS-C等于300mm的视角。

▲ 远摄镜头有效捕捉远距离景物，是摄影师必备的器材。　　快门：1/350秒　光圈：f/11　感光度：ISO400

远摄及远摄变焦

以135格式为例，大约由80mm开始可以算是远摄的开始。由80mm到135mm左右称为"中焦镜头"，135mm或以上属于较明显的远摄范围，300mm以上的则可以称为"超远摄镜头"；以APS-C格式来说，50mm到70mm左右可以视为中焦镜头，90mm以上已是远摄镜头，而200mm以上的则属于超远摄镜头。

▲ Sigma 50mm f/1.4 EX DG HSM

定焦远摄及变焦远摄镜头

在DSLR时代不少摄影人都喜欢用变焦镜头，令定焦镜头的数目大减，除了50mm标准镜头还受到一定的追捧外，定焦广角镜头及较小光圈的远摄镜头已经被变焦镜头所取代。但专业级的大口径远摄镜头方面，定焦的型号仍然保持一定的优势，不是轻易可以被变焦镜头所取代的。

例如定焦中焦的80mm或85mm，以及100mm或105mm人像镜头，由于均拥有极大的光圈，可以拍摄出极小的景深，绝不是变焦镜头所能取代的。因此，对于人像摄影师而言，80/85或100/105mm定焦的中焦镜头仍然是必然的选择；而用APS-C格式DSLR的摄影师，则多会用50mm作为轻巧的人像镜头。

至于中焦以上的一般远摄范围，由于较少用于极小景深的人像用途，而多用于广泛的题材，例如风光摄影、户外活动，以至旅游摄影，小景深不是所追求的，而使用的方便性显得更加重要，所以，都已被远摄变焦镜头所取代。例如70-200mm 便是十分受欢迎的选择，135mm f/2.8或200mm f/4已被它取代。焦距再长一点的，例如300mm或以上，已属于较专业的超远摄镜头，较大的光圈在很多时候会起决

■常用的远摄镜头焦距

135	APS-C
85mm	50mm
105mm	85mm
135mm	105mm
200mm	135mm
300mm	200mm

▲ 拍摄远距离景物，不可避免要用到远摄镜头，在拍摄鸟雀时，一支400mm也未必够用，不少人会再配合增距镜，令焦距更长！

▲ 对于体育摄影记者来说，超远摄镜头就如"标准镜头"一般，是常用的装备。

▲ 定焦的80mm或85mm属于大口径的中焦镜头，可以在弱光下手持拍摄。

▲ Nikon AF-S 105mm f/2.8G ED-IF VR Macro

定性作用。因此，300mm、400mm等超远摄镜头，不少专业用户仍坚持使用定焦的品种，包括300mm f/2.8或400mm f/2.8等，以至500mm f/4及600mm f/4也有不少生态摄影师采用。

远摄镜头的特性

远摄镜头中仍然有很多定焦镜头，用户应选定焦还是变焦呢？这要视拍摄的需要，例如拍摄小景深人像的，大光圈的80mm或100mm是少不了的；至于超远摄方面，考虑到大口径定焦的型号相当昂贵，而变焦的品种会便宜得多，也因为光圈小而轻巧得多。因此，如果预算足够或是作专业用途可选定焦，除此之外的一般远摄用途，则是变焦的世界。较常用的远摄变焦镜头，焦距范围介于70mm到300mm之间，包括大众化的70-300mm f/4.5-5.6，或专业摄影师采用的70-200mm f/2.8或80-200mm f/2.8；若要求更远摄的效果，则可考虑200-400mm f/4或80-400mm f/4.5-5.6等。如果是APS-C格式的，远摄变焦镜头的选择则比较少，只有相当大众化的55-200mm f/4-5.6，如要求高，可以考虑使用135格式的变焦镜头。

远摄镜头的应用

远摄镜头的视角相当狭窄。以135格式为例，常用的200mm大约只有12°，而300mm更低至8°左右，能相当集中地拍摄远处的窄小范围。其视觉效果犹如单筒望远镜，可以让摄影师在遥远的地方拍摄到景物的细节，而且也由于视角狭窄，令所拍摄到的背景也相当集中，致使画面中远近景物之间的距离感变得模糊。在视觉上，令人看到画面中远近的景物都像压缩在一起，人们常称这种视觉效果为"压缩感"，与广角镜头把背后的景物拍得细小而增强空间感正好相反。此外，远摄镜头拍摄的画面的景深也相当小，如以大光圈拍摄，更可以让主体显得极清楚而背景极模糊，令主体更为突出。

以上的特性，越远摄就越明显，因此，有经验的摄影师往往能活用不同的远摄镜头拍摄出所需要的视觉效果，而不仅把远摄镜头作为一种单纯拍摄远方景物的望远工具。

变焦远摄或定焦远摄？

远摄镜头通常用作专门用途，例如体育记者必须使用远摄镜头拍摄不能靠近主体的赛事，而摄影记者也经常要在限制的采访区内以远摄镜头拍摄远方的主体；生态摄影师则利用超远摄镜头拍摄远方的野生动物，例如各种危险的猛兽或不让人接近的鸟雀或小动物；人像摄影师要用大光圈的中焦镜头拍摄人像；旅游摄影师以远摄镜头拍摄旅途中所见所闻的特写；此外，摄影爱好者则最爱用远摄变焦镜头偷拍他们不敢接近的主体。

从以上可见，远摄镜头并非如广角变焦镜头或标准变焦镜头般可以是一支随时备用的"日常镜头"，而是一种有较明确的拍摄目标才使用的镜头。

对于拍摄体育或生态的专业摄影师而言，大光圈的超远摄定焦镜是必然的选择。例如600mm f/4、500mm f/4或400mm f/2.8，再加上2X增距镜，可以用于野生动物摄影；而200mm f/2或300mm f/2.8适用于不可用闪光灯的演唱会、体育项目、舞台摄影或时装表演等，必要时更可配合2X增距镜使用。至于有防抖功能的大光圈远摄变焦镜头，则可用于新闻摄影或动态摄影。

对于摄影爱好者而言，要把一支远摄镜头整天带在身上是颇沉重的负担，轻巧的小光圈远摄变焦镜头是不错的选择，例如70-300mm f/4.5-5.6，对大部分日常题材的拍摄是足够的。

当然，对于人像摄影师而言，大光圈的85mm f/1.4或f/1.8以及105mm f/2是必然的选择，因为它们能提供极柔美的小景深效果，能够拍摄出极高水平的人像照片。

APS-C格式远摄镜头

由于APS-C画幅比135画幅面积更小，因此当DSLR最初面世时，只有APS-C格式的时候，使用镜头时必须乘以一个1.5的换算系数。例如一支50mm镜头用于APS-C格式时要乘大1.5后就相当于75mm的视角，24mm则相当于36mm的视角。因此，当使用广角镜头便显得不够广角，但APS-C格式使用135格式的远摄镜头时，却因为相同的原因而有优势，例如200mm乘以1.5成为300mm，400mm乘以1.5就相当于600mm的视角。所以，当APS-C规格的DSLR使用了135格式远摄镜头，毋须花钱买更长焦的镜头，已经可以达到更远摄的效果。

为何中焦镜头称为"人像镜头"？

中焦镜头指80mm到100mm左右的焦距，这个范围的镜头比标准镜头的放大率大不到1倍，是焦距较短的远摄镜头。这种镜头极为流行，因为不少摄影师会利用这个焦距的镜头作拍摄特写或半身人像的用途，因而又称为"人像镜头"。

这类中焦镜头的视角大约在28°至24°之间，可以让摄影师在较适中的距离拍摄到透视感自然的半身人像作品，不会因为距离太近而导致人脸变形或影响光线，甚至令被摄者因为感到镜头太近而觉得尴尬；另外，适中的距离也方便摄影师与被摄者之间有较好的沟通，包括语言、身体语言甚至让被摄者听到快门的声音也可以做有节奏感的配合。

▲远摄变焦镜头的灵活性较大，但光圈比定焦远摄镜头小。

▲远摄镜头的用途较专门，例如体育摄影，都以远摄镜头为主。

█16mm至600mm视角变化

■使用广角镜头注意事项

- 避免太严重及不必要的俯仰角度
- 主体在画面中所占空间的多少
- 在大景深的画面中如何突显主体

■使用标准镜头注意事项

- 通常标准镜头有大光圈，但全开光圈时影像质量会较差
- 如非必要，尽量避免全开光圈拍摄，以免景深太小
- 50mm在APS-C或4/3格式相机上使用时会变成中焦镜头
- 标准焦距的影像欠缺视觉冲击力、较平淡，必须以主体及内容取胜

■使用远摄镜头注意事项

- 焦距越长，画面越易震动，快门不宜太慢
- 最好使用有防抖功能的远摄镜头
- 手持拍摄时，快门值应高于焦距的倒数，如用200mm镜头，快门不宜慢于1/250秒
- 使用远摄变焦镜头，记住走近拍摄和变焦拉近的透视是不同的，注意透视的变化
- 选购远摄变焦镜头时，个别普及型镜头的前组镜片会在对焦时转动，易影响附加的配件，例如滤镜
- 以远摄镜头拍摄近距的景物时，提防景深过小，使画面不够清晰，因此光圈不宜经常全开。

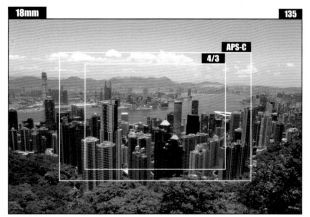

快门：1/250秒　光圈：f/8　感光度：ISO200

超广角移轴镜头尽显104°
Canon TS-E 17mm f/4L

主要特点

●设有104°超广角视角●采用多片特殊镜片，包括1片非球面镜片及4片UD镜片●使用SWC亚波长结构镀膜，减少眩光的影响●镜头倾斜操作角度可达+/−6.5°。平移幅度可达+/−12mm●可以利用倾斜锁把镜头锁定于0°倾斜角度●采用圆形光圈叶片，令焦外更柔和

■结构图

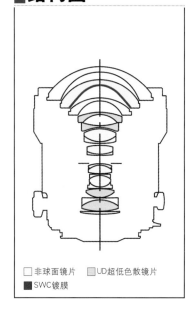

□非球面镜片　□UD超低色散镜片
■SWC镀膜

■评分
（10分为满分）

9.0

如今数码单反相机的像素越来越高，让很多专业摄影师也感到满意。各生产商都频频推出移轴镜头，以应付摄影师的工作需要。而Canon分别就有17mm和24mm两款TS-E新式的移轴镜头选择，而这款17mm更以超广角作为卖点。

27

用户在拍摄建筑作品时，最常要面对的是透视变形问题。摄影人为了拍摄整座建筑物而以仰角拍摄，会令建筑物的形状看似梯形。如果想保持建筑边缘垂直，除了可以用软件后期修正外，最好当然是有一支广角移轴镜头了！而Canon就推出了两款广角移轴镜头TS-E 17mm f/4L及TS-E 24mm f/3.5L II，这里就先试用17mm的一支。

17mm超广视角

Canon继1991年推出了3款TS-E移轴镜头后，最近TS-E镜头系列加入新成员TS-E 17mm f/4L，为Canon用户提供了一个广角移轴新选择，适合拍摄风景及建筑物等题材。镜头使用模压铸铝制镜身，增强了镜头强度，令镜头更耐用，当然此镜头也和其他移轴镜头一样，未设自动对焦功能。

此镜头焦距为17mm，未进行任何倾斜及平移调校前，视角已可达104°，方便用户拍摄广阔的风景作品。另外，镜头采用12组18片镜片设计，其中包括1片大口径、高精度的非球面镜片及4片UD超低色散镜片，有效矫正镜头色散问题。另外，此镜头也采用了SWC亚波长结构镀膜，有效减少拍摄时眩光的影响。而且，镜头使用了圆形光圈叶片，令小景深虚化效果更加柔和。

设有TS旋转设计

镜头平移幅度达+/-12mm，并可作+/-6.5°的倾斜。与18年前推出的TS-E移轴镜头相比，此镜头也加入了一些新功能，包括Canon独家的TS旋转设计及加入了倾斜锁功能。在TS旋转设计下，用户可以在90°间自由设定镜头倾斜及平移的方向，不用靠摆动脚架位置，就可以改变镜头移轴方向。如果用户想把镜头当作普通镜头使用，只

要利用镜头新设的倾斜锁，就可以把镜头锁定于0°的倾斜角度位置，防止镜头在拍摄时突然改变了镜头的倾斜角度。其实只要利用移轴镜头，便可以拍出大景深及玩具模型等效果。另外，我们可以发现镜身上的旋钮十分小巧，如果用户使用如EOS 1000D等较小的数码单反，也不用怕进行TS旋转时，镜头组件的转动会被机身内置闪光灯位置所阻碍。

锐度极高

经过测试后，我们发现镜头在解像力方面有不错的表现，即使是影像边缘位置，影像锐度也只是轻微下降而已。而镜头在变形测试中展现出可察觉的变形情况，不过这对广角镜头来说也是常见的，不过镜头四角失光情况颇严重，用户要把光圈收小至f/8时，四角失光才变得不明显。

17mm都有小景深

如果摄影人想拍摄小景深照片，除了使用大光圈外，还可以使用远摄镜头。不过，如果有一支移轴镜头，17mm广角移轴镜头也可以轻易拍摄出小景深效果。在示例图片中，钟楼与前面的喷水池在f/8光圈下均清晰可见。不过，我们改变TS-E 17mm f/4L移轴镜头倾斜角度，便可以立即改变镜头的焦点平面，令影像出现明显的小景深效果。从示例图片中，我们可以看到照片中除了钟楼

上的大钟外，钟楼顶部与喷水池也立即虚化。

用得恰当才能发挥

近来有个潮流，就是很多人爱上制作有模型效果的照片，或利用移轴镜头来营造特别的景深效果。虽然效果很特别，但这并非移轴镜头的原有用途，反而是将它倒过来用了，获得那些特别小的景深和透视异常的照片。原则上，移轴镜头的"移轴"就是要用来掌握拍摄时的清晰平面位置，大多数情况下就是想把景物要清晰的地方都拍得完全锐利，并可改变透视。如拍摄建筑物时，可以避免下方大上方小这样的变形，所以才有像这款顶级光学素质的17mm镜头出现，务求影像尽善尽美。若只为拍摄四周朦胧的照片，其实随时都可以在后期加工时做到，完全不需要花近2万元买这支移轴镜头！

▲ 镜头设有倾斜锁，用户锁上后，镜头的倾斜功能便会被锁于0°，防止拍摄时倾斜角度突然变化。

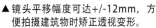

▲ 镜头平移幅度可达+/-12mm，方便拍摄建筑物时矫正透视变形。

▲ +/-6.5°的倾斜角度可让用户拍摄景深极小的玩具模型效果。

▲ 镜头上设有景深尺，方便用户利用光圈控制照片景深，而且保留了红外线的焦点位置。

■线性失真DISTORTION

Canon TS-E 17mm f/4L （测试相机：Canon EOS 5D Mark II）

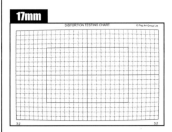

17mm

测试结果：水平差异约0.65%，垂直差异约2.18%

测试评论：桶状变形情况可察

■四角失光VIGNETTE

Canon TS-E 17mm f/4L （测试相机：Canon EOS 5D Mark II）

17mm	全开光圈：f/4
-2.28EV	-2.28EV
N	
-2.28EV	-2.28EV

17mm

测试结果：约-2.28EV

测试评论：四角失光明显

■中央解像力RESOLUTION

Canon TS-E 17mm f/4L （测试相机：Canon EOS 5D Mark II）

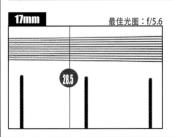

17mm　最佳光圈：f/5.6

28.5

17mm

测试结果：最佳光圈f/5.6

测试评论：此镜头在f/5.6时，锐度有良好表现

Lab test by Pop Art Group Ltd., © All rights reserved.

■规格SPEC.

Canon TS-E 17mm f/4L

焦距	17mm
用于APS-C	约27.2mm
视角	104°
镜片	12组18片
光圈叶片	8片
最大光圈	f/4
最小光圈	f/22
最近对焦距离	0.25m
最大放大倍率	0.14x
滤镜直径	不适用
体积	88.9 x 106.7mm
重量	820g
卡口	EF卡口

■评测结论

　　TS-E 17mm f/4L是Canon相隔18年后推出的全新移轴镜头，其中加入了一些新技术，如使用了可减少眩光影响的SWC镀膜、加入TS旋转设计及倾斜锁，令用户使用更方便、更灵活。而且镜头的锐度也很高，只是在四角失光测试中，发现镜头失光现像颇明显，但当光圈收小至f/8时已有明显改善。因此对爱拍摄建筑物的用户来说，这支广角移轴镜头是必然之选。

快门：1/200秒　光圈：f/2.8　感光度：ISO200

延续标准镜皇地位的招牌镜头
Canon EF 50mm f/1.2L USM

主要特点

●f/1.2超大光圈 ●全时手动对焦 ●防尘防溅结构 ●对焦速度全面提升●内置非球面镜片 ●USM对焦马达

■结构图

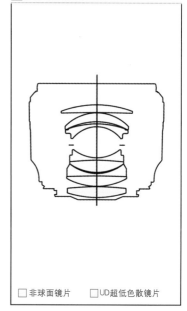

□非球面镜片　　□UD超低色散镜片

■评分
（10分为满分）

9.0

在数码年代，相同焦距的镜头，在不同画幅的相机上就会有不同的发挥。昔日被喻为"标准"的50mm，在APS-C格式单反的用户手上却变成了中焦镜头，而这支Canon的f/1.2大光圈镜头又如何呢？它被认为是Canon EF 50mm f/1.0L的延续，事实又如何呢？

Canon早在1961年推出过一支f/0.95的50mm标准镜头，成为世界上光圈最大的镜头之一。后来进入EF镜头时期，Canon于1989年推出一支EF 50mm f/1.0L USM，当时是世界上光圈最大的自动对焦单反相机镜头。2006年8月，Canon宣布这支全新设计的50mm f/1.2L镜头，继续令广大Canon用户可以尝试超大光圈标准镜头的威力。

▲50mm的焦距用于135格式时当然可继续发挥标准焦距的效果，然而装到APS-C格式的相机上时，就相当于135的80mm，那就成为了一支中焦镜头。

用途更广

50mm被喻为拥有与人眼相近的视野，而且它依然是至今相对最便宜的镜头，一支f/1.8的标准镜头不足1000元。因此以往不少胶片相机用户，都乐于选购一支50mm镜头。

然而，到了今天APS-C格式DSLR主导的数码年代，50mm镜头便"增焦"成一支80mm的镜头，不再是传统的标准焦距。用这中长焦距拍摄一般生活照片的话，用户也许会略嫌视野不够广，但也因此使原本50mm的标准镜头，变成经典的中长焦人像镜头。因此，无论你使用的是APS-C或全画幅DSLR，这支50mm仍然符合其人像摄影的用途。

新镜头平易近人

随着这支超大光圈的镜头出现，不少资深Canon用户都会联想到已经停产的EF 50mm f/1.0L USM，纵使这支镜头拥有超大的f/1.0光圈，但高昂的售价令不少Canon用户视之为只可远观而不可亵玩的名镜。

因此，将这款新生代的EF 50mm f/1.2L与上一代比较的话，便会发觉它其实相当平易近人。先是其价格"仅"过万元，售价相差数倍，相信不少DSLR用户可以负担得起。这支镜头采用了6组8片镜片，比以往的9组11片略少，因此重量只有580克，纵使分量十足，但以f/1.2镜头来说已算十分合理了。虽然这支镜头体积较大，但手感仍然极佳，对焦环非常顺滑，整体给人相当结实的感觉。

可独立手动对焦

相比上一代镜皇，这支镜头还是有许多改善之处，如最令人关心的对焦速度。由于使用了环形USM马达，在新镜头上的对焦明显获得改善，完全符合USM一贯的快速及宁静，因此其对焦模式切换键，已经不用像上一代般要锁定两段对焦距离。

另一个重要改善之处，就是该镜头提供了全时手动对焦功能，用户可以随时在自动对焦模式中手动对焦。在手动对焦模式，用户在关机后仍可手动对焦，这和上一代必须依靠机身的电子手动对焦系统相比，要更加方便。而现在仍然保留电子式驱动手动对焦的镜头，还有EF 85mm f/1.2L II。

近年Canon推出的L级镜头，大多配备了防尘防溅功能，而这支新镜头也不例外。变焦环及对焦模式切换键，已用上可防止水滴及尘埃进入镜头的设计，最明显就是接环旁的防水防尘胶边。当此镜头配合全天候防水防尘的EOS机身，便可全面发挥防尘防溅水功能。

光学表现甚佳

既然被称为Canon当代50mm标准镜皇，大家自然对它寄望甚高。在各项测试中，以解像力最令人满意，即使该镜头全开光圈拍摄，中央及边缘观察解像力仍分别达1800及1700 LW/PH，虽然影像边缘略为松散，但至少可让用户放心使用f/1.2拍摄。而后面所有光圈的解像力表现均非常一致，中央及边缘解像力长期保持接近的水平！相信使用全画幅DSLR后，此镜头的表现更佳，但同时可能使中央与边缘解像力的差异会更大。

此外，镜头全开光圈时的暗角仅−0.43EV，虽然我们可以预期在全画幅相机中，暗角情况会更加明显，但无论如何这只属轻微程度，f/1.2超大光圈仍有如此表现，实在难得。此外，该镜头的变形程度极其轻微，同样我们可以预期在全画幅相机测试时，变形程度也不会因此变得更加明显，在实际拍摄环境中更是难以察觉。

大光圈的乐趣

提到大光圈镜头，不少人的错觉就是它只适用于拍摄人像。但在实际操作中这类镜头有不少好处，包括它让用户在昏暗环境下，利用现场光全开光圈拍摄，减少使用闪光灯的需要；此外，大光圈可让用户尽情使用低感光度拍摄，保持影像的细腻质感。

而且，对喜欢抓拍瞬间的影友，使用f/1.2就能够提高快门速度，假设使用f/4拍摄时需要1/160秒曝光，f/1.2时就只需1/1600秒，什么动作都可轻而易举地凝结下来！

▌线性失真DISTORTION

Canon EF 50mm f/1.2L USM （测试相机：Canon EOS 400D）

50mm

◀50mm
测试结果：水平差异约0.12%，垂直差异约0.34%
测试评论：桶状变形情况极轻微

▌四角失光VIGNETTE

Canon EF 50mm f/1.2L USM （测试相机：Canon EOS 400D）

50mm　　　　全开光圈：f/1.2
-0.43EV　　　　　　　　-0.43EV

N

-0.43EV　　　　　　　　-0.43EV

◀50mm
测试结果：−0.43EV
测试评论：四角失光极轻微

▌中央解像力RESOLUTION

Canon EF 50mm f/1.2L USM （测试相机：Canon EOS 400D）

50mm　　　　最佳光圈：f/4

20.5

◀50mm
测试结果：最佳光圈f/4
测试评论：略微收小光圈，解像力就能提升

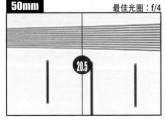

Lab test by Pop Art Group Ltd., © All rights reserved.

▌规格SPEC.

Canon EF 50mm f/1.2L USM

焦距	50mm
用于APS-C	约80mm
视角	46°
镜片	6组8片
光圈叶片	8片
最大光圈	f/1.2
最小光圈	f/16
最近对焦距离	0.45m
最大放大倍率	0.15x
滤镜直径	72mm
体积	85.4 x 65.5mm
重量	590g
卡口	EF卡口

▌评测结论

无可否认，使用这支镜头确实容易令人产生一种优越感，但测试后我们发觉该镜头的表现确实相当理想。极高的解像力、中央与边缘一致的分辨率、极轻微的变形、难以察觉的失光等特点，全都可以在这支镜上找到。唯一可挑剔的，也许是其散焦效果在特定情况下会呈现出八角形罢了。

快门: 1/200秒　光圈: f/8　感光度: ISO100

极品第二代中焦人像镜皇
Canon EF 85mm f/1.2L II USM

主要特点

●f/1.2超大光圈，提供极小景深效果
●最近对焦距离为0.95mm●加强了高速中央处理器(CPU)和自动对焦算法●内置非球面镜片

■结构图

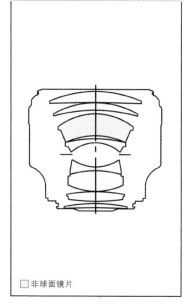

□ 非球面镜片

■评分
(10分为满分) **9.0**

　　85mm这个焦距一向被喻为最佳的人像拍摄焦距，这跟摄影师与主体的距离和拍出来的效果有关，因为多数情况下是拍摄头部至肩部的作品，而人们追求大光圈则是为了获得更柔和的背景虚化效果。这些先决条件都可以在这款具有代表性的镜头上找到！

现在的DSLR像素越来越高，千万像素早已不再是新鲜事。不过使用高像素相机也如同使用照妖镜，如果镜头不够好，其瑕疵也就显露无遗，所以镜头的素质便显得更加重要。这款Canon EF 85mm f/1.2L II USM镜头，便是一支不惧高像素"照妖镜"的终极人像镜皇。

第II代

第I代

▲ 新旧镜头的外形差别不大

新版人像镜皇

相信Canon用户对EF 85mm f/1.2L USM，并不会感到陌生。这支EF镜头拥有f/1.2的超大光圈，是目前85mm的镜头中拥有最大光圈的镜头，是一支素质达到专业水平的镜头。Canon的USM一向表现都十分出色，虽然旧版本也有USM，但其对焦速度却明显跟一般的USM有一段距离，实为众多人像摄影发烧友的一大遗憾。

因此，Canon特别针对对焦速度的性能，而在高速中央处理器(CPU)和自动对焦算法两方面作出加强，推出了新版本的EF 85mm f/1.2L II USM，由原来的前组延伸系统的超声波马达，改为使用环形超声波马达。经过实际的使用，发现新版本的对焦速度确实比旧版本有明显的提升。不过，若与其他拥有USM的镜头相比，这支镜头的对焦速度仍然未能达到Canon USM镜头群中的最快之列。

精确的对焦

这支镜头的对焦环可以转动的幅度相当大，可以让用户作出更精准的对焦。可是这支镜头在对焦时，会有前后伸缩的情况，所幸伸缩幅度还算轻微。不过，这支镜头的对焦系统有一个较为特别的地方，由于这支镜头的对焦完全依靠电动马达来推动，就算是手动对焦时也是如此，所以当用户把镜头拆下前，如果镜头伸长了，拆下后便不能把镜头转回最短时的模样，即使已经使用手动对焦模式也是一样。

虽然是一支85mm的定焦镜头，但是拿起来却相当有分量，重量超过1千克，甚至比部分远摄镜头还要重，可说是重量感十足。或许有摄友会有疑问，这么重的镜头是否会出现前重后轻的情况。然而，使用这样高级别的镜头，一般都会配合较高级的DSLR，如我们这次测试便使用了EOS 5D，使用时的手感十分理想，平衡感十足，毕竟EOS 5D是一部十分有分量的DSLR。

超大的f/1.2光圈

大光圈一向是不少摄友的心头喜好，这支镜头绝对十分有吸引力。大光圈能营造很小的景深，用于人像摄影将会非常理想，所以自这支镜头的旧版本开始就已经有"人像镜皇"之称。大光圈也能在夜间或弱光的环境中，维持一个较高的快门速度，尤其是达到f/1.2的超大光圈，其拍摄的方便程度更是无庸置疑。而为了配合其f/1.2的超大光圈，滤镜的口径仍然达到72mm，从镜头的正面望过去，能够清晰地看到相机的反光镜，其光圈之大可见一斑。

另外，由于在取景器上取景的时候，光圈维持在一个全开的状态，所以使用这支镜头时，取景器会比使用其他光圈较小的镜头更加明亮。这也可以算是这支镜头的一个特点，是一般小光圈镜头不能达到的视觉效果。

新旧镜头画质接近

这支镜头的价格事实上并非人人都会负担或想去负担，但总有一些人希望在这个焦距获得极致的效果，他们便会选择，而这个焦距配合f/1.2更是顶级的规格。实际未必人人都需要，所以说是Canon的炫耀之作也算得上。有些Canon的忠实用户更是新旧齐备，在比较过之后，发现第一代和这第二代镜头在光学表现上相差无几，可见当年Canon推出第一代时已有相当水平，而现在第二代则主要在对焦速度上改良，在外貌上则变化极少。

▲ 镜片与接环十分接近，用户换镜头时便要额外小心。

■线性失真DISTORTION

Canon EF 85mm f/1.2L II USM （测试相机：Canon EOS 5D）

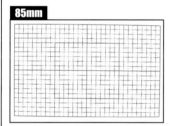

◀85mm

测试结果：水平差异约0.29％，垂直差异约0.34％

测试评论：桶状变形情况极轻微

■四角失光VIGNETTE

Canon EF 85mm f/1.2L II USM （测试相机：Canon EOS 5D）

◀85mm

测试结果：−1.35EV

测试评论：四角失光情况极轻微

■中央解像力RESOLUTION

Canon EF 85mm f/1.2L II USM （测试相机：Canon EOS 5D）

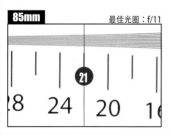

◀85mm

测试结果：最佳光圈f/11

测试评论：锐度在f/11光圈时最佳

Lab test by Pop Art Group Ltd., © All rights reserved.

■规格SPEC.

Canon EF 85mm f/1.2L II USM

焦距	85mm
用于APS-C	约136mm
光圈	f/1.2
视角	28°30′
镜片	7组8片
光圈叶片	8片
最大光圈	f/1.2
最小光圈	f/16
最近对焦距离	0.95m
最大放大倍率	0.11x
滤镜直径	72mm
体积	91.5 x 84mm
重量	1025g
卡口	EF卡口

■评测结论

　　这支镜头的改进幅度虽然比预期中小，但仍然是拍摄人像的不二之选。总的来说，这支镜头的光学表现极佳，成像素质相当高，而且没有明显的像差。尤其是采用了一片大型的非球面镜片，无论是线性失真或四角失光的情况也都保持非常轻微。而解像力方面，也算相当高的水平，中央至边缘也有相当一致的表现，足以让用户见识到Canon镜皇的质量之高。

快门：1/80秒　光圈：f/5.6　感光度：ISO1250

萤石和UD镜片极品大光圈镜皇
Canon EF 200mm f/2L IS USM

主要特点

● 采用了多片高素质萤石和UD镜片
● 具备f/2超大光圈，弱光拍摄利器 ●
全金属专业设计的耐用镜身 ● 具有5
级IS防抖功能

■结构图

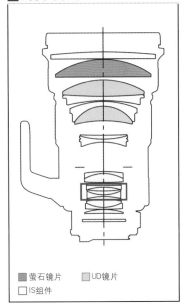

■ 萤石镜片　　□UD镜片
□ IS组件

■评分　　9.5
■(10分为满分)

这是Canon镜头群里非常出众的镜头，200mm配合f/2的超大光圈，加上IS防抖系统，绝对是弱光远摄的最佳利器。它是专业摄影师，如摄影记者或体育摄影师值得拥有的远摄镜头，其萤石和UD镜片的组合，使画质达至极高水平。

佳能的定焦远摄镜头向来有着极佳的口碑，而这支具有f/2大光圈的200mm远摄镜头即是其中的代表之一。作为具有红圈标识、白色镜身的定焦镜头，成像素质是不用怀疑的。f/2大光圈配合IS防抖功能，即使手持拍摄也可以获得清晰的影像。

专业级的做工

Canon 200mm f/2镜头做工出色，全金属镜身，拿在手上很坚固很结实；镜头的细节，即使是小小的按钮、对焦的胶环、防水的胶边，都非常细致，明显和一般镜头不同。

该镜头内含一片特大的萤石镜片，12组17片镜片中，还包括两片UD超低色散镜片，它们可以减少色散、色差等不良现象，对远摄镜头尤为重要。镜头最大直径是128mm，镜头采用后组滤镜设计。

这支镜头重达2520克，虽然算不上轻，但作为专业定焦远摄镜头，这个重量还不是太过分，仍可手持拍摄。要知道，Canon有些专业"大炮"，是超重级的，几乎难以手持使用。因此，这支200mm f/2还可以接受。

该镜头采用了IS防抖功能，据官方所讲，防抖效果可达5级！我们实际测试，觉得镜头可以做到4级左右的防抖。该镜头有Mode 1和Mode 2两个模式，Mode 1是一般手持拍摄，Mode 2为追随拍摄而设。

这种远摄镜头大都有对焦范围设定，此镜头的对焦范围是1.9m-∞及3.5m-∞，设定好对焦范围对提升对焦速度很有帮助。

f/2超大光圈

这种200mm f/2的专业镜头多数是专业的人像摄影师、新闻摄影师和体育摄影师才会用得上。人像摄影师最喜欢这种镜头，因为光圈够大，配合较长的焦距，可以实现极佳的小景深。

推出200mm f/2大光圈镜头，其中一个主要原因，是方便用户加装增距镜，例如装上1.4X的增距镜，光圈收小1.5级，变成f/2.8，仍是大光圈镜头，焦距则变成280mm。于是摄影师只需要带上1.4X及2X的增距镜，就可以将这支200mm f/2随时变成280mm及400mm的镜头，不但非常灵活，而且一支顶替三支，光圈仍不会太小，极为实用。

优质的影像表现

一般镜头在使用最大光圈时，成像素质未必太高，而这支200mm镜头在f/2光圈时，镜头仍然非常锐利，即使未达最佳光圈的表现，也不会相差太远。

全开光圈够锐利还不算厉害，我们试过逐级光圈拍摄，发现该镜头在f/2.8-f/8光圈，锐度竟然没有大变。也就是说，用f/2.8大光圈，和用f/8时没有太大差别！实在很少镜头可以在全开到f/2.8时有如此水平。

镜头的最佳光圈是f/11，以逐级光圈试，仍是f/11最为锐利。f/11之后的f/22和f/32，因为衍射影响，锐度开始下降，但也只是轻微下降一些。

简单地说，这支镜头从f/2-f/32光圈，锐度都保持了很好的水平，基本上各级光圈都令人满意，尽情全开光圈拍摄，一样不用担心影响画质！

变形程度极低

一般200mm的定焦镜头，变形程度十分低，这支200mm f/2也一样，我们没有发现有明显变形，四边垂直。而四角失光方面，在全开f/2光圈时会出现一定的暗角，如果我们收小一级光圈至f/2.8，四角失光即会大大降低，基本上已不能察觉。如果用户是配合APS-C相机，四角失光的情况应该会更轻微。

整体操作感受

作为200mm f/2镜头，用户除了要求影像够锐利之外，还希望镜头对焦够快速。这次在实际试拍时，也用到1D MarkIII拍摄鸟雀照片，希望尽量体验这支超强"白镜"的快速反应。

本来拍摄鸟雀是相当困难的，因为鸟雀在树林中出现，树影交错，光照一般不稳定，有时太暗，加上鸟雀动作快速，1秒之间有多个动作，加大了拍摄的困难。而这个较难的题材，并没有难倒这支200mm f/2。实际拍摄的结果，大部分照片都成功地捕捉到了动态的鸟雀。

而该镜头的对焦速度相当快，并没有因为鸟雀的快速移动而影响对焦的准确性。半按快门时该镜头实时起动，丝毫不觉迟缓，对焦也相当准确。

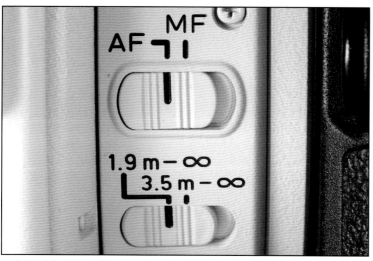

▲ 这支镜头有对焦范围选择，拍摄时十分有用。

■线性失真 DISTORTION

200mm f/2L IS USM（测试相机：Canon EOS 5D）

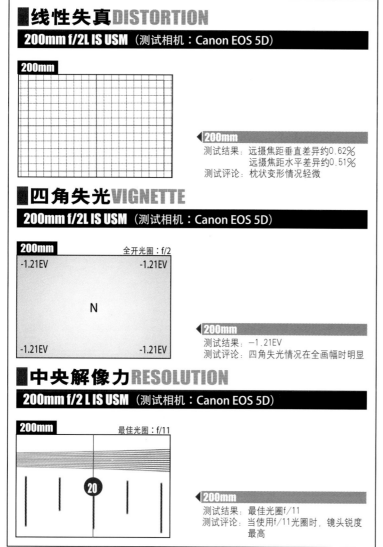

测试结果：远摄焦距垂直差异约0.62%
　　　　　远摄焦距水平差异约0.51%
测试评论：枕状变形情况轻微

■四角失光 VIGNETTE

200mm f/2L IS USM（测试相机：Canon EOS 5D）

测试结果：−1.21EV
测试评论：四角失光情况在全画幅时明显

■中央解像力 RESOLUTION

200mm f/2 L IS USM（测试相机：Canon EOS 5D）

测试结果：最佳光圈f/11
测试评论：当使用f/11光圈时，镜头锐度
　　　　　最高

Lab test by Pop Art Group Ltd., © All rights reserved.

■评测结论

　　这样专业的镜头实在很难给出评价，如果要称赞它，可以称赞很多，变形程度低、f/2超大光圈、锐度高、IS防抖、专业设计的金属镜身、对焦快速准确等等。但要找瑕疵就很难了，说这支镜头贵，对我们一般用户来说是贵，但对专业摄影师来说，这个价格却可以接受。说这支镜头重，体育摄影师身边有比它重得多的镜头。要为这样专业的镜头"找茬"，真的有点困难。

■规格 SPEC.

200mm f/2 L IS USM

焦距	200mm
用于APS-C	约320mm
视角	12°
镜片	12组17片
光圈叶片	8片
最大光圈	f/2
最小光圈	f/32
最近对焦距离	1.9
最大放大倍率	0.12x
滤镜直径	52mm（插入式）
体积	128 x 208mm
重量	2520g
卡口	EF卡口

快門：1/500秒　光圈：f/8　感光度：ISO100

极品大光圈超广角镜皇
Canon EF 16-35mm f/2.8L II USM

主要特点

●16-35mm超广角变焦镜头●具备2片超低色散镜片和3片非球面镜片●影像锐度比第一代镜头有很大提升●镜头滤镜直径改为82mm

■结构图

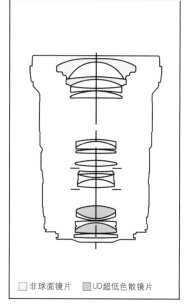

□非球面镜片　■UD超低色散镜片

在每个品牌里，都总会有一款皇牌级的超广角变焦大光圈镜头，以彰显其专业的地位。Canon这支16-35mm f/2.8镜头就是一个很好的例子，而且随着摄影进入数码年代，也特别推出了第二代的型号。这支镜头可谓全新的设计，光学质量务求达至最佳。

■评分　9.0
（10分为满分）

这款EF 16-35mm f/2.8L II USM镜头的外形设计完全和第一代不同！镜身较大，和第一代镜头放在一起，明显见到镜头的外形大了许多。如果看滤镜的大小就更明显，第一代16-35mm是77mm滤镜直径，第二代则是82mm，可见新镜头大了许多。

不仅是滤镜直径大了，而且也不再有镜尾的滤镜插座，所以镜尾设计也有很大不同。而且镜头结构也不同，新镜头采用12组16片镜片结构，而第一代是采用10组14片，有很大不同。新镜头使用了2片超低色散镜片和3片非球面镜片，提高成像素质。

从以上可见，Canon是决心要重新改造这支16-35mm，希望彻底革新，将旧镜头的缺点全改掉！所以新镜头虽称为第二代，但相信只是焦距和性能一样，由内至外的设计都已大变，甚至当作一支新镜头去看也没有不妥。

▲Canon第二代超广角镜皇已有大幅度的改良，最明显是把镜头前端的滤镜直径增至82mm，但减少了镜头后端的滤镜座。然而该镜头仍然是全天候的镜身设计，是专业用户的必然选择。

镜头手感不俗

把新旧两代镜头拿在手上，感觉也有不同，可能因为重量和体积都有差异，新镜头比较重一点，但没有对使用造成不便。新镜头的对焦能力也很好，这和第一代没有很大区别，它使用了USM马达，所以对焦时基本没有声音，在不知不觉间已完成对焦，速度很快。

这支镜头的最近对焦距离达到0.28m，利用它的16mm超广角，可以在很接近主体时，作很夸张的构图，形成很有气氛的照片。而这个最近对焦距离，也和第一代是一样的。

这支镜头仍然具有防水滴防尘设计，在镜尾加入了胶环，镜头的全天候性能很强，这方面也是和第一代一样的。

我们比较新旧两代镜头时，可以发现镜头的焦距没有多大差异，其实两支镜头的视角是没有差异的。

锐度有差别

我们仔细分析过这支新镜头，和第一代镜头相比，原来第二代镜头的成像水平真的有了明显提升，不仅是影像锐度，而且镜头的变形程度，都有了改善，比上一代更为优秀。

虽然上一代的最佳光圈也是f/11，但锐度大约是2150LW/PH，而边缘是2150LW/PH。也就是说，新一代镜头的最大光圈和最佳光圈锐度有一定差距！

到了第二代16-35mm又怎样呢？该镜头16mm时的最佳光圈也是f/11，中央解像力达2250LW/PH，边缘达1951LW/PH，已比第一代16-35mm优秀了非常多，简直不能比较了。而再看最大光圈，中央解像力达2100LW/PH，边缘也有2100LW/PH。好明显在最大光圈时，第二代镜头的锐度更高，比第一代更厉害。而且不是某个光圈的改良，而是整支镜头的实际提升，每级光圈的锐度都改善了！

变形失光有改善

以广角镜头的角度分析，16-35mm这类镜头有变形和四角失光是正常的。有些人认为这是镜头的不足，但以现在的科技，全画幅相机配合广角镜头，拍摄出来仍然有少许暗角，难以避免。

而如今我们采用Canon EOS 5D作试用机身，所以有些四角失光和镜头变形是可以理解的。而我们反而将目标放在比较两代镜头的差别，看看第二代镜头是不是比第一代的更为优秀？

先说变形。坦白说，笔者没有想到第二代的16-35会对变形作出如此明显的改善，在最广角的16mm焦距时，新镜头的变形也不是极为严重。如果和第一代16-35mm比较，很明显见到变形大大改善。

而在35mm焦距时，两代镜头的情况差不多，都不见明显的变形情况，差别也不太大。可见Canon是以改善新镜头的16mm广角变形为主要目标的，而且也可以说相当成功。

在四角失光方面，新镜头在16mm时，表现和第一代差不多。只是在收小光圈至f/8时，四角失光的情况比第一代减弱，效果更佳。但在最大光圈时，失光情况和第一代差不多。

■线性失真 DISTORTION

EF 16-35mm f/2.8L II USM（测试相机：Canon EOS 5D）

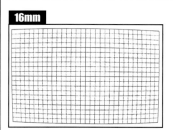

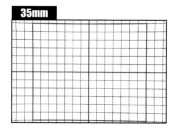

◀ **16mm**
测试结果：水平差异约0.10%，垂直差异约0.99%
测试评论：桶状变形情况可察觉

◀ **35mm**
测试结果：水平差异0.09%，垂直差异约0.51%
测试评论：枕状变形情况轻微

■四角失光 VIGNETTE

EF 16-35mm f/2.8L II USM（测试相机：Canon EOS 5D）

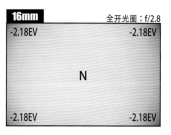

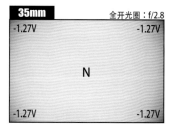

◀ **16mm**
测试结果：−2.18EV
测试评论：四角失光情况可察

◀ **35mm**
测试结果：−1.27V
测试评论：四角失光情况明显

■中央解像力 RESOLUTION

EF 16-35mm f/2.8L II USM（测试相机：Canon EOS 5D）

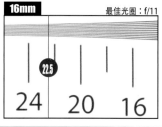

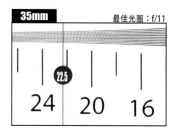

◀ **16mm**
测试结果：最佳光圈f/11
测试评论：锐度在f/11时不俗

◀ **35mm**
测试结果：最佳光圈f/11
测试评论：表现与广角端相若

Lab test by Pop Art Group Ltd., © All rights reserved.

■规格 SPEC.

EF 16-35mm f/2.8L II USM	
焦距	16−35mm
用于APS-C	约25.6−56mm
视角	108° 10′ − 63°
镜片	12组16片
光圈叶片	7片
最大光圈	f/2.8
最小光圈	f/22
最近对焦距离	0.28m
最大放大倍率	0.22x
滤镜直径	82mm
体积	88.5 x 111.6mm
重量	640g
卡口	EF卡口

■评测结论

我们曾比较过两代镜头，可以看到很明显的差别，第二代新镜头的锐度、变形都有了很大改良，镜头素质全面提升了。而且从镜头的外形中也发现，虽然是上一代的延续，但根本上是完全重新设计过的，镜片组合、镜头体积，都有了很大不同，完全就是一支新镜头！如果我们再看看两代镜头的售价，你会发现新镜头更加实惠，价格低了，素质更佳，更具吸引力！

快门：1/800秒　光圈：f/4　感光度：ISO200

高规格大光圈防抖标准变焦镜头
Canon EF-S 17-55mm f/2.8 IS USM

主要特点

●恒定f/2.8大光圈●IS防抖功能，可使用慢3级快门拍摄●3倍变焦，相当于135格式27–88mm●使用2片UD超低色散镜片、3片非球面镜片

■结构图

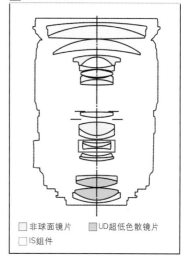

□非球面镜片　　□UD超低色散镜片
□IS组件

■评分　　**8.0**
（10分为满分）

　　Canon用户都知道，EF-S系列的镜头是专为APS-C格式的EOS数码单反而设，但其中并没有L系列的顶级镜头，但论画质表现，其中却又不乏可以与L系列看齐的选择。这款EF-S 17-55mm f/2.8 IS USM就是一个例子，它已是很多用户眼中的名镜！

标准变焦镜头，相信会是每位摄影人必买的镜头之一。像这支EF-S 17-55mm f/2.8镜头，便是一支高素质标准变焦镜头，它既有f/2.8恒定光圈的优点，又有Canon非常著名的IS防抖系统，而且采用了L级镜头常用的UD超低色散镜片。相信不少Canon DSLR的用户都会为之心动，究竟实际上它的成像素质又如何呢？

▲ 镜头在55mm焦距时的模样。

专为APS-C而设

提到EF镜头，可能用户会对其高昂的价格而有点抗拒。但实际上这支镜头提供了相当于135格式的27至88mm焦距，这已经涵盖了常用的广角及中长焦距，在日常生活中非常实用，这正是EF-S镜头存在的理由。

这支EF-S镜头，可以说是EF-S17-85mm的"进化版"。它不仅光圈上要大一级，而且还采用了两片素质极佳的UD镜片，以及3片非球面镜片，用料更加上乘，难怪它在解像力测试中有相当不俗的结果。此外，这支镜头的变焦环比EF-S 17-85mm更加顺滑，操作时更加流畅。

昏暗环境可也拍摄

如果到Canon网站浏览一下标准变焦镜头的网页，便会发现此镜头是唯一同时具备f/2.8大光圈及IS防抖功能的标准变焦镜头。这点就连全画幅EF 24-105mm f/4 IS也无法相比，谁说EF-S镜头没有好东西呢？f/2.8大光圈对喜欢拍摄人像照片的用户，小景深效果当然会更加讨好。

至于如今这支镜头的IS防抖功能，当然也如大部分的防抖镜头一样，可以让用户以慢3级快门拍摄。对于经常在室内或夜间拍摄的用户，即使不使用脚架，成功拍摄清晰照片的机会也会增大。

标准镜头选择多

论规格及成像素质，相信Canon用户都不会怀疑此镜头的素质。唯一的问题是Canon用户是否愿意花上近八千元，投资在一支只可用在APS-C格式DSLR上的镜头？Canon用户之所以有这样的疑问，是由于同厂还有一支EF-S 17-85mm f/4-5.6的镜头。虽然光圈小了一级多，而且不是恒定光圈，但价格就差不多便宜一倍；而且其5倍变焦功能，比起EF-S 17-55mm f/2.8的3倍变焦就更加实用；再者两支镜头同样具备IS防抖功能，这真的令不少用户选购时十分纠结。

与此同时，Canon用户还可以选择成像锐利、价格相若的EF 24-105mm f/4L IS。虽说其实际焦距用在APS-C格式DSLR上不够广角，但是它始终有"L级镜头血统"，加上它具备4.3倍变焦倍数，即使光圈低了一级，对用户来说仍然相当吸引。最重要的是它可以用于全画幅DSLR上！

不过，如果用户已经相当满意APS-C格式DSLR的成像素质，并不打算升级到全画幅相机的话，那么EF-S 17-55mm f/2.8带来的焦距范围，始终较其他可用于全画幅相机的镜头更加实用。加上它的规格比EF-S 17-85mm f/4-5.6更胜一筹，即使它的变焦倍数只有3倍，它仍然是一支非常值得用户投资的镜头。

实际应用值得考虑

以上所说只是一种看法，其实我们选择同级镜头时还要考虑什么呢？不妨从更实际的一方面去想。这支镜头在提供f/2.8大光圈的同时，还有IS防抖功能。细心的用户都知道Canon现在这个焦段的镜头实仅此一款，如果不是对APS-C格式特别抗拒，其实这就是唯一顶级的原厂选择。到实际应用时，此镜头从画质和性能上都没有什么好挑剔的，而且又不算笨重，可以说是一款用途广泛又值得与之为伴的常用镜头。加上数码年代已不仅只论画幅大小，也得论实际需要，APS-C相机随便一部都达到1200万像素，还要担心什么呢？

■线性失真 DISTORTION

Canon EF-S 17-55mm f/2.8 IS USM （测试相机：Canon EOS 30D）

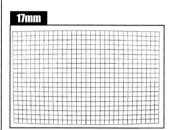

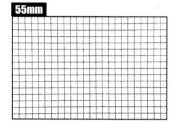

◀ **17mm**

测试结果：水平差异约1.65%，垂直差异约0.38%

测试评论：桶状变形情况轻微

◀ **55mm**

测试结果：水平差异约0.11%，垂直差异约0.12%

测试评论：枕状变形情况极轻微

■四角失光 VIGNETTE

Canon EF-S 17-55mm f/2.8 IS USM （测试相机：Canon EOS 30D）

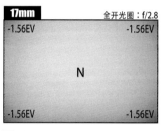

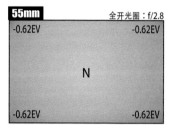

◀ **17mm**

测试结果：−1.56EV

测试评论：四角失光情况明显

◀ **55mm**

测试结果：−0.62EV

测试评论：四角失光情况轻微

■中央解像力 RESOLUTION

Canon EF-S 17-55mm f/2.8 IS USM （测试相机：Canon EOS 30D）

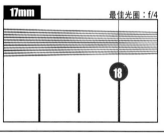

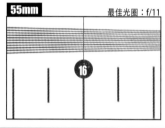

◀ **17mm**

测试结果：最佳光圈f/4

测试评论：f/4时锐度最佳

◀ **55mm**

测试结果：最佳光圈f/11

测试评论：远摄时f/11影像最锐利

Lab test by Pop Art Group Ltd., © All rights reserved.

■规格 SPEC.

Canon EF-S 17-55mm f/2.8 IS USM

焦距	17−55mm
用于APS-C	约27.2−88mm
视角	78° 30′ −27° 50′
镜片	12组19片
光圈叶片	7片
最大光圈	f/2.8
最小光圈	f/22
最近对焦距离	0.35m
最大放大倍率	0.17x
滤镜直径	77mm
体积	83.5 x 110.6mm
重量	645g
卡口	EF卡口

■评测结论

恒定f/2.8光圈及IS防抖功能，是这支镜头的重要卖点。测试显示镜头在广角端焦距的解像力，比远摄端还要略高，其中以广角端f/4解像力最惊人，在820万像素时达1824LW/PH。此外，除了防抖功能一如既往效果显著外，其操作及手感也十分出色，重量和体积可谓恰到好处，使拍摄时有不俗的握持平衡，难怪这么多Canon用户都喜欢以此镜头与L系列相提并论。

快门：1/200秒　光圈：f/9　感光度：ISO100

轻巧防抖入门级标准套机镜头
Canon EF-S 18-55mm f/3.5-5.6 IS

主要特点

●其18—55mm的焦距相当于135格式的28.8—88mm●最近对焦距离为25cm●具有防抖功能●价格相对便宜

■结构图

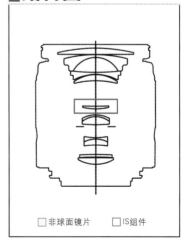

□非球面镜片　　□IS组件

■评分
(10分为满分)　　**7.5**

作为普通套机镜头，这支Canon EF-S 18-55mm f/3.5-5.6 IS恰如其分，轻巧而灵活，因为它提供了摄影初学者最需要的基本焦距范围；而且设有IS防抖，画质又有相当不错的水平。它是物美价廉的选择，难怪如此受欢迎，这里就看看它是如何以廉价取胜的！

相信很多Canon用户都知道，2004年随入门级的EOS 300D推出首支EF-S卡口套机镜头EF-S 18-55mm f/3.5-5.6。到其后EOS 350D及EOS 400D的第二代EF-S 18-55mm f/3.5-5.6 II套装镜头，由于焦距实用，成像素质尚可，加上重量轻巧，是很多入门用户的必备镜头。但世事并无完美，由于光圈只有f/3.5-5.6，很多用户都嫌光圈太小，在弱光环境下容易产生手抖的情况。有鉴于此，Canon推出新一支EF-S 18-55mm f/3.5-5.6 IS以满足用户。

◀ 这支镜头和上一代最明显的区别就是加入新式的IS防抖组件，令镜头增添防抖功能的同时，仍能保持小巧轻盈。在镜身上也设有IS的开关。

EF-S套机镜头的发展

第一代EF-S 18-55mm作为EOS 300D套机镜头发售时已经成为单反界的一件大事，这不仅是因为EOS 300D将单反相机价格大大降低，而且是因为随机镜头的品质和性能再也不可小觑。EOS 300D于日本开售时，随机的EF-S 18-55mm备有USM功能，超声波马达能大大减低对焦时的声响，但到了在香港发售时，该款随机镜头却没有了此功能，这件事一直令香港Canon用户感到可惜。虽然没有USM功能，但由于该镜头无论在镜头重量、焦距范围、成像素质等方面都非常不俗，而且价格相对低廉，所以仍得到很多Canon入门用户的喜爱。

新旧镜头的差别

Canon新推出的EF-S 18-55mm f/3.5-5.6 IS，虽然和上两代EF-S 18-55mm f/3.5-5.6在规格上没有太大差别，但在外形上，变焦环略有改变，给人感觉较为沉实。另外，采用非球面镜片能改善像差，同时优化了的镜头镀膜有效减少鬼影和眩光，而柔和光圈叶片能营造柔和散景。最近对焦距离缩短至0.03米，达到0.25米，放大倍率略为增加。镜头加上光学影像稳定器，提供4级快门防抖效果，全新影像稳定器可自动识别到一般拍摄或作追随拍摄，而重量仅比之前EF-S 18-55mm f/3.5-5.6重10克。

标准变焦镜头新选择

这支镜头是专为使用APS-C画幅CMOS的Canon数码单反相机而设，能兼容在EOS 50D、EOS 40D、EOS 30D、EOS 20D、EOS 500D、EOS 450D、EOS 400D等机身上。前身为一支专为入门用户而设的套机镜头，EF-S 18-55mm f/3.5-5.6 IS加上防抖技术后独立发售。由于焦距的便利性，有18-55mm（135格式上为28.8-88mm），能涵盖人像、风景两方面的需求；而重量都只有200克，可保持高度的机动性；加上较低廉的售价，无论在性价比和机动性上都可迎合很多用户的需要。美中不足的是，和上两代镜头一样，在外形上没有多大转变，略欠手感。另外，对焦环仍然没有太大改善，都是过于偏窄，在手动变焦时转动对焦环时仍感不够畅顺。可能由于设计此入门级镜头时主要集中在自动对焦方面，手动对焦方面未能顾及太多。

实际成像素质测试

在实际的成像素质测试中，我们可以看出这支镜头的解像力相当不俗。在全开光圈的情况下，解像力也相当不错，广角时中央解像力达到1800LW/PH，边缘解像力达到1750LW/PH，在远摄时全开光圈（f/5.6）中央解像力也达到1750LW/PH，边缘解像力达1700LW/PH。在四角失光方面，广角端时全开光圈较为明显，但在收小两级光圈时已明显减弱，在远摄时，即使全开光圈，四角失光也极为轻微。另外，在变形测试中，在广角端时，桶状变形情况可察，至于远摄时，枕状变形则较为轻微。

难以抗拒的新选择

相信很多Canon用户都会有这个想法，就是Canon的防抖镜头价格不菲。而且对于很多使用APS-C单反相机用户来说，都很希望有一支人像、风景拍摄都能兼顾的变焦镜头作为标准镜头。而现在推出的这支EF-S 18-55mm IS防抖镜头，作为一支独立发售的镜头，无论焦距实用性还是功能解像力等各方面都十分不俗，加上实惠的价格，相信能给各Canon用户一个难以抗拒的诱惑。

■线性失真DISTORTION

EF-S 18-55mm f/3.5-5.6 IS（测试相机：Canon EOS 400D）

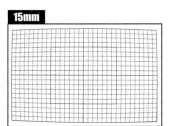
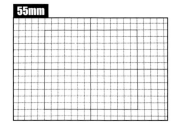

◀**15mm**
测试结果：水平差异约3.57%，垂直差异约0.85%
测试评论：桶状变形情况可察

◀**55mm**
测试结果：水平差异约0.57%，垂直差异约0.15%
测试评论：枕状变形情况极轻微

■四角失光VIGNETTE

EF-S 18-55mm f/3.5-5.6 IS（测试相机：Canon EOS 400D）

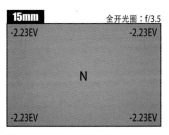
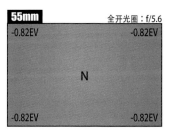

◀**15mm**
测试结果：-2.23EV
测试评论：四角失光明显

◀**55mm**
测试结果：-0.82EV
测试评论：四角失光极轻微

■中央解像力RESOLUTION

EF-S 18-55mm f/3.5-5.6 IS（测试相机：Canon EOS 400D）

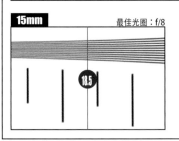
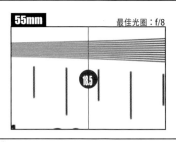

◀**15mm**
测试结果：最佳光圈f/8
测试评论：锐度令人满意

◀**55mm**
测试结果：最佳光圈f/8
测试评论：表现与广角端相当

Lab test by Pop Art Group Ltd., © All rights reserved.

■规格SPEC.

Canon EF-S 18-55mm f/3.5-5.6 IS

焦距	18—55mm
用于APS-C	约28.8—88mm
视角	74° 20′ — 27° 0′
镜片	9组11片
光圈叶片	6片
最大光圈	f/3.5—5.6
最小光圈	f/22—38
最近对焦距离	0.25m
最大放大倍率	0.34X
滤镜直径	58mm
体积	68.5 x 70mm
重量	200g
卡口	EF卡口

■评测结论

　　试用后，发现这支镜头解像能力和上两代镜头相当，都有不俗的表现，而最重要的是，以差不多的价格可以得到一支拥有4级防抖效果的镜头，可谓几乎无可挑剔了。虽然画质或未能与Canon其他更高级的镜头直接较劲，但从测试结果来看，用户大可物尽其用，因为它是完全为数码需要而设的EF—S系列镜头，所以锐度肯定不会令人失望。

快门：1/500秒　光圈：f/5.6　感光度：ISO400

实惠超低色散防抖远摄镜头
Canon EF-S 55-250mm f/4-5.6 IS

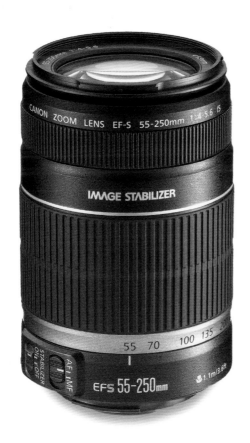

主要特点

●55-250mm焦距具4.5倍的变焦能力，拥有相当于135格式的88-400mm焦距●镜身轻巧，重量仅为390克，体积为108x70mm●备有4级IS影像防抖技术●配备1片UD镜片，有效提升成像素质

■结构图

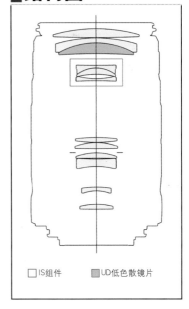

□ IS组件　■ UD低色散镜片

■评分
(10分为满分)　**8.0**

Canon的EF-S系列中可谓偶有佳作，而其中18-55mm和这款55-250mm镜头都可算是套装镜头之选。它不仅有IS防抖，甚至加入UD超低色散镜片，令画质更上一层楼，变成了性能不俗的远摄变焦镜头！

镜头的款式可谓层出不穷，覆盖焦段越来越多，焦距越来越长，而且不少厂商为长焦镜头加入防抖功能，提高镜头实用性，这种情况的普及，令长焦防抖镜头价格更实惠。像这种廉价镜头可以玩防抖，又是中远摄镜头，真是实惠的IS远摄镜头！

实惠中远摄变焦镜头

EF-S 55-250mm f/4-5.6 IS是Canon推出的全新数码镜头，其55-250mm焦距，相当于4.5倍左右的变焦能力，更相当于135格式的88-400mm焦距，从焦距上来看，是支不错的远摄变焦镜头。

而因焦距较长，且没有大光圈的帮助，影响了手持拍摄的清晰度，所以防抖功能就可以发挥很大的作用！Canon这支新镜头也提供IS影像防抖功能，而且最高可达4级防抖。如果以此镜头的最远摄端250mm，即相当于135格式的400mm，其安全快门应该最少为1/400秒，在最高4级防抖的帮助之下，快门慢至1/25秒也理应可以拍摄到清晰的照片。

从镜头的焦距和配备IS防抖功能来看，此镜头有一定的吸引力，尤其是其1600元的价格，绝对是实惠的远摄镜头！入门级的用户应该会很喜欢吧！

同时配备UD镜片

这支EF-S 55-250mm f/4-5.6 IS除了焦距、IS防抖功能及价格实惠的特点之外，其实在各方面都有不错的设计。

首先，此镜头应该算相当地轻巧，镜身只有390克重，体积也只有108x70mm，所以在携带时十分方便。

另外，虽然这支新镜头不是顶级镜头，但在10组12片的镜片结构中，配有1片UD超低色散镜片，有效减少色散和色差！而且

此镜头有7片光圈叶片，虽然不算多，但也能合理地实现不错的小景深虚化。

成像素质大致理想

虽然该镜头并不是顶级镜头，但我们在测试中发现其成像素质也有不错的表现。例如在解像力方面，不论在广角端或是远摄端时都很不错，广角的中央最佳解像力可达1800LW/PH，而远摄端也有1700LW/PH，锐度不俗。此外，镜头的变形情况也不明显，广角的桶状变形及远摄的枕状变形都极其轻微。四角失光情况同样相当轻微，在一般环境下不易察觉。整体而言，此镜头在影像上的表现大致令人满意。

中远摄同级镜头选择

在Canon的镜头系列中，之前并没有这个焦距的镜头，最接近的，只有数支70-200mm 70-300mm或100-400mm等焦距的镜头。而这些镜头中有部分属于顶级镜头，价值不菲，不是一般摄影人愿意负担的。

但近年已经陆续有较实惠的远摄镜头推出，以副厂品牌Sigma及Tamron为例，都推出过和EF-S 55-250mm f/4-5.6 IS接近的镜头，例如Sigma有AF 55-200mm f/4-5.6 DC，而Tamron有AF 55-200mm f/4-5.6 Di II（A15）。但以上两支镜头和Canon的新镜头都不尽相同，远摄端的焦距略有出入。更不同的是，Sigma及Tamron这两

支镜头最初均没有影像防抖功能，这才是最大的差别。

虽然Canon EF-S 55-250mm f/4-5.6 IS和Sigma及Tamron的镜头略有不同，但在价格上相当接近，更显得Canon这支新镜头有吸引力。即使贵几百元，多个防抖就已经更实惠了！

55-250mm焦距示范

55mm广角端

▲ 相当于135格式的88mm。

250mm远摄端

▲ 相当于135格式的400mm。

▲ 配有IS影像防抖功能绝对是此镜头的一个重要卖点，最高可达4级防抖，远摄时更有把握拍摄到清晰影像。

■线性失真DISTORTION

EF-S 55-250mm f/4-5.6 IS （测试相机：Canon EOS 40D）

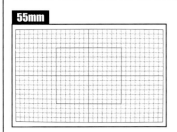

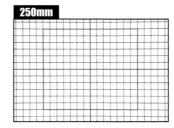

◀55mm
测试结果：水平差异约0.21%，垂直差异约0.51%
测试评论：桶状变形情况极轻微

◀250mm
测试结果：水平差异约0.12%，垂直差异约0.15%
测试评论：枕状变形情况极轻微

■四角失光VIGNETTE

EF-S 55-250mm f/4-5.6 IS （测试相机：Canon EOS 40D）

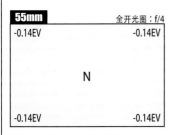

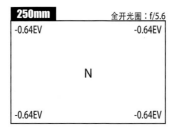

◀55mm
测试结果：−0.14EV
测试评论：四角失光情况不明显

◀250mm
测试结果：−0.64EV
测试评论：四角失光情况轻微

■中央解像力RESOLUTION

EF-S 55-250mm f/4-5.6 IS （测试相机：Canon EOS 40D）

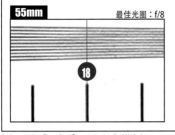

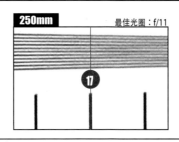

◀55mm
测试结果：最佳光圈f/8
测试评论：最佳光圈f/8时，中央解像力表现理想。

◀250mm
测试结果：最佳光圈f/11
测试评论：远摄端最佳光圈f/11，解像力也不错。

Lab test by Pop Art Group Ltd., © All rights reserved.

■规格SPEC.

EF-S 55-250mm f/4-5.6 IS

焦距	55−250mm
用于APS-C	约88−400mm
视角	27°50′－6°15′
镜片	10组12片
光圈叶片	7片
最大光圈	f/4−5.6
最小光圈	f/22−32
最近对焦距离	1.1m
最大放大倍率	0.31x
滤镜直径	58mm
体积	70 x 108mm
重量	390g
卡口	EF−S卡口

■评测结论

　　在试用过程中可以感受到，这支镜头的焦段是颇好用的，加上成像素质也不错，价格方面也算有吸引力，的确在同级镜头中算是一个好选择，没有远摄镜头的影友，如果想感受长焦距的乐趣，又不想花费太多，这支镜头会是个不错的选择。另一个好处是，此镜头的55mm刚好可以接上一般广角至中焦的镜头，焦距重复的机会不大。

快门：1/250秒　光圈：f/4　感光度：ISO100

小巧精悍远摄防抖招牌镜头
Canon EF 70-200mm f/4L IS USM

主要特点

●轻巧灵活，重量仅760克●配备4级防抖相当实用●设有防尘防水滴橡胶环

■结构图

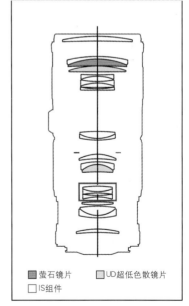

■ 萤石镜片　　□ UD超低色散镜片
□ IS组件

■评分
(10分为满分) **9.0**

70-200mm这个中焦至远摄的焦段一向是相当受欢迎的，因为它正好连接着24-70mm的焦距。不少新闻摄影记者几乎必定有这两支镜头，而这支f/4恒定光圈的70-200mm，就同时具有轻巧和具备光学防抖功能的优点。

不少Canon用户都知道，要买原厂镜头拍摄美女的话，70-200mm f/4是一支理想的入门级镜头，因为它既有顶级的光学素质，而且用户大多负担得起约为五千元的售价。Canon就为这支镜头推出防抖版本，这支镜头比之前版本仅重出50多克，虽然用了更多的镜片，但维持同样的体积，使它依然成为机动性很强的镜头。

◄ 新版镜头的防抖系统相当于4级快门，并设有两种模式。

新增防尘橡胶环

许多人都称70-200mm f/4为"小小白"，而现在新的防抖版本为"IS小小白"，无论怎样称呼它都好，两支镜头在外观上确实差别不大。在同样的体积下，新镜头的"70-200mm"字样印在镜身中间，而镜头末端就多了"Image Stabilizer"（图像稳定器）金属标志。但是更为重要的变化，是新镜头的卡口处多了橡胶环，只要将该镜头装在全天候性能的EOS DSLR上时，便能彻底发挥防水溅及防水滴功能，这是以往70-200mm f/4L镜头所没有的。

新镜头的变焦环及对焦环依然使用十分顺畅，而且提供了全时手动对焦功能，绝对是专业级镜头的表现。而此镜头的对焦速度极快，保持一贯的顶级素质。虽然这支镜头比旧的更重，但实际手持使用时仍然提供良好的平衡效果，但如果将它放在脚架上使用，那么"前重后轻"的效果会更加明显，用户最好选购额外的三脚架接环。

全新4级防抖

新镜头的镜片由原来的13组16片，增加至15组20片，新增的镜片大概是为了用来提供防抖功能。至于镜片结构及排位大致上与旧镜头相似，同样配备1片萤石镜片及2片超低色散镜片，而且最近对焦距离及放大倍率仍然不变，依然分别是1.2m及0.21倍。此外，滤镜直径仍然是67mm，相比起大部分L级镜头的77mm直径，用户购买滤镜时将更便宜。

这支新版镜头的重点功能首推Image Stabilizer，此防抖系统让用户可以用慢4级的快门拍摄，比起以往3级的防抖系统更有效。同时此镜也提供两种防抖模式，Mode1供一般用途，Mode2则在横向追踪主体时使用。而经我们测试后，发觉它的防抖效能相当出色，即使在200mm焦距时以1/60秒拍摄，照片仍然非常清晰。

更实惠和合适的选择

很多Canon粉丝都会为自己用的镜头款式改了称号，就如这款70-200mm镜头就被称作"IS小小白"，而Canon另一款没有IS防抖的则叫作"小小白"，而f/2.8那一款就叫作"小白"。听起来实在有点可爱，当然它们全都是属于Canon强悍而专业的高性能镜头。

那么在f/4和f/2.8之间如何选择呢？这就得根据摄影人自己的需要了，有些以摄影作为职业的摄影师，如摄影记者，他们大多会选择f/2.8那一款，因为可通过其大光圈，在昏暗的拍摄环境下仍然能有机会拍到照片，但缺点当然是镜身大得多和重得多。幸而在数码摄影时代而大大普及，数码单反的发展已经非常成熟，高感光度的相机性能已成为最新的卖点，而且画质也越来越好，有很多情况就算用ISO800拍摄，影像也不会差到哪里去，所以那f/4和f/2.8之间的一级光圈差异，已不再那么重要。当使用这一款f/4光圈的镜头时就索性把感光度提高便可，现在的相机基本上都达ISO3200，有的甚至高达ISO12800，实在很少有不够用的情况。就算是f/4光圈，加上IS防抖，在昏暗的环境下也能发挥到像f/2.8的性能，但镜身要轻巧和便携许多，对经常要四处跑的摄影人来讲，这实在减轻了不少身体上的负担，看来更合适吧！

▲ 新镜头设有防水滴及防尘橡胶环。

■线性失真DISTORTION

EF 70-200mm f/4L IS USM （测试相机：Canon EOS 400D）

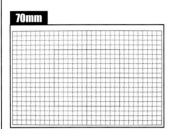

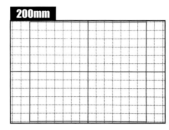

70mm
测试结果：水平差异约0.38%，垂直差异约0.13%
测试评论：桶状变形情况极轻微

200mm
测试结果：水平差异约0.1%，垂直差异约0.2%
测试评论：枕状变形情况极轻微

■四角失光VIGNETTE

EF 70-200mm f/4L IS USM （测试相机：Canon EOS 400D）

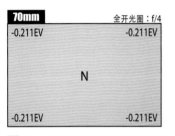

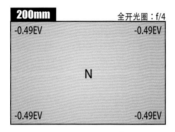

70mm
测试结果：−0.211EV
测试评论：四角失光情况不明显

200mm
测试结果：−0.49EV
测试评论：四角失光情况极轻微

■中央解像力RESOLUTION

EF 70-200mm f/4L IS USM （测试相机：Canon EOS 400D）

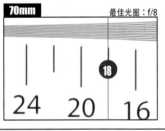

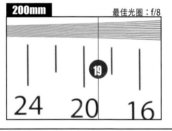

70mm
测试结果：最佳光圈f/8
测试评论：f/8时最锐利

200mm
测试结果：最佳光圈f/8
测试评论：结果与70mm时相当

Lab test by Pop Art Group Ltd., © All rights reserved.

■规格SPEC.

EF 70-200mm f/4L IS USM

焦距	70—200mm
用于APS-C	约112—320mm
视角	34°　−12°
镜片	15组20片
光圈叶片	8片
最大光圈	f/4
最小光圈	f/32
最近对焦距离	1.2m
最大倍放大率	0.21x
滤镜直径	67mm
体积	76×172mm
重量	760g
卡口	EF卡口

■评测结论

　　贵为Canon专业级的中长焦L级镜头，此镜头的光学素质依然极为锐利，新增的IS防抖系统并未明显增加镜头的重量，保持一贯的轻盈。加上此镜头新增的防水滴及防尘的橡胶环，肯定符合专业级用户的严苛要求。画质方面，就算在全开光圈下也有极佳表现，为一些不想带f/2.8大光圈镜头四处行走的摄影师提供轻便的选择。

快门：1/200秒　光圈：f/4　感光度：ISO200

远摄增距镜野外摄影师必备
Canon EF 1.4 x II & EF 2 x II

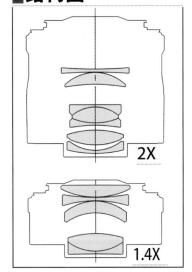

主要特点

EF1.4x II/EF 2x II

●防水及防尘设计●焦距增至1.4倍/2倍●4组5片/5组7片结构●最大光圈f/4(1.4x)及f/2.8(2x)时仍可自动对焦

■结构图

2X

1.4X

■评分 **9.0**
(10分为满分)

对于喜欢远摄题材的摄影者，如拍摄野生鸟雀，焦距当然是越长越好，因为这样可以多一些机会"靠近"你的猎物。但镜头越长也代表越大越重，无疑又是一个沉重负担，所以有必要考虑使用增距镜，小小的一个1.4x或2x增距镜，便可增加远摄能力！

APS-C格式DSLR的远摄端占优势，令众多远摄爱好者尽情享受拍摄的乐趣。200mm焦距镜头用在APS-C相机上，拥有相当于135格式的300mm，但这够用了吗？也许还不够，买一支超远摄镜头当然最直接，但成本高，如果预算不多，是否考虑过选择增距镜呢？有摄影人担心增距镜素质太差，但实际情形又是如何呢？

增距镜加长焦距

APS-C格式相机的焦距乘换算系数后虽然令焦距增长，但如拍摄鸟雀等生态摄影，即使换算后有300、400mm也未必足够。要解决问题最简单有两个方法，其一是买一支超长焦镜头，但价格昂贵、体积沉重；另一种方法就是选用增距镜，原理是在镜头后组位置再加上另一件附件，即增距镜，其结构和镜头相似，内部同样有多片镜片，透过折射把影像放大，就相当于把焦距增加。

加装增距镜后，镜头焦距一方面受着APS-C格式焦距换算的影响，另一方面再受增距镜的影响。如一支70-200mm镜头加装一支2x的增距镜，用在1.5x换算系数的APS-C相机上，首先远摄端200mm乘以2相当于400mm，而400mm再乘以1.5就相当于600mm了！

两支增距镜同时使用

如果仍然觉得不够，一些增距镜后组位置可以再装上另一支增距镜。如Canon的增距镜EF2xII，其后组位置可以接上另一支增距镜，因为它的构造在后组位置有较多空间，才可让增距镜前组的位置进入，但相对较小的EF1.4xII，并未提供这样一个空间。

假设摄影人已经装上一支2x增距镜，焦距有600mm，还可选择继续加上其他倍数的增距镜，

只要增距镜后方有空间接上另一支增距镜，就可同时装上多支，把焦距大大增加。但提醒大家，加装增距镜后自动对焦的速度会减慢，以EF1.4xII和EF2xII为例，加装一支1.4x后自动对焦速度会减半，而使用一支2x就只剩下1/4的对焦速度。如果同时加装多支增距镜会变得难以使用，自动对焦反应下降，对焦敏感度变差，所以多数用户最多同时装上2x或1.4x。

影响最大光圈值

增距镜还会直接影响镜头的光圈值。例如一支1.4x的增距镜。最大光圈收小1级，一支f/2.8的镜头收小1级后即相当于f/4，如果使用2x增距镜就收小2级，f/2.8就变成f/5.6。

另外市场上还有1.5x、1.7x和3x等倍数的增距镜。1.5x的增距镜收小1级，1.7x就会收小1.5级；而3x的增距镜就收小3级，f/2.8就会被收小至f/8，所以增距镜最好配合大光圈镜头使用，这才是较好的做法。

要远摄还是要素质？

镜头焦距越短、变焦倍数越低，越容易控制成像素质，但增距镜会增加镜头的焦距，而且装上增距镜后光学结构更为复杂，素质更难控制。一支EF70-200mm f/2.8L IS USM镜头上有23片镜片，加上一支有7片镜片的EF2xII增距镜就有30片镜

片，如果再加一支有5片镜片的EF1.4xII，总共就有35片镜片，而且增距镜也不是专为某支特定镜头而设计，所以两者未必可充分配合，这种条件下成像素质要有高水平的表现实在不容易。

通过测试可了解到加增距镜后的成像素质，比较同一光圈f/8，镜头加上1.4x增距镜后素质未有明显下降，只是略有少许，但当换上一支2x后，解像力有较明显的下降，但情况仍然可以接受。我们也测试过同时加上2x和1.4x后的解像力，解像力明显低很多，影像开始有些松散，影像只在f/8-f/16的范围内才显得较为清晰，所以实在不太建议同时使用两个增距镜，这样会令对焦变得更慢，而影像又差一截，真是得不偿失。

▲一支原本f/2.8的镜头，未装增距镜时光圈显示为f/2.8。

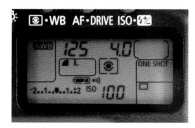

▲装上1.4x的增距镜，f/2.8收小至f/4光圈，如果装上2x的增距镜，光圈就收小2级，变为f/5.6。

■线性失真DISTORTION

EF 70-200mm f/2.8L IS USM（测试相机：Canon EOS 40D）

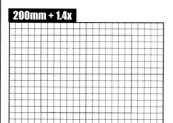
200mm + 1.4x

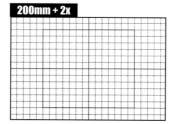
200mm + 2x

◀**200mm + 1.4x**
测试结果：水平差异约0.04%，垂直差异约0.013%
测试评论：枕状变形情况极轻微

◀**200mm + 2x**
测试结果：水平差异约0.05%，垂直差异约0.04%
测试评论：枕状变形情况极轻微

■中央解像力RESOLUTION

EF 70-200mm f/2.8L IS USM（测试相机：Canon EOS 40D）

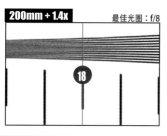
200mm + 1.4x　　最佳光圈：f/8

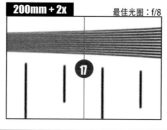
200mm + 2x　　最佳光圈：f/8

◀**200mm + 1.4x**
测试结果：最佳光圈f/8
测试评论：加上1.4x增距镜后，f/8光圈的解像力仍然算高。

◀**200mm + 2x**
测试结果：最佳光圈f/8
测试评论：加上2x增距镜后解像力明显不够锐利，但仍可接受。

Lab test by Pop Art Group Ltd., © All rights reserved.

■规格SPEC.

EXTENDER EF1.4X II

焦距	1.4倍
用于APS-C	约2.24倍
镜片	4组5片
体积	27.2 x 72.8mm
重量	220g
卡口	EF卡口

■规格SPEC.

EXTENDER EF2X II

焦距	2倍
用于APS-C	约3.2倍
镜片	5组7片
体积	57.9 x 71.8mm
重量	265g
卡口	EF卡口

■评测结论

　　增距镜的确可以带来超远摄的焦距，而且携带方便，其售价摄影人也相对负担得起。但一分钱一分货，增距镜的成像素质比一支超远摄镜头更低，而且会影响到镜头的对焦速度和敏感度，并会缩小镜头的最大光圈。虽然一支超远摄焦距的镜头很好玩，素质较高，但镜头体积又大又重、携带困难，而且价格较高，实际较少机会用到。如果并非经常使用，也不是专业需要，即使增距镜的成像素质不算高，但也可享受到超远摄的乐趣，想玩超远摄效果用增距镜已经相当足够和实惠了！

快门：1/90秒　光圈：f/5.6　感光度：ISO160

超广角M卡口极品轻巧镜皇
Carl Zeiss Distagon T* 18mm f/4 ZM

主要特点

●18mm超广角焦距●恒定f/4光圈●镜片采用了T*镀膜技术●ZM镜，适用于M卡口相机●全金属镜身，手感和耐用性极佳

■结构图

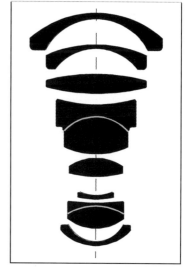

不少旁轴相机用户都是抓拍爱好者，相信这些摄影人绝对明白用手动对焦镜头进行"抓拍"的好处，尤其在配上广角镜头时，更是轻松和简单得多。如果你是旁轴相机用户，又爱好抓拍，那绝对值得考虑Carl Zeiss这支Distagon T* 18mm f/4 ZM镜头。

■评分

(10分为满分) **9.0**

自动对焦技术已发展得十分先进，为什么仍有不少摄影人对手动对焦镜头情有独钟呢？相信用户追求的，是那种自动对焦镜头并不能给予用户手动镜头独有的光学素质及操作手感。Zeiss为满足手动对焦镜头爱好者的需求，积极推出更高素质的手动定焦镜头，如Distagon T* 18mm f/4 ZM这支超广角手动定焦镜头，爱好者绝不能错过！

▲ Distagon T* 18mm f/4 ZM镜头的整体做工十分扎实，而且在控制对焦环的手感上感觉很细腻，精确度很高。

操作手感细腻流畅

很多自动对焦镜头，也可以切换成手动对焦模式，刻意选择手动对焦镜头是为什么呢？如果有玩手动对焦镜头的摄影人必定会明白，手动对焦镜头及自动对焦镜头的对焦环，对焦操作上的手感完全不同。

Distagon T* 18mm f/4 ZM手动对焦的感觉极为细腻，配合旁轴相机使用时也非常方便，转动对焦环的精准度不是一般自动对焦镜头可以媲美的。Distagon T* 18mm f/4 ZM手动对焦时的精准度很高，相比起自动对焦镜头，有时会更适用于拍摄近距离的静物，易于自由选择焦点。

18mm超广角焦距

另外，以Zeiss生产镜头的经验，相信大家也不用怀疑这支镜头的光学素质。Distagon T* 18mm f/4 ZM采用8组10片的镜头结构，最近对焦距离为50cm，放大倍率1:23，恒定光圈f/4，足以应付日常拍摄需要，而镜头的体积为65×71mm，重量仅为350克，也算是一支轻巧的镜头。

但这支镜头最吸引人的地方，相信是其18mm的超广角焦距，用在一般旁轴相机上，会是极为广角，它在取景时的视角可达98°！用作抓拍也无往而不利吧！而此镜头如用在现在的数码旁轴相机上时，如Leica M8，18mm的焦距会被乘以1.3倍，焦距相当于135格式的23mm。

成像素质不负众望

测试Distagon T* 18mm f/4 ZM的成像素质后能见到，此镜头也不负众望，素质有着极高水平。首先看此镜头的影像解像力，配合Leica M8测试，发现全开光圈f/4时，锐度算是不错，而最佳光圈是在f/8，素质略有提升。虽然这支镜头拥有18mm的超广角焦距，但在变形测试方面，此镜头的桶状变形情况属极轻微，以超广角来说几乎是没有变形。另外，此镜头的光圈值为f/4至f/22，测试发现，全开光圈f/4时的四角失光也不算严重，情况可以接受，而且也留意到，在收小光圈后四角失光的情况也有明显改善，f/5.6–f/8时已经很轻微。

超广角的好选择

从测试中可知，这支镜头的素质相当不俗，可以满足众多手动镜头用户的要求。而且，ZM卡口的镜头中，同级焦距的选择不多，论焦距，这支18mm很够用。Zeiss还有15mm及21mm可选，18mm属较中庸的焦距。而f/4光圈虽然不算大，但由于广角焦距在安全快门上的要求不高，而且可减轻镜头的体积，令其更方便携带，所以f/4和18mm焦距是一个很好的配合。综合而言，Distagon T* 18mm f/4 ZM成像素质和功能都令人满意，而且镜身做工也非常好，在ZM卡口的超广角镜头中是一个不错的选择。

快门：1/45秒 光圈：f/11 感光度：ISO160

■线性失真 DISTORTION

Zeiss Distagon T* 18mm f/4 ZM （测试相机：Leica M8）

18mm

▲18mm

测试结果：水平差异约0.07%，垂直差异约0.62%

测试评论：桶状变形情况极轻微

■四角失光 VIGNETTE

Zeiss Distagon T* 18mm f/4 ZM （测试相机：Leica M8）

18mm	全开光圈：f/4
-1.23EV	-1.23EV
N	
-1.23EV	-1.23EV

▲18mm

测试结果：约−1.23EV

测试评论：四角失光情况明显

■中央解像力 RESOLUTION

Zeiss Distagon T* 18mm f/4 ZM （测试相机：Leica M8）

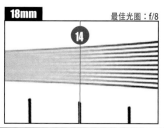

18mm　最佳光圈：f/8

▲18mm

测试结果：最佳光圈f/8

测试评论：此镜头各级光圈解像力都不错，全开光圈也很理想，而最佳光圈是f/8

Lab test by Pop Art Group Ltd., © All rights reserved.

■规格 SPEC.

Zeiss Distagon T* 18mm f/4 ZM	
焦距	18mm
用于M8	约23mm
视角	98°
镜片	8组10片
光圈叶片	10片
最大光圈	f/4
最小光圈	f/22
最近对焦距离	0.5m
最大放大倍率	0.04x
滤镜直径	58mm
体积	65x71mm
重量	350g
卡口	ZM卡口

■评测结论

　　试用此镜头时，使用了Leica M8数码相机测试，可以感受到这支镜头和数码相机相当匹配，不但拥有高素质的光学设计，而且实际拍摄的成像素质也让用户领略到它的实力。而镜身更是不用说，全金属设计，握持的手感十分舒适，耐用性一流，而且操作感细腻流畅。加上那18mm焦距，用在M8上也有23mm，用作抓拍和风景拍摄时非常顺手易用，值得推荐！是M卡口相机用户的另一广角镜头选择。

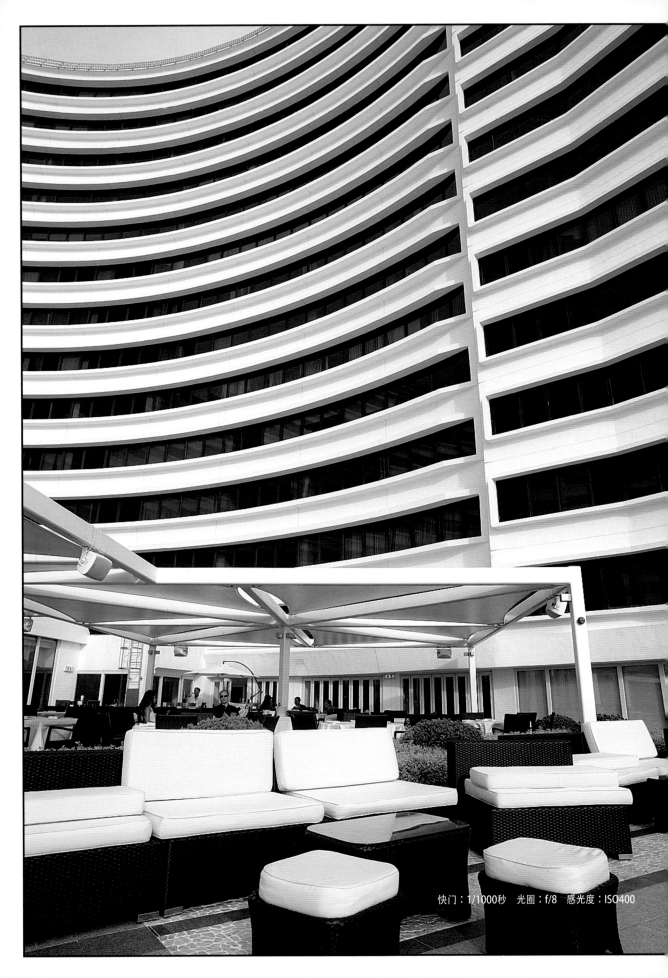

快门：1/1000秒　光圈：f/8　感光度：ISO400

超级极品大光圈手动广角镜皇
Carl Zeiss Distagon T* 21mm f/2.8

主要特点

●拥有21mm广角焦距●采用f/2.8大光圈，光圈为9片设计●最近对焦距离为0.22米●金属镜身，握持操作及耐用性更佳

■结构图

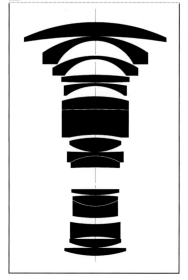

爱好抓拍的摄影人都明白手动对焦镜头的好处，手动镜头对焦时可以利用镜身的对焦距离指示尺，可快速评估对焦距离，并使用较小的光圈获取较深的景深，抓拍变得更加轻松。再加上像Carl Zeiss Distagon T* 21mm f/2.8这种广角焦距镜头更是无往不利了！

■评分
（10分为满分）

9.0

大家都知道，如今的自动对焦技术已经十分成熟，又快又宁静，而且方便易用。但同时，手动对焦镜头在市场上仍占有一席之地。新一代的手动对焦镜头设计更加成熟，而且光学表现更佳，例如Carl Zeiss的21mm广角手动镜Distagon T* 21mm f/2.8，就是一支素质极高的大光圈手动对焦广角镜头！

◀ 此镜头镜身采用全金属，握持手感不错，而且设计的素质很高，相信会是一支很耐用的镜头。

广角超焦距好用

或者有些摄影人会觉得，手动对焦镜头很难用，尤其是对焦方面很难操作，但喜欢用手动镜的摄影人都知道，这只是一个误会，只要懂得方法，其实手动对焦镜头都可以很好用！

对用手动对焦镜头有经验的朋友都知道，这种镜头并不一定只靠取景器观察来对焦才拍摄，而是利用镜身上的焦距指示来"估焦"。例如Carl Zeiss这支Distagon T* 21mm f/2.8，镜身上的对焦距离指示是0.22米至2米。而这支镜头属于广角镜头，比较适合拍摄广阔环境的照片，所以很少在2米以内的距离对焦，利用无限远拍摄也差不到那里去了。摄影人可以利用估计焦距的技巧，再加上收小一点光圈获得更深的景深来配合，就算不靠取景器对焦，也能有很大机会拍摄到清晰度不错的照片。这是不少摄影人用手动对焦镜头时常用的技巧，也是传统的超焦距技巧。

金属镜身耐用性高

而此镜头的握持手感相当不错，全金属的镜身设计，拿在手上感觉很有分量，做工很扎实，可以信赖它不但是一支高素质的镜头，也是一支很耐用的镜头。它用在135格式时为21mm焦距，用在APS-C格式DSLR上就相当于135格式的31.5mm。另外，此镜头也是Carl Zeiss现在唯一一支拥有f/2.8大光圈的超广角焦距单反镜头，所以也相当有吸引力。

而操作方面，它的对焦环用上去很流畅和舒适。其实有时用手动对焦比自动对焦更为方便，例如当环境在色彩方面反差不足时，自动对焦会变得较为困难，而手动对焦就没有这种问题，因为由自己控制，这些情况手动镜头更快更方便。另外值得留意的是它的对焦环十分细腻，如果需要主体对焦准确，使用时要特别专心，看清楚是否已经对准焦，甚至慢慢对焦，直至觉得完成为止，这也可以算是手动对焦镜头的使用特性。

广角焦距变形轻微

最后看一看此镜头的光学表现，例如解像力方面，全开光圈的锐度也很理想，最佳光圈为f/8，解像力略有提升。但从观察中可见，f/2.8至f/11的锐度很平均和稳定，解像力的变化不算太大，在f/16时才开始轻微下降。

而四角失光方面，可见在全开光圈f/2.8时，可察觉略为明显的四角失光，但只要收小光圈，情况已有显著的改善，f/4时只属轻微，f/5.6后渐趋稳定，失光情况已极轻微。最后是线性失真的测试，可以见到桶状变形轻微，以广角镜头来理解，这种程度的变形可以接受，而且在实际试用时发觉，在一般情况下使用，其实此镜头的变形并不明显。

▲ Carl Zeiss这支Distagon T* 21mm f/2.8和很多传统手动镜头一样，拥有光圈环及对焦指示尺等，对于喜欢抓拍的摄影人来说就十分有用，如这支广角镜头，可用来进行超焦距拍摄，是不少摄影人利用手动对焦镜头作猎摄时常用到的技巧。

▲ 这支Distagon T* 21mm f/2.8附设一个金属制的遮光罩。

■线性失真DISTORTION

Carl Zeiss Distagon T* 21mm f/2.8（测试相机：NikonD300）

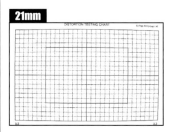

21mm

▶21mm
测试结果：水平差异约0.34%，垂直差异约1.10%
测试评论：桶状变形情况轻微

■四角失光VIGNETTE

Carl Zeiss Distagon T* 21mm f/2.8（测试相机：NikonD300）

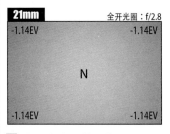

21mm　　全开光圈：f/2.8
-1.14EV　　　　-1.14EV
N
-1.14EV　　　　-1.14EV

▶21mm
测试结果：约-1.14EV
测试评论：四角失光情况可察

■中央解像力RESOLUTION

Carl Zeiss Distagon T* 21mm f/2.8（测试相机：NikonD300）

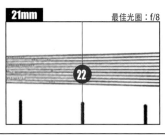

21mm　　最佳光圈：f/8
22

▶21mm
测试结果：最佳光圈f/8
测试评论：此镜头最佳光圈f/8，中央锐度非常不俗。

Lab test by Pop Art Group Ltd., © All rights reserved.

■规格SPEC.

Carl Zeiss Distagon T* 21mm f/2.8	
焦距	21mm
用于APS-C	约31.5mm
视角	90°
镜片	13组16片
光圈叶片	9片
最大光圈	f/2.8
最小光圈	f/22
最近对焦距离	0.22m
最大放大倍率	0.2x
滤镜直径	82mm
体积	87x109mm
重量	600g
卡口	ZF卡口、ZK卡口、ZE卡口

■评测结论

　　这支镜头的设计绝对吸引人，全金属镜身，握持手感不错，而且相信十分耐用，其操作手感也很流畅和舒适。至于光学表现方面，整体来说它的素质令人满意，解像力高，而且各级光圈的影像表现也很稳定，变化不大。四角失光情况只在全开光圈时才较为明显，收小一级光圈已经有很大的改善。而虽然桶状变形略为可察，但以广角镜头来说，仍然可以接受。

快门：1/400秒　光圈：f/8　感光度：ISO200

蔡司广角大光圈经典极品镜头
Carl Zeiss Distagon T* 28mm f/2

主要特点

●特大f/2光圈，弱光环境拍摄一流●镜头采用全金属制造，做工不错●成像素质颇佳，锐度相当高●最近对焦距离达0.24m，方便近摄●拥有28mm广角焦距●镜片采用了T*镀膜技术，有效提升成像素质

■结构图

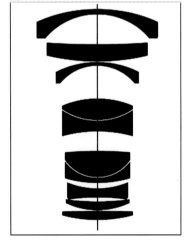

■评分
■（10分为满分）

9.0

　　蔡司出品的镜头可以说每一支都是极品，没有哪支会令人失望，精心打造的镜头，由做工、用料到光学设计，都算得上是艺术的杰作，摄影师使用得特别顺手和开心。拥有Nikon及Pentax卡口的Carl Zeiss Distagon T* 28mm f/2也实在没有什么缺点，除非你不喜欢手动镜头，否则你一定会喜欢它。

如果要说这支镜头的缺点，最少有两个，一是价值不菲，二是不可自动对焦。不过以这支名牌Carl Zeiss镜头在我们心中牢不可破的地位，实在不敢说个贵字，所以第一个不是缺点。至于对焦的问题，如果此支镜头可作自动对焦，反而失去味道！所以那些并非真的缺点，反而是它的锐度和成像素质值得大家津津乐道！

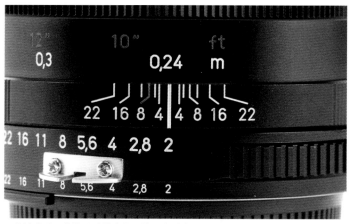

▲ 此镜头采用传统手动镜头的设计，在镜身设置了景深尺，玩超焦距最适合。

做工值得称赞

什么也不讲，先说这支Carl Zeiss 28mm T* f/2的做工，全金属制造的镜身，十分坚固，转动对焦环和光圈环，很流畅。那种手动镜头的顺畅感觉是很舒服的，自动对焦镜头则完全不同。

有经验的摄友一定都知道，镜头焦距越长越贵，越广角也越贵，而对本身已出过好镜头的品牌来说，28mm的广角镜头肯定有价值，何况是一支f/2光圈的镜头？但此镜头的素质足够，绝对物有所值。

讲起这支镜头的来历，千万不要以为它是新镜头，其实它是源自1980年推出的Contax Distagon T* 28mm f/2镜头，只是当年的为Contax卡口。"早有前科"的素质到现在仍然保持着，当年那支Contax提供高解像力和优质的镀膜，现在转换配在Nikon和Pentax机身上，一样高素质！

优秀成像素质

说到此镜头的成像素质，

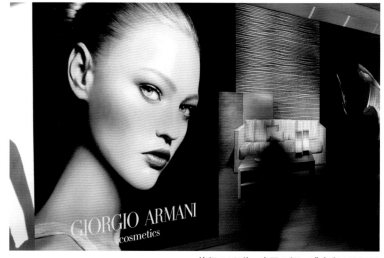

快门：1/4秒　光圈：f/8　感光度：ISO100

全开光圈f/2不会最理想，任何一支镜头都不是在最大光圈时达到最优质影像的。此镜头的f/2光圈是让用户在弱光环境中仍有高速快门。而实际上，当收小光圈至f/2.8，成像素质马上大幅提升，而用到f/8光圈时，影像更加超越一般镜头，锐度很高，原本f/2时的轻微暗角也不再出现了。至于此镜头的变形，坦白地说，真的不觉是28mm的正常表现，因为不大察觉到变形的出现。

而人人都说Carl Zeiss有独特味道。这次试用，也确实觉得和Nikon镜头有点不同，反差适中，淡淡地保留了暗部的层次，渐变部分的层次很好，给人的感觉是拍摄的照片很舒服。

▲ 此镜头有9片光圈叶片，可营造不错的小景深效果。

■线性失真DISTORTION

Carl Zeiss Distagon T* 28mm f/2 （测试相机：Nikon D3）

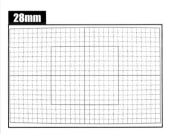

28mm

◄**28mm**
测试结果：水平差异约0.45%，垂直差异约0.31%
测试评论：桶状变形情况极轻微

■四角失光VIGNETTE

Carl Zeiss Distagon T* 28mm f/2 （测试相机：Nikon D3）

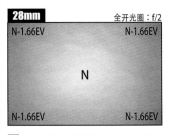

28mm　　　　　　　全开光圈：f/2
N-1.66EV　　　　　　N-1.66EV

N

N-1.66EV　　　　　　N-1.66EV

◄**28mm**
测试结果：约-1.66EV
测试评论：四角失光情况明显

■中央解像力RESOLUTION

Carl Zeiss Distagon T* 28mm f/2 （测试相机：Nikon D3）

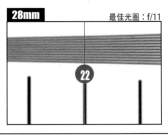

28mm　　　　　　最佳光圈：f/11

22

◄**28mm**
测试结果：最佳光圈f/11
测试评论：使用f/11光圈成像素质最佳，解像力比全开光圈时有明显提升

Lab test by Pop Art Group Ltd., © All rights reserved.

■规格SPEC.

Carl Zeiss Distagon T* 28mm f/2	
焦距	28mm
用于APS-C	约42mm
视角	74°
镜片	8组10片
光圈叶片	9片
最大光圈	f/2
最小光圈	f/22
最近对焦距离	0.24m
最大放大倍率	0.2x
滤镜直径	58mm
体积	64x93mm
重量	520g
卡口	ZF卡口、ZK卡口

■评测结论

这支Carl Zeiss Distagon T* 28mm f/2镜头可谓超大光圈镜皇，成像素质相当有实力，表现出蔡司传统优质光学技术，所以也不需怎样挑剔。镜头做工就更不用说，是普通手动镜头不能相比的，全金属镜身的独特握持和操作手感难以在一般镜头上找到，这样已经物有所值了。价格方面也是一样，买得起的不会挑剔，买不起也会存钱去买，谁不会被它所吸引呢？

快门：1/30秒　光圈：f/1.5　感光度：ISO100

经典蔡司大光圈M卡口标准镜皇
Carl Zeiss Sonnar T* 50mm f/1.5 ZM

主要特点

●f/1.5大光圈●影像变型矫正较佳
●采用传统Sonnar设计●ZM卡口还
胶片相机专用●镜身轻巧，体积为
56x45mm，重量为250克●全金属镜
身，握持及操作手感一流

■ **结构图**

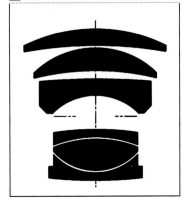

■ **评分** **8.0**

（10分为满分）

　　50mm相信是摄影人最常用的定焦标准镜头，但标准镜头也有很多品种，主要是看采用什么镜片、镜身材料和最大光圈值等规格。如果M卡口旁轴相机用户想找一支拥有顶级光学素质的大光圈50mm镜头，Carl Zeiss C Sonnar T* 50mm f/1.5 ZM不知道会不会是你的心怡之镜呢？

在数码相机横行的这个年头，Carl Zeiss把60多年前的经典皇者镜头重新带给我们。这支C Sonnar T* 50mm f/1.5 ZM中的C字标志着轻巧与经典的结合，设计保留着前作Sonnar 50mm f/1.5优点的同时，也把镜身改良得时尚轻巧，且让我们看看这支重生后的镜头遗传了多少功力。

Sonnar的背景

Zeiss Sonnar 50mm f/1.5是当年光圈最大的镜头，用于连动测距式照相机上，捕捉画面比单反相机准确得多，其f/1.5大光圈更可拍摄出一流的焦外效果。因为它清晰的成像素质及敏捷的拍摄速度，受到很多新闻摄影师的推崇。Sonnar在德国原文中是"太阳"的意思，象征强烈的光辉，代表它比其他镜头有着更大的光圈。除了设计轻巧及较大的光圈外，Sonnar镜头相比Planar镜头拍摄出来的影像也有较高的反差及较低的眩光。

有利于弱光环境拍摄

为了测试这支新闻摄影镜皇的实力，把镜头套在Zeiss-Ikon胶片相机走到街上试拍，拍摄出来的景物相当细致，色彩及层次感鲜明，线条分明，不会化在一起。

Sonnar既然以"太阳"为名，理应有出色的亮度，这支C Sonnar T*的f/1.5大光圈容许拍摄者不依靠闪光灯也可以在室内用较快（约1/60秒）的快门速度拍摄，适合喜欢利用现场环境光拍摄的摄友。在室内测试全开光圈拍摄时，由于f/1.5大光圈小景深的影响，照片整体会略显松散，但主体仍很清晰，看起来倒也很有怀旧的胶片味道，更是增添了这支镜头经典的气质。

f/8光圈解像力高

从我们的测试中可以发现，C Sonnar T*的中央解像力在f/8最佳光圈时达2400LW/PH，在光圈全开时也有1500LW/PH的表现，相当不俗。

另一方面，也测试了这支镜头的四角失光及线性失真的情况。发现它在f/1.5全开光圈时，四角失光情况比较明显，但如果收小光圈会有显著的改善，在f/5.6时已经属于轻微。接着是线性失真测试，结果见到此镜头的影像变形情况非常少，只有极轻微的桶状变形，一般情况肉眼不容易察觉。整体来说，除失光情况在全开光圈时略为明显外，成像素质平均而言也是高水平的。

Sonnar镜头结构

从镜头结构的设计图可以进一步了解Sonnar的独特性，相较于Planar镜头使用的平面镜设计，Sonnar镜头的镜片组合排放得非常紧密，大幅度地减低了玻璃与空气的接触面，提升成像素质。这个紧密的设计也解释了它的拍摄速度、准确性和锐度，同时容许镜头保持轻巧，这些特质正是新闻摄影所需要的。遗憾的是，短焦距的Sonnar镜头设计后方的组件延伸至相机内部，令它不能兼容于单反相机，因为那里的空间已被相机反光镜霸占。

快门：1/1000秒　光圈：f/1.5　感光度：ISO100

◀ C Sonnar T* 50mm f/1.5ZM镜头设计得十分轻巧，具备f/1.5大光圈，采用10片光圈叶片设计，可以营造极小的景深效果。

■规格SPEC.

Zeiss C Sonnar T* 50mm f/1.5 ZM	
焦距	50mm
用于M8	约65mm
视角	45.7°
镜片	4组6片
光圈叶片	10片
最大光圈	f/1.5
最小光圈	f/16
最近对焦距离	0.9m
最大放大倍率	0.07x
滤镜直径	46mm
体积	56x63mm
重量	250g
卡口	ZM卡口

■线性失真DISTORTION

Zeiss C Sonnar T* 50mm f/1.5 ZM （测试相机：Zeiss-Ikon）

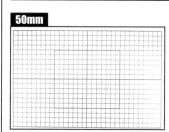

50mm

▶ **50mm**
测试结果：水平差异约0.15%，垂直差异约0.33%
测试评论：桶状变形情况极轻微

■四角失光VIGNETTE

Zeiss C Sonnar T* 50mm f/1.5 ZM （测试相机：Zeiss-Ikon）

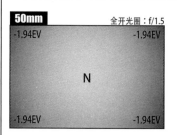

50mm 全开光圈：f/1.5
-1.94EV   -1.94EV
N
-1.94EV   -1.94EV

◀ **50mm**
测试结果：约-1.94EV
测试评论：四角失光情况明显

■中央解像力RESOLUTION

Zeiss C Sonnar T* 50mm f/1.5 ZM （测试相机：Zeiss-Ikon）

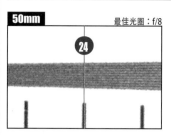

50mm 最佳光圈：f/8
24

◀ **50mm**
测试结果：最佳光圈f/8
测试评论：此镜头在全开光圈时已有不错的解像力，但在最佳光圈f/8时，也有明显的提升。

■评测结论

经典始终是经典，这支Carl Zeiss C Sonnar T* 50mm f/1.5 ZM无论在解像力或是色彩表现方面也十分出色。f/1.5大光圈除可营造极小的景深效果外，更有利在弱光环境下拍摄。操作手感也是一流，手动对焦环的细腻度反映出Carl Zeiss传统的优质镜头生产技术，加上全金属镜身设计，不失为一支顶级的手动对焦镜头。在各大厂商争相推出数码相机专用的镜头时，这支讲求素质的ZM卡口镜头更显珍贵，M卡口相机的用户相信会喜欢此镜头。

Lab test by Pop Art Group Ltd., © All rights reserved.

快门：1/180秒　光圈：f/8　感光度：ISO100

皇者血统蔡司大光圈标准镜头
Carl Zeiss Planar T* 50mm f/1.4 ZF

主要特点

●50mm焦距，可以装在DSLR上使用●光圈超大，最大光圈f/1.4●最近对焦距离为0.45m●滤镜直径为58mm

■结构图

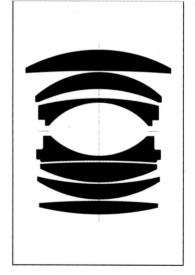

Carl Zeiss顶级的光学技术和优质的镜头设计，令不少摄影人为之向往，但过去很多其他相机系统的用户，都没有太多机会可以体验Zeiss镜头的素质。不过现在已经不同，因为Carl Zeiss已经为多个相机品牌推出适配卡口的镜头，例如Planar T* 50mm f/1.4 ZF就是为Nikon相机而设的。

■评分 9.0
(10分为满分)

Carl Zeiss是德国Zeiss Ikon相机的镜头，于1926年面世，代表德国优良的光学品质，举世闻名；Nikon的前身日本光学公司成立于1917年，后来出品Nikkor镜头供欧洲相机使用。几十年之后，Zeiss这个品牌反过来出产镜头供Nikon相机使用，让Nikon粉丝看看Carl Zeiss的威力。

高素质镜头

这支高素质的镜头，做工和质感都相当不错，拿在手上，感觉和现在普遍的自动对焦镜头有很大不同，它是沉甸甸的，镜身采用金属制作，相当坚固。

镜身备有对焦环、景深尺和光圈环，这些都是最传统的手动镜头的配备。那种感觉是相当专业的，细细感受，觉得镜头的做工是相当认真的，是可以使用到终生的镜头。

这支镜头焦距50mm，光圈相当大，达到了f/1.4，最小光圈是f/16，最近对焦距离是0.45m，这是相当近距的对焦了。我们转动镜头的对焦环，相当顺畅，完全是手动对焦镜头的感觉。一般的自动对焦镜头，稍稍转动对焦环，焦点就变得相去很远，所以很难作手动对焦。

而手动镜头就不会这样，实时用手动对焦环对焦，也可以慢慢扭动，焦点会慢慢变清晰，这是自动对焦镜头所不及的。

成像素质很高

说到成像素质，这支镜头的成像素质相当不错，它拍摄的影像相当锐利，开到f/1.4光圈，显得有一些轻微的松散，这是任何一支镜头的最大光圈都有的现象；收小至f/2光圈时，镜头的解像力已大幅提升，锐度大大加强，中央解像力十分理想，但边缘还有一点点松散。

当光圈再收小，解像力也随之而提升，f/8光圈的解像力最好，中央解像力有明显的提升，边缘解像力也同样变得更加锐利，相当理想。

我们觉得这支镜头的成像素质真的不错，锐度和解像力达到高水平，而且中央和边缘的解像力都相差不远，同样锐利。

而且镜头的特性，是收小一点光圈，到f/2就有了不错的解像力，这就真的令人满意了！

此镜头的最特别之处，是当光圈收小至f/16，仍不见明显的衍射影响，解像力还是很高。

可以说，这支镜头在最大光圈至最小光圈，都有高水平表现，不会因为光圈大就令成像素质明显下降，而且影像锐度也真的不错。

四角失光轻微

我们这次测试，是采用Nikon APS—C格式相机，50mm焦距会变成75mm左右，四角失光已不再那么严重，就算用最大的f/1.4光圈，也没有明显的四角失光，而收小两级光圈到f/4，四角失光已接近看不到了！

而这支镜头的厉害之处是大光圈时，也没有使影像的四角失光变得严重，而且不同光圈表现相近，证明镜头的各级光圈都有相近的优秀表现。

此镜头的另一个特性，是没有特别的紫边现象，在开到最大光圈时，会出现较容易察觉的紫边现象，但是收小光圈到f/2.8，影像的紫边就会马上改善。这也证明镜头的成像素质是相当不错的，f/2.8大光圈也没有明显紫边，这是较为难得的！

色彩丰富鲜艳

此外，这支镜头不但解像力高和有良好的失光控制，而且测试也发现它在线性失真的变形控制也很理想，我们发现此镜头只有极轻微的桶状变形情况。

这支Carl Zeiss 50mm f/1.4镜头拍摄的照片，色彩相当丰富，暗部也有层次；在弱光或反光较为明显的场景，也没有失去暗部的色彩，这是高质量镜头才会有的现象。

快门：1/320秒　光圈：f/8　感光度：ISO100

▲ 镜身有精细的光圈数字和景深尺，也是手动镜头必备的。

■规格SPEC.

Carl Zeiss Planar T* 50mm f/1.4 ZF	
焦距	50mm
用于APS-C	约75mm
视角	45°
镜片	6组7片
光圈叶片	9片
最大光圈	f/1.4
最小光圈	f/16
最近对焦距离	0.45m
最大放大倍率	0.60x
滤镜直径	58mm
体积	66x69mm
重量	350g
卡口	ZF卡口、ZK卡口、ZE卡口

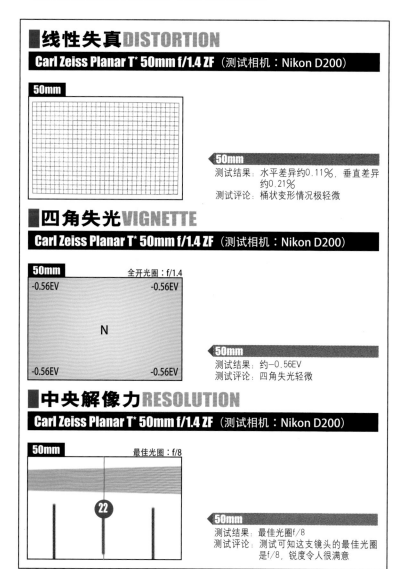

■线性失真DISTORTION

Carl Zeiss Planar T* 50mm f/1.4 ZF （测试相机：Nikon D200）

50mm

◄ **50mm**
测试结果：水平差异约0.11%，垂直差异约0.21%
测试评论：桶状变形情况极轻微

■四角失光VIGNETTE

Carl Zeiss Planar T* 50mm f/1.4 ZF （测试相机：Nikon D200）

50mm 全开光圈：f/1.4
-0.56EV　　-0.56EV
N
-0.56EV　　-0.56EV

◄ **50mm**
测试结果：约-0.56EV
测试评论：四角失光轻微

■中央解像力RESOLUTION

Carl Zeiss Planar T* 50mm f/1.4 ZF （测试相机：Nikon D200）

50mm 最佳光圈：f/8
22

◄ **50mm**
测试结果：最佳光圈f/8
测试评论：测试可知这支镜头的最佳光圈是f/8，锐度令人很满意

■评测结论

　　整体来说，这支镜头的反差很适中，这样就保留了暗部的层次，令影像看上去很舒服！而且没有出现明显的色差，自然是提升了镜头的锐度表现。这支Carl Zeiss镜头的素质绝对不差，耐用的镜身，做工一流，解像力很好，四角失光极低，色彩丰富。相信此镜头的素质绝对令不少摄影人满意，这支镜头拥有多个卡口选择，应该会成为不少摄影人在原厂镜头外的另一个目标。

Lab test by Pop Art Group Ltd., © All rights reserved.

快门：1/125秒　光圈：f/16　感光度：ISO100

最大光圈标准焦距微距镜头
Carl Zeiss Makro-Planar T* 50mm f/2

主要特点

●特大f/2光圈，在弱光环境拍摄时最实用●成像素质很好，锐度够高●可达0.24m最近对焦距离，放大倍率达1:2●采用8片6组镜片结构

■结构图

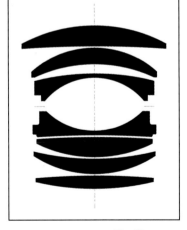

■评分
（10分为满分）

9.0

这一款Makro-Planar T* 50mm f/2，对于微距摄影用户来说，未必比得上Carl Zeiss 100mm那款好用，但它的轻便、大光圈和高素质影像，绝对足够吸引你！和100mm那支比较，此镜头又有另一种不同的感觉。

此镜头的成象反差表现适中，偏向柔和，色彩够鲜艳。整体来说，作为标准焦距镜头它已相当高级，而现在仅有Pentax K卡口和Nikon F卡口的型号供选择，两款都有手动光圈环，喜欢手动对焦的朋友不妨考虑。

可当标准镜头使用

Carl Zeiss 有两款单反相机用的微距镜头，分别为 50mm 和 100mm，均属 Makro-Planar 设计。虽然部分用户觉得 50mm 这一款可能作为微距镜头稍逊于 100mm 那款，但反过来想，50mm 本就是一支定焦标准镜头，反而是额外多了微距功能！当然，这支 50mm 镜头只有 f/2.0 光圈，比一般 50mm 标准镜的 f/1.8 或 f/1.4 较小，但作为一个微距镜头，又比通常的 f/2.8 大。有一定经验的摄影人，更加知道大部分 APS-C 格式的数码相机都需要把焦距乘以 1.5，所以此镜头相当于 135 格式的 75mm 焦距，那就相当于中焦镜头，可以用作人像镜头。这支镜头的微距特性令最近对焦距离仅为 24cm，在拍摄特写时更不受限制，加上 f/2 大光圈容易营造极小的景深，作为人像镜头是完全胜任的！

一般 50mm 微距镜头若没有对焦范围选择功能时会对焦缓慢，因为镜头每次都要由最远距离转到最近，范围特别长。但在这款镜头上，因为是摄影师自己对焦，所以当把此镜头当成标准镜头或人像镜头来用，其实都只是控制它在正常拍摄距离的焦点，加上流畅的对焦环，要掌握准确焦点是相当轻易和快速的。

全金属的镜身

这支镜头比 100mm 那支 Carl Zeiss 镜头更加小巧和轻便，它仍是以全金属制造。由于是微距镜头，景深很小，所以对焦点的准确性要求很高，而此镜头的对焦环很大，由最近对焦距离到无限远，对焦环差不多转了 360°，但这样才更易于把握到准确的焦点。

为了提升成像素质，此镜头加入了混合浮动的对焦设计，令对焦更准确。而这支 50mm 镜头，除了作为微距镜头使用之外，也可以当作标准镜头，有经验的用户一定知道，微距镜头的成像水平是非常卓越的，可用作微距镜头，又可作为标准镜头，一举两得。

值得一提的是此镜头具有 f/2 特大光圈，令我们可以营造极小的景深，使焦点上的景物更为突出！而此镜头在 0.24m 的最近对焦距离，做到 1：2 的放大倍率，微距拍摄也很够用了。

我们这么关注光学质量，原因是这一点才是我们要去考虑 Carl Zeiss 或这支镜头的最大因素！而这支镜头正是为追求更高光学素质这一目标而来的，所以它是秉承着 Carl Zeiss 的血统。采用 T* 的镜片涂层，大大增加透光度，也可减少镜片之间的内反射。光学设计也是针对成像的需要而来的，就是说它既做到微距镜头应有的光学表现，又能有更佳的影像再现效果，有多好呢？以下就为大家逐一分析！

锐度很高

这支镜头的影像水平应该是用户最关注的了，但其实任何品牌的微距镜头都不会太差，何况是 Carl Zeiss 出品的？更加不用多讲！也是大家最不需担心的部分。

以这支镜头的水平，在全开 f/2 光圈时，锐度仍相当不错，但有一些四角失光，不过收小一点光圈，到 f/2.8 时，四角失光情况就减少了许多。

而大部分用户也不会在拍摄微距照片时，用到全开光圈拍摄，一般会收小至 f/16，甚至 f/22，这也对我们拍摄有很大帮助。一旦收小光圈，影像锐度就十分高，更为清晰。

至于 50mm 的变形情况，其实不用多提，哪有 50mm 镜头会有严重变形？这支镜头的变形程度极低，达到高质镜头的水平！

▲ 设有专用的插刀式安装遮光罩。

▲ 在此镜头的底部，可以看到 Nikon 手动镜常见的光圈推杆。

▲ 镜头做工已是如此讲究，还有圆形的9片光圈叶片，令焦外成像十分悦目。

▌线性失真DISTORTION

Carl Zeiss Makro-Planar T* 50mm f/2 （测试相机：Nikon D3）

50mm

> 50mm
> 测试结果：水平差异约0.32％，垂直差异约0.30％
> 测试评论：桶状变形情况极轻微

▌四角失光VIGNETTE

Carl Zeiss Makro-Planar T* 50mm f/2 （测试相机：Nikon D3）

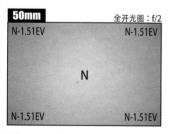

50mm　　　　　　　　　　全开光圈：f/2

N-1.51EV　　　　　　　　　N-1.51EV

N

N-1.51EV　　　　　　　　　N-1.51EV

> 50mm
> 测试结果：约−1.51EV
> 测试评论：四角失光情况明显

▌中央解像力RESOLUTION

Carl Zeiss Makro-Planar T* 50mm f/2 （测试相机：Nikon D3）

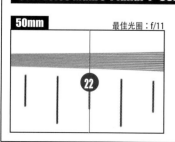

50mm　　　　　　　　最佳光圈：f/11

22

> 50mm
> 测试结果：最佳光圈f/11
> 测试评论：镜头在f/11时的解像力比全开光圈时更高

Lab test by Pop Art Group Ltd., © All rights reserved.

▌规格SPEC.

Carl Zeiss Makro-Planar T* 50mm f/2

焦距	50mm
用于APS-C	约75mm
视角	45°
镜片	6组8片
光圈叶片	9片
最大光圈	f/2
最小光圈	f/22
最近对焦距离	0.24m
最大放大倍率	0.5x
滤镜直径	67mm
体积	72x88mm
重量	530g
卡口	ZF卡口、ZK卡口

▌评测结论

这支50mm f/2镜头，光圈超大，又具有1：2的放大倍率，最近对焦距离为0.24m，以微距镜头来说它算轻便易用，成像素质也不用多担心，锐度也非常高，无论是全画幅还是APS−C格式DSLR都可以充分发挥作用。虽然定价相对较高，但以一个价格获得50mm标准镜头和微距镜头两种功用，可谓是一个一举两得的高级选择。

快门：1/250秒　光圈：f/4　感光度：ISO320

蔡司中焦ZM手动人像镜皇
Carl Zeiss Tele-Tessar T*85mm f/4 ZM

主要特点

●Tessar T*系列中最长焦距镜头
●最大光圈为f/4，最近对焦距离
为90cm●焦距相当于135格式的
110.5mm，适合人像及风景题材●卡
口全金属构造，能应付恶劣环境●镜
身轻巧，容易保管

■结构图

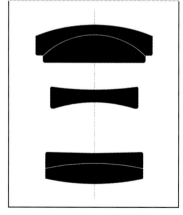

■**评分**
(10分为满分)   **8.5**

Tele-Tessar T* 85mm f/4 ZM对于不少爱好旁轴相机的摄影人来说，确实非常有吸引力，因为它适用于各种M卡口的旁轴相机，包括Leica M系、Zeiss Ikon、Voigtlander R2A/R3A及Epson R-D1/R-D1s。此镜头配备优质光学设计，而且中焦更适合人像、风景或猎摄等多种拍摄题材。

Carl Zeiss在摄影界中，可算是光学素质的代表之一。在135胶片全盛时期，Carl Zeiss已跟Contax及Hasselblad结缘；而进入数码时代后，Carl Zeiss跟Sony的合作无间大家也有目共睹。事实上，Carl Zeiss也为旁轴系统推出过ZM卡口镜头，例如以镜身轻巧作卖点的Tele−Tessar T* 85mm f/4 ZM就是其中一支。

轻巧中远摄定焦镜头

相机市场上，除了单反相机之外，旁轴相机一向都有支持者。旁轴相机除了外形够经典之外，宁静的操作也是旁轴相机的诱人之处。众所周知，旁轴用户的镜头选择，常见的都只是一两个品牌，所以他们对光学素质的要求，在无选择的情况下自然很高！而Carl Zeiss于135胶片时代后期也赶上了末班车，推出了Zeiss Ikon跨入旁轴领域，为自己打打气，并大刀阔斧，为不同相机卡口推出镜头，包括ZM卡口。

Carl Zeiss推出的Tele−Tessar T* 85mm f/4 ZM，是继Sonnar T* 85mm f/2 ZM之外，另一支拥有中远摄焦距的Carl Zeiss ZM镜头。它适合大部分M卡口的旁轴相机使用，包括Leica M系、Zeiss Ikon、Voigtlander R2A/R3A及Epson R−D1/R−D1s等等。

Tele−Tessar T* 85mm f/4 ZM最大光圈为f/4，焦距为85mm，相当于135格式的110.5mm，最近对焦距离达90cm，无论人像还是风景题材都能兼顾。此外，Tele−Tessar T* 85mm f/4 ZM外观精致，卡口部分采用全金属设计，手感相当扎实，保持Carl Zeiss镜头的一贯传统。

就中远摄镜头而言，Tele−Tessar T* 85mm f/4 ZM可谓十分轻巧，净重只有310克，镜身长度为95mm；而镜头的对焦环宽度适中，手动对焦时相当灵活。此外，Tele−Tessar T* 85mm f/4 ZM镜面涂有著名的T*镀膜，能确保镜片的高透光度，使影像对比度及色彩还原度更高。

镜头成像素质高

Carl Zeiss过去推出的镜头，向来以高素质著称，Tele−Tessar T* 85mm f/4 ZM也不例外。在解像力方面，镜头在全开光圈f/4时，其解像力竟然已跟收小光圈后的影像旗鼓相当，可见Tele−Tessar T* 85mm f/4 ZM的解像力表现在全开光圈时已十分出色。

另外，当镜头在f/4光圈时，其失光情况已经极不明显，而只需收小1级光圈之后，失光的情况就近乎消失！而从变形测试结果可见，Tele−Tessar T* 85mm f/4 ZM的枕状变形程度极轻微。由此可见，Tele−Tessar T* 85mm f/4 ZM的确能兑现官方所言，能够达到零变形的成像素质。

此外，我们也使用它配合Leica M8作实际拍摄测试。从测试当中，我们发现Tele−Tessar T* 85mm f/4 ZM的色彩还原相当高，影像的暗部层次也十分丰富，从照片可感受到T*镀膜的威力。另外，镜头即使用上f/4全开光圈，影像仍然十分锐利，而影像的小景深效果也相当不错。整体而言，即使利用全开光圈拍摄，Tele−Tessar T* 85mm f/4 ZM的成像素质仍然令人十分满意。

快门：1/125秒 光圈：f/5.6 感光度：ISO320

▲ 做工精致的Tele-Tessar T* 85mm f/4 ZM可配合Leica M8等Range Finder相机使用。

■线性失真DISTORTION

Carl Zeiss Tele-TessarT*85mm f/4 ZM （测试相机：Leica M8）

85mm

85mm

测试结果：水平差异约0.12%，垂直差异约0.03%

测试评论：枕状变形情况极轻微

■四角失光VIGNETTE

Carl Zeiss Tele-TessarT*85mm f/4 ZM （测试相机：Leica M8）

85mm 全开光圈：f/4

-0.33EV   -0.33EV

N

-0.33EV   -0.33EV

85mm

测试结果：−0.33EV

测试评论：四角失光极轻微

■中央解像力RESOLUTION

Carl Zeiss Tele-TessarT*85mm f/4 ZM （测试相机：Leica M8）

85mm 最佳光圈：f/11

18

85mm

测试结果：最佳光圈f/11

测试评论：即使收小光圈到f/11，锐度和全开光圈时相若

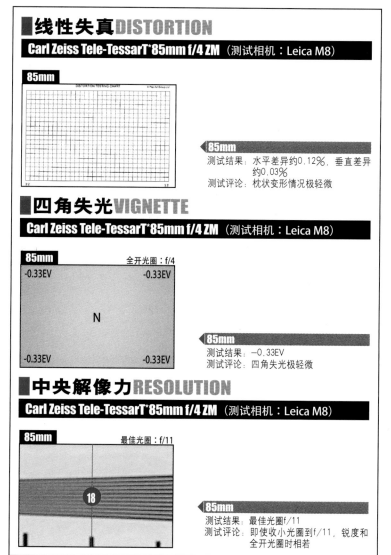

Lab test by Pop Art Group Ltd., © All rights reserved.

■规格SPEC.

Carl Zeiss Tele-Tessar T* 85mm f/4 ZM	
焦距	85mm
用于M8	约110.5mm
视角	29°
镜片	3组5片
光圈叶	10片光圈叶
最大光圈	f/4
最小光圈	f/22
最近对焦距离	0.9m
最大放大倍率	0.11x
滤镜直径	43mm
体积	54x95mm
重量	310g
卡口	ZM卡口

■评测结论

　　Carl Zeiss这支ZM中焦镜头，整体表现十分出色，焦距适合人像及风景拍摄，而且操作手感良好，是一支好用的中焦镜头。从测试中看到，镜头的解像力有不错的表现，全开光圈时影像的锐度跟收小光圈后一样高。另外，镜头的四角失光、变形方面等控制能力也令人满意，如对中远摄镜头有兴趣的旁轴用户，此镜头肯定值得考虑。

快门：1/160秒　光圈：f/16　感光度：ISO100

极品f/2大光圈手动微距镜头
Carl Zeiss Makro-Planar T* 100mm f/2

主要特点

●镜头做工相当不错，耐用性、坚固程度都不成问题●具备10片光圈叶片，小景深的虚化做得非常好●最近对焦距离达0.44m，仍保持1:2的放大倍率●镜头成像素质非常不错，锐度够高

■结构图

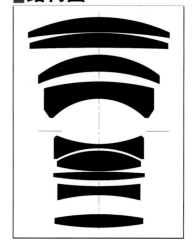

若打算添置中焦镜头，又想多拍几种题材，可以考虑这款手动对焦的Carl Zeiss镜头。它不仅是一支100mm焦距的微距镜头，而且光圈达f/2，比现在市场上的微距镜头还要大，而且采用Planar设计，成像素质达到顶尖的表现。

■评分
(10分为满分)

9.0

这支镜头和之前的28mm f/2和50mm f/2同样具备高水准。作为100mm的微距镜头，其最近对焦距离是0.44m，比50mm那支更远些；而放大率仍保持1：2，也比50mm那支出色，加上锐度充足，更令人欣赏。

▲ 此镜头做工一流，够耐用！

微距与人像

根据资料所示，此镜头甚至是第一款取自ARRI/ZEISS电影定焦镜头的型号，其对焦位置范围选择更广，无论拍摄微距特写或者远景一样可以同等清晰细腻，所以被认定为微距和人像都适用的镜头。在微距拍摄上，镜头有1：2的最大放大倍率，最近对焦距离为44cm，若用于1.5x的APS-C格式DSLR时，近距拍摄效果更显突出；而其光学设计置入了浮动镜片的设计，可以令线性失真的情况大大减低；而且在整个对焦范围都有极佳的光学表现，画面的变形情况也极轻微。

说到人像拍摄，摄影人一看到f/2大光圈已经知道是多么的适用，100mm的中远摄焦距配合f/2大光圈已足够营造极柔和自然的散焦背景，这对于拍摄人像时突出主体非常有用。尤其不可错过它那宽阔而流畅的手动对焦环，要准确快速地掌握对焦点，拍摄锐利的照片绝不是难事！

现有的兼容卡口包括Nikon的F卡口和Pentax的K卡口，这两种机身的特点都是仍可沿用传统的机械式镜头设计，尤其部分机身可以用到手动对焦环来

操作。这便更有利于从f/2作起点，调节想要的大光圈。事实上f/2的镜头不一定全开，就算在f/2.8-4之间，仍能营造极佳的背景虚化效果，尤其是这支镜头有9片光圈叶片，近乎圆形的光圈，散焦的效果自然更佳。

高素质镜身

这支Carl Zeiss Makro-Planar T* 100mm f/2，拿在手上沉甸甸的，有680克重，金属制造，和现在流行的塑料镜身完全不同，本身就像艺术品。镜头的镀膜透着绿色，令人一望而知是Carl Zeiss出品的。

如果要由最近对焦距离转至无限远状态，镜头的对焦环需转动约360°，所以焦点控制可以极细致，这是自动对焦镜的手动对焦环无法比拟的。

由于此镜头的最近对焦距离是0.44m，一般拍摄小昆虫、小动物，就不怕靠得太近而吓走它们，可在稍远的距离拍摄，仍保持1：2的放大倍率，微距拍摄是相当够用的。

这支镜头也有f/2的特大光圈，由于有100mm，除了作微距镜头之外，还是极好用的大光圈人像镜头，营造小景深效果非常

不错。我们发现这批Carl Zeiss都有个共同点，就是做工不俗，转动光圈环稳定可靠，给人很专业的感觉。

此镜头和50mm那支一样，采用了新的混合浮动对焦设计，令对焦控制更佳，更准确。

影像锐度高

这支镜头给人的感觉，就是镜头四角和中央的锐度都相当不错，就算用很大的光圈，都能保持这样，所以影像的整个画面都相当锐利。我们也发现镜头在f/2光圈时，中央锐度可以接受，但如果要说最佳光圈，应该在f/11光圈，锐度非常高。而无论是哪级光圈，我们都没有发现明显的色差，这也非常难得。

这支镜头采用了10片光圈叶片，小景深的虚效果非常舒服，如果我们担心f/2光圈的锐度不够，那只要收小到f/2.8，影像也相当不错了，而且还能保持小景深。至于镜头的最佳光圈则在f/11，中央解像力甚至逾越2000线的高水平(1200万像素相机)，这也是合理的，在拍摄微距时，配合f/11或更小的光圈是必须的，以获得较大景深的同时，又有较高的解像力。

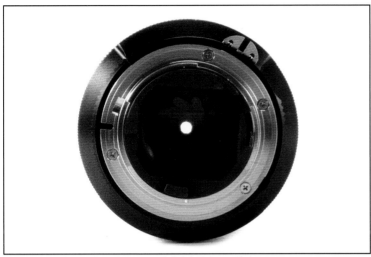

▲ 此支镜头具备10片光圈叶片，可以营造出色的小景深效果。

■ 线性失真DISTORTION

Carl Zeiss Makro-Planar T* 100mm f/2（测试相机：Nikon D3）

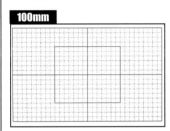

◀ 100mm

测试结果：水平差异约0.29%，垂直差异约0.28%

测试评论：枕状变形情况极轻微

■ 四角失光VIGNETTE

Carl Zeiss Makro-Planar T* 100mm f/2（测试相机：Nikon D3）

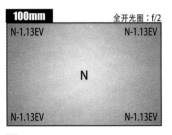

100mm　　　　　　　　　全开光圈：f/2

N-1.13EV　　　　　　　N-1.13EV

N

N-1.13EV　　　　　　　N-1.13EV

◀ 100mm

测试结果：约-1.13EV

测试评论：四角失光情况明显

■ 中央解像力RESOLUTION

Carl Zeiss Makro-Planar T* 100mm f/2（测试相机：Nikon D3）

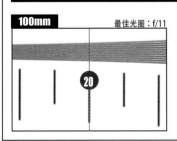

100mm　　　　　　　　最佳光圈：f/11

20

◀ 100mm

测试结果：最佳光圈f/11

测试评论：在使用f/11光圈时，镜头的解像力大幅提升

Lab test by Pop Art Group Ltd., © All rights reserved.

■ 规格SPEC.

Carl Zeiss Makro-Planar T* 100mm f/2

焦距	100mm
用于APS-C	约150mm
视角	25°
镜片	8组9片
光圈叶片	9片
最大光圈	f/2
最小光圈	f/22
最近对焦距离	0.44m
最大放大倍率	0.5x
滤镜直径	67mm
体积	76x113mm
重量	680g
卡口	ZF卡口、ZK卡口

■ 评测结论

　　这款Carl Zeiss Makro-Planar T* 100mm f/2镜头在镜身的做工上非常精细，全金属的镜身不仅扎实，而且相当精致，其顺畅的对焦环给人十足的手感，绝非一般自动对焦镜头作手动对焦可比。微距拍摄的弹性令此镜头更有吸引力，加上f/2大光圈，可同时满足微距和人像拍摄的需要，自然成为追求画质的摄影人的目标。而实际的影像表现方面，实在难以再加以挑剔，无论解像力和变形控制都有高水平的表现。选择与否只在于大家是否享受全手动机械式操作的拍摄过程！

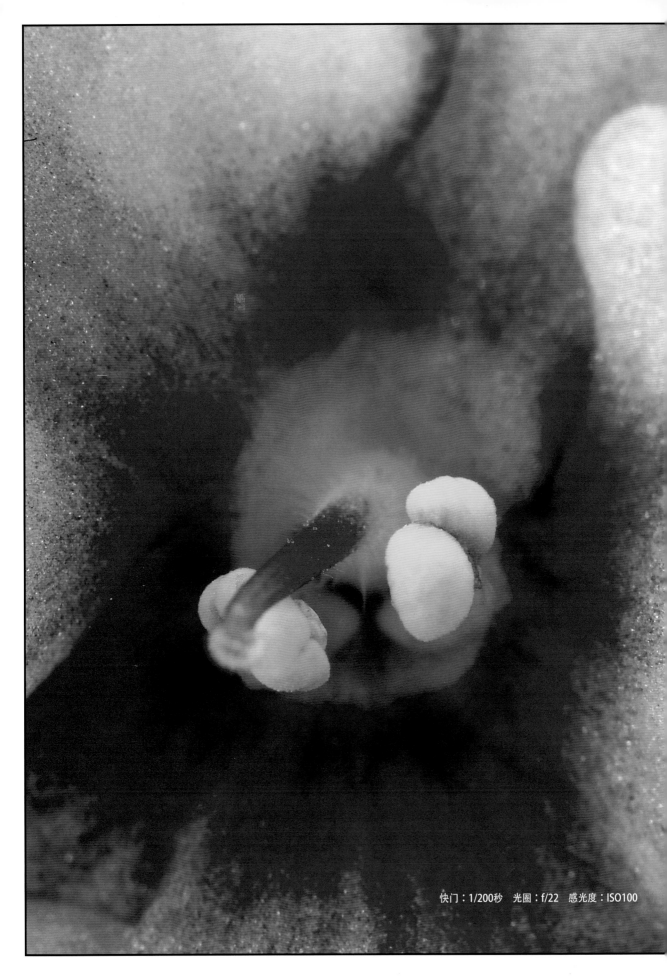

快门：1/200秒　光圈：f/22　感光度：ISO100

纳米涂层超声波标准微距镜头
Nikon AF-S Micro 60mm f/2.8G ED

主要特点

●镜头轻便，要比105mm小巧●具有f/2.8大光圈和1：1放大倍率●镜头使用了纳米涂层，增加透光度●具备9片光圈叶片，成圆形光圈

■结构图

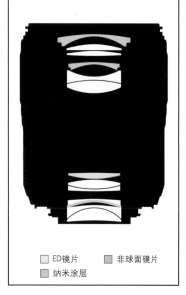

□ ED镜片　■ 非球面镜片
■ 纳米涂层

■评分

（10分为满分）　　**8.9**

Nikon自从推出纳米结晶涂层镜头之后，不断更新产品，顶级新镜头差不多都有纳米涂层。AF-S Micro 60mm f/2.8G ED镜头也是纳米涂层家族成员。讲到此镜头的特色，小巧轻盈是很大卖点，和另一支105mm比较，这支镜头显得小巧轻便，而且同样具有高素质表现，锐度令人满意。

尼康新推出的高级镜头都采用了纳米结晶涂层技术，但它们的价格大多较为昂贵，而这支60mm镜头价格却十分亲民。此外，该镜头极为轻巧，装在APS－C格式的相机上非常匹配。

镜头够轻便

很多人听说这支60mm镜头推出时，已经想问，到底这支微距镜头和已经推出的AF－S VR Micro 105mm f/2.8G 有什么区别？是否比得上105mm的素质？我们先看体积，和Nikon的105mm微距镜头相比，这支60mm更为小巧，它的体积和重量都不大，体积只有73x89mm，重量则是425克，拿在手上，丝毫不觉沉重。此镜头仍是全金属制造，相当坚固，耐用性没有问题。

这支镜头的最近对焦距离是0.18m，在实际操作上比较容易，例如拍摄花朵可以靠近些，而105mm那支镜头，其最近对焦距离是0.31m，要离远一点拍摄。如果拍摄昆虫，对焦距离远些较好，因为不会吓跑昆虫，采光也容易些。而近些的对焦距离，在实际操作上容易些。

这支新镜头是纳米涂层的家族成员之一，现在Nikon只有顶级产品才会用到这么高素质的涂层，可想而知，这支60mm微距也是Nikon的高水平之作。此镜头并非DX镜头，而是全画幅的FX镜头，可以正常应用在FX相机上，不过，坦白说，用在APS－C感光元件上，效果更佳，在相同的0.18m对焦距离，影像更为近摄。

这支镜头的另一特色，是有f/2.8大光圈，并采用9片光圈叶片，在大光圈拍摄时，做到柔和渐变的小景深。镜片结构则为12片9组，其中1片ED镜片，两片非球面镜片，可增加影像清晰度。

和105mm那支相比，此镜头功能上的最大不同是没有VR防抖。微距镜头的防抖其实相当重要，特别是用小光圈拍摄时，快门往往较慢，防抖确保了影像清晰。这支60mm微距没有VR，是有点可惜，如果加入VR功能，就趋于完美了。

其实除了VR之外，此镜头配齐了Nikon一切强劲功能，加入了Nikon的先进科技，包括ED镜片、内对焦、超级多层涂层、全时手动对焦等，此镜头都配备了。

成像素质不俗

微距镜头的素质历来都是不错的，不需怀疑，有经验的摄影人都知道，在众多不同类型的镜头中，微距镜头的成像很稳定。我们试用这支60mm微距镜头，也发现它的确表现极佳。

至于镜头的锐度，直接地说，这支60mm微距镜头是根本不用担心的。我们这次配合Nikon D3拍摄，即使用到f/2.8大光圈，此镜头解像力仍极为不错。其中央解像力已经令人满意，同时中央和边缘解像力也相差不远，照片的边位也是锐利的。

而且我们发现此镜头的不同光圈解像力都相当高，不需收小到最佳光圈就能令人满意，如果将此镜头的f/2.8收小一、两级光圈，解像力还会提升。使用f/11时，解像力最高，表现也最令人满意，照片的中央和边缘锐度相差最少，成像素质最高。

再说此镜头的变形控制，一般微距镜头除了作近摄之外，还会用于翻拍，镜头变形对翻拍影响很大。优质的微距镜头，一般不易见到明显的变形。这支60mm镜头也是如此，此镜头所拍的景物直线平整，肉眼根本发觉不到明显弯曲，证明它的制作水平很高。

至于四角失光方面，使用f/2.8大光圈会出现轻微失光，其实任何镜头在使用大光圈时，都会出现这种情况。而且在拍摄实景时，轻微的四角失光并不影响拍摄。如果我们将镜头的光圈收小一点，失光马上减轻，更不需担心。我们这次试用，是采用Nikon D3相机，如果大家是用APS－C相机，那所谓四角失光将更加轻微。

实际试用感受

如果和105mm那支镜头比较，60mm这支其实很有魅力，只是这支60mm没有VR防抖功能，有则趋于完美了。

到我们实际拍摄时，镜头的表现的确不需多说，影像锐度、色彩饱和度等都表现不错。而且近摄时镜头反应非常快，对焦也够准，也很宁静，对焦是一按即到，没有半点迟疑。我们非常满意这支镜头的锐度，其变形之低也令人印象深刻。

在近摄时，微距镜头的景深十分小，更可用f/2.8营造夸张的小景深，但很多时候，我们经常用较小的光圈拍摄，例如f/8、f/11，令影像有一定清晰度。但无论使用哪级光圈，这支镜头的锐度都不会令人失望。

▲ 这支镜头的特色就是非常轻便，我们装在D300上，就可以想象到这支镜头并不太大。

▲ 镜头采用了9片光圈叶片，令小景深的虚化效果更加自然。

▲ 这支镜头采用金属卡口，耐用性当然也不是问题。

■线性失真DISTORTION

Nikon AF-S Micro 60mm f/2.8G ED （测试相机：Nikon D3）

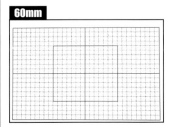

60mm

◀ 60mm
测试结果：水平差异约0.43%，垂直差异约0.69%
测试评论：桶状变形情况极轻微

■四角失光VIGNETTE

Nikon AF-S Micro 60mm f/2.8G ED （测试相机：Nikon D3）

60mm　　　　　　　全开光圈：f/2.8
-1.69EV　　　　　　　　　-1.69EV

N

-1.69EV　　　　　　　　　-1.69EV

◀ 60mm
测试结果：约-1.69EV
测试评论：四角失光情况明显

■中央解像力RESOLUTION

Nikon AF-S Micro 60mm f/2.8G ED （测试相机：Nikon D3）

60mm　　　　　　　最佳光圈：f/8

20

◀ 60mm
测试结果：最佳光圈f/8
测试评论：使用f/11光圈，镜头表现锐利

Lab test by Pop Art Group Ltd., © All rights reserved.

■评测结论

　　这支60mm微距镜头有很多特色，其设计小巧轻便，用料不错，特别是使用了纳米结晶涂层，更为吸引人。而且镜头成像素质很高，锐度一流，变形很小，也成为重要卖点。和另外一支微距名镜105mm微距相比，这支只是缺少VR防抖而已。

■规格SPEC.

Nikon AF-S Micro 60mm f/2.8 G ED	
焦距	60mm
用于APS-C	约90mm
视角	39°40′
镜片	9组12片
光圈叶片	9片
最大光圈	f/2.8
最小光圈	f/32
最近对焦距离	0.18m
最大放大倍率	1x
滤镜直径	62mm
体积	73 x 89mm
重量	425g
卡口	F卡口

快门：1/250秒　光圈：f/16　感光度：ISO100

超声波内对焦纳米微距镜皇
Nikon AF-S 105mm f/2.8G ED-IF Micro VR

主要特点

●具备VR Ⅱ防抖功能，是首支防抖微距镜头●具有1：1放大倍率，最近对焦离31cm●内置SWM超声波马达，对焦很宁静●采用ED镜片和Nano—Crystal纳米结晶涂层镜片

■结构图

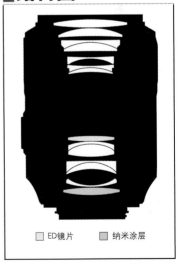

□ ED镜片　□ 纳米涂层

■评分　9.0
（10分为满分）

　　Nikon差不多将最顶级的科技用在此镜头上，有人说Nikon是想大振微距镜头声威，有人说这是Nikon的强力反击，但无论如何，这都是Nikon用户的最大受惠。这支镜头具有VR防抖、f/2.8大光圈、纳米结晶涂层，规格上已无可置疑！

这支镜头使用起来，觉得镜身属于厚重的一类，但难怪，它用了多片特殊镜片，所以镜身有一定重量是合理的。幸好镜身不太长，所以仍能保持一定的稳定性，镜身和机身并没有前重后轻的现象。

镜头对焦灵敏

此镜头绝对是Nikon微距镜皇，它的对焦反应也极为迅速。其实微距摄影对对焦的要求相当高，在近距拍摄的高倍率放大时，景物的轻微移动，都会令焦点改变，如果是用大光圈拍摄，焦点变化更为明显。而此镜头对焦快速，在微距拍摄时，即使有轻微的景物移动，此镜头的快速反应也可以实时捕捉，对成功的微距摄影来说相当重要。

顶级微距镜皇少不得使用手动对焦，此镜头同样备有全时手动对焦，即在自动对焦时，随时作手动对焦，是相当方便的对焦方法。此镜头手动对焦流畅，不影响自动对焦的准确性。而内对焦功能，使对焦时镜头前面的镜组不会转动，一来使用外加滤镜时更方便，二来当配合Nikon新出的R1C1无线微距闪光灯时，也不会转动。

更重要的是，内对焦功能令镜身在对焦时不会伸长，这是极为有用的。例如当拍摄微小的昆虫时，镜头一旦伸长，会吓走昆虫，所以内对焦令镜头不伸长，是十分重要和有效的设计，现在也只有顶级微距镜头才拥有。而它采用超声波马达，令对焦时的声音减至最低，一对就准，连对焦的声音也没有发出。

防抖达3级以上

这支镜头的VR II可以让快门慢4级也没问题，即用105mm镜

头，对焦3米至无限远时，理论上以1/15秒拍摄也一样清晰。我们试过，感觉1/15秒不算太清晰，始终会受手抖的影响，而1/30秒以上就没有问题。1/15秒难以保持锐利是可以理解的，因为有哪支镜头做到了绝对的防抖呢？以1/30秒拍摄还能清晰就不错了。

实际试用感觉

实际使用此镜头，觉得镜身属于厚重的一类，但难怪，它用了多片特殊镜片，所以镜身偏重。幸好镜身不太长，所以仍能保持一定的稳定性，镜身和机身并没有前重后轻的现象。

此镜头的防抖功能令人印象深刻，一般防抖镜头对防抖需要其实不一定非常大，但是微距镜头不同。一旦对不准焦，影像就会模糊。所以用防抖就相当方便，摄影师不需太担心快门速度的影响，用稍慢的快门，配合较小光圈拍摄，也是相当理想的。

此镜头的锐度极高，我们在此之前已经分析过，但真正的效果，是在放大照片时更为明显。此镜头很少色差，景物边缘非常锐利。特别是有一种感觉，就是影像是"实"的，相当清晰。

至于成像色彩，此镜头的色彩准确性很高。我们觉得它忠实保留了景物的原本色彩，没有明显的偏色，这是不错的。

镜头锐度甚高

而此镜头的锐度，也令人相当满意，我们相信不但一般的

变焦镜头很难媲美，就算定焦镜头也不是支支都有它的素质。这支镜头有个特点，就是影像的锐度由中央至边缘都十分接近，我们测试大光圈的解像力，结果是中央比边缘稍为锐利，但并不是差别太多。而一旦收小光圈，例如用f/5.6，中央和边缘锐度已十分接近，光圈一直收小，中央和边缘的锐度就越接近。到了用f/8时，中央和边缘已有几乎相同的锐度了。所以使用这支镜头，可以保持从中央到边缘都十分锐利，这真过瘾！

不过这支镜头的最佳光圈是f/5.6，用该光圈拍摄，应该可以得到相当理想的解像力。而f/8光圈，则有最理想的边缘解像力。而一旦超过f/8光圈，解像力就开始下降，到f/16之后，解像力反而比最大光圈f/2.8时更差。而再收小至f/22、f/32，解像力就更加不理想了。

其实收小光圈会导致明显的衍射，而令镜头的解像力降低，这是正常的光学现象。因为微距拍摄的需要，一般人会用到非常小的光圈，以求尽量清晰，但我们建议用f/16就收手了，太小光圈反而得不偿失。反而如果你喜欢用f/2.8大光圈营造微距小景深的效果，此镜头将令人颇为满意。

成像素质平均

这支镜头的四角失光并不严重，在f/2.8光圈时也没有明显的四角失光，而且一旦收小光圈

▲ 这支Nikon镜头的素质相当不错，镜身做工一流。

■线性失真DISTORTION

Nikon 105mm f/2.8 G ED-IF AF-S VR Macro （测试相机：Nikon D700）

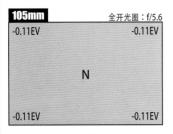

◀ 105mm
测试结果：水平差异约0.12%，垂直差异约0.15%
测试评论：枕状变形情况极轻微

■四角失光VIGNETTE

Nikon 105mm f/2.8 G ED-IF AF-S VR Macro （测试相机：Nikon D700）

105mm	全开光圈：f/5.6
-0.11EV	-0.11EV
N	
-0.11EV	-0.11EV

◀ 105mm
测试结果：−0.11EV
测试评论：四角失光极轻微

■中央解像力RESOLUTION

Nikon 105mm f/2.8 G ED-IF AF-S VR Macro （测试相机：Nikon D700）

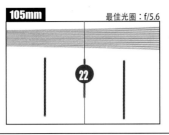

◀ 105mm
测试结果：最佳光圈f/5.6
测试评论：在f/5.6已获最佳光圈，也属少见。

Lab test by Pop Art Group Ltd., © All rights reserved.

至f/4，四角失光情况就更为轻微，比f/2.8时有明显改善。

而此镜头还有个特别现象，在f/5.6之后的光圈，对四角失光没有太大影响，大致是保持相同的四角失光情况，可谓成像素质极为稳定。

其实一支105mm微距镜头有轻微四角失光是相当正常的，只是此镜头的不同光圈之四角失光并没有特别变化，就证明镜头素质真的十分稳定了。

■规格SPEC.

Nikon 105mm f/2.8 G ED-IF AF-S VR Macro	
焦距	105mm
用于APS-C	约157.5mm
视角	23°30′
镜片	12组14片
光圈叶片	9片
最大光圈	f/2.8
最细光圈	f/32
最近对焦距离	0.314m
最大放大倍率	1x
滤镜直径	62mm
体积	83 x 116mm
重量	750g
卡口	F卡口

■评测结论

这支镜头是微距镜皇，不但有1:1放大倍率，而且有VR II功能，是全球第一支有这项设计的微距镜头。而且该镜头具有ED镜片和Nano—Crystal涂层镜片，也具有SWM超声波马达。成像素质方面，这支镜头具有相当不错的锐度，值得称赞。镜头对焦可谓一流！更令人惊讶的是此镜头对焦时非常宁静，根本听不到镜头的噪音，而多数情况下是靠相机取景器的一瞬间清晰才知道镜头已经对焦了，可知其宁静程度。

快门：1/800秒　光圈：f/4.5　感光度：ISO200

轻便版低色散超广角镜皇
Nikon AF-S DX 10-24mm f/3.5-4.5G ED

主要特点

●拥有10—24mm超广角变焦焦距，相当于135格式15—36mm●采用了多片特殊镜片，包括3片非球面镜片和2片ED镜片●内置SWM自动对焦驱动马达●采用7片光圈叶片设计●体积为82.5x87mm，重量为460克

■结构图

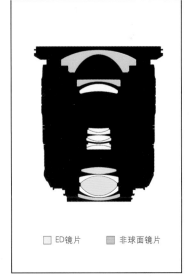

□ ED镜片　■ 非球面镜片

　　目前Nikon有两支DX格式的超广角变焦镜头，包括首支DX镜头，12-24mm f/4。而这支10-24mm f/3.5-4.5G ED是第二支，两者光学素质相当，焦距相近，这支10-24mm稍为广角，如果要选择，两者也各有优缺点，只是有买新不买旧的思想作祟，不少用户已首先考虑这支新镜头。

■评分
（10分为满分）　　**8.5**

一直有不少摄影人会觉得，由于APS-C或其他格式DSLR，有视角转换的问题，而不像全画幅相机，视角就是实际焦距，所以其他画幅较难做到超广角镜头。

但经过多年的技术发展，相信广角焦距的技术，早已难不倒各家镜头生产商，问题在于能否做到一支高素质的超广角变焦镜头。

这支新镜头应该会比上一代DX 12-24mm f/4G ED别有一番滋味，虽然两者外形很似，但新镜头的焦距更广阔，对有需求的用户来说，也是更切合需要。

▲ AF-S DX Nikkor 10-24mm f/3.5-4.5G ED的用料十足，做工也相当扎实，握持的感觉不错。

超广角超越旧镜头

Nikon这支AF-S DX Nikkor 10-24mm f/3.5-4.5G ED的确很吸引人，除因为超广角变焦镜头原本已经很有魅力外，另一个原因是它的焦距之广超越前作。在这支推出前，Nikon已有一支DX格式的超广角变焦镜头AF-S DX 12-24mm f/4G ED，颇受摄影人欢迎。但这支新款的在广角端由12mm扩展至10mm，而远摄端两支镜头相同，所以此镜头的焦距范围有10-24mm，相当于135格式15-36mm，用于拍摄风景和广阔场景的照片相当方便。

多片特殊镜片

此镜头的整体规格都算不错，例如采用了多片特殊镜片，可提供高素质的光学表现。这支镜头采用了9组14片的结构设计，其中包含了3片非球面镜片及2片ED镜片，可见此镜头的光学表现肯定不错。而它也内置了SWM镜头驱动马达，因此可提供更佳的自动对焦表现，例如自动对焦速度及操作声音方面。而且，因为它内置SWM马达，所以它也适用于没有内置镜头驱动马达的DSLR，例如Nikon D5000及D60等，让这些DSLR使用此镜头时也能够进行自动对焦。

其他方面，这支镜头的最大光圈值为f/3.5-4.5、最小光圈为f/22-29、使用7片光圈叶片设计、109°-61°的视角、最近对焦距离22cm、放大倍率为0.2X、滤镜直径为77mm、体积为82.5x87mm、重量为460克。

10mm的实用性

把这支新镜头拿在手上，可以发现它和Nikon之前的超广角变焦镜头AF-S DX Nikkor 12-24mm f/4G ED十分相似，不论体积的大小及重量，两支都相当接近。而AF-S DX Nikkor 10-24mm f/3.5-4.5G ED的操作手感不俗，用起来很舒服，变焦流畅，而且因为变焦倍数小，所以速度可以很快。另外，不只变焦速度灵活，而且自动对焦速度也值得称赞，反应极为灵敏，用起来没有半点迟疑的感觉，就算由无限远突然改为近距离对焦，速度一样迅速。此外，镜头的做工也不错，用料十足，金属卡口，加上有防水的胶边，而使用起来也不觉沉重。整体来说，此镜头的做工及操作的表现来说，是支高素质的镜头。

超广角端画质理想

最后当然是要测试一下这支镜头的实际画质表现。我们先

看看解像力方面，见到在广角端全开光圈时，锐度也是相当不错的，而最佳光圈就在f/8，解像力有十分明显的提升。而在远摄端方面，全开光圈f/4.5时的解像力不及广角端的f/3.5，而最佳光圈也在f/8，锐度提升了一些。这支镜头的解像力表现也算不错。

之后我们测试它的四角失光情况。在广角端全开光圈f/3.5时，四角失光属于可察，收小光圈至f/4-5.6时，见到略有改善，但需要收小至f/8时才见失光情况变得轻微。而远摄端的情况，全开光圈f/4.5时的表现和广角端时差不多，如果收小至f/5.6光圈，失光情况减轻了，而在f/8时也已经不容易察觉失光情况。

最后是镜头变形的测试，于10mm广角端时，也见到略为明显的桶状变形情况，但10mm属于超广角焦距，所以这些情况也可以理解。而24mm远摄端时，只有极为轻微的桶状变形，一般情况使用实在难以察觉。可以从整个测试中见到，此镜头的解像力表现不错，而四角失光情况也算可以接受，变形方面也只是广角端时才较明显，综合来说，它的光学表现是相当出色的。

■线性失真DISTORTION

Nikon AF-S DX 10-24mm f/3.5-4.5G ED （测试相机：Nikon D300）

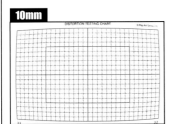

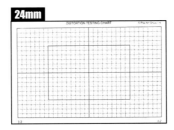

10mm
测试结果：水平差异约2.49%，垂直差异约0.99%
测试评论：桶状变形情况可察

24mm
测试结果：水平差异约0.08%，垂直差异约0.11%
测试评论：枕状变形情况极轻微

■四角失光VIGNETTE

Nikon AF-S DX 10-24mm f/3.5-4.5G ED （测试相机：Nikon D300）

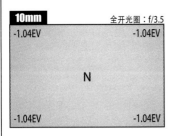

10mm　　全开光圈：f/3.5
-1.04EV　　-1.04EV
N
-1.04EV　　-1.04EV

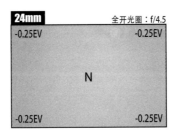

24mm　　全开光圈：f/4.5
-0.25EV　　-0.25EV
N
-0.25EV　　-0.25EV

10mm
测试结果：-1.04EV
测试评论：四角失光情况可察

24mm
测试结果：-0.25EV
测试评论：四角失光情况轻微

■中央解像力RESOLUTION

Nikon AF-S DX 10-24mm f/3.5-4.5G ED （测试相机：Nikon D300）

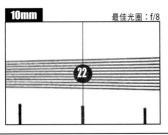

10mm　　最佳光圈：f/8

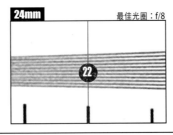

24mm　　最佳光圈：f/8

10mm
测试结果：最佳光圈f/8
测试评论：广角端的解像力相当不错。

24mm
测试结果：最佳光圈f/8
测试评论：24mm远摄端时的解像力也算不俗。

Lab test by Pop Art Group Ltd., © All rights reserved.

■规格SPEC.

Nikon AF-S DX 10-24mm f/3.5-4.5G ED

焦距	10-24mm
用于APS-C	约15-36mm
视角	109° - 61°
镜片	9组14片
光圈叶片	7片
最大光圈	f/3.5-4.5
最小光圈	f/22-29
最近对焦距离	0.24m(AF模式)/0.22m(MF模式)
最大放大倍率	0.2x
滤镜直径	77mm
体积	82.5 x 87mm
重量	460g
卡口	F卡口

■评测结论

　　这支AF-S DX Nikkor 10-24mm f/3.5-4.5G ED，在手感及操作上都相当出色，对焦性能十分不错，老实说是一支很好用的镜头。而在成像素质方面，从整体而言成像相当不错，光学表现理想。加上此镜头的10-24mm超广角焦距，市场上比较少有，相信对喜爱广角镜头的摄影人来说，实在很有吸引力吧！

快门：1/500秒　光圈：f/11　感光度：ISO200

超广角大光圈高速广角镜皇
Nikon AF-S 14-24mm f/2.8G ED

主要特点

●2片ED超低色散镜片、3片非球面镜片和1片有纳米结晶涂层的镜片 ●SWM自动对焦马达 ●全天候镜身设计 ●极高水平成像素质，照片锐度很高

■结构图

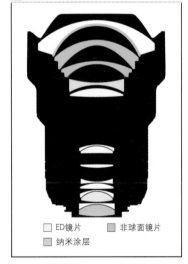

□ ED镜片　■ 非球面镜片
■ 纳米涂层

■评分　9.5
（10分为满分）

相信没有用户怀疑这支镜头的素质。事实上我们测试发现，此镜头的锐度极高，就算和Nikon的定焦镜头比较，此镜头也有过之而无不及，极为厉害。如果要看此镜头的规格，它也非常高级，使用了2片ED镜片、3片非球面镜片和1片纳米涂层镜片，在Nikon的顶级镜头中都非常少见。

这支镜头是FX格式全画幅的超广角镜头，更是首支拥有如此焦距范围而又拥有高质量光学设计的AF–S Nikkor镜头，与AF–S 24–70mm f/2.8G ED和AF–S 70–200mm f/2.8G ED组成一个f/2.8的阵容，是专业级三大镜皇。此镜头拥有14mm最广角焦距和f/2.8大光圈，应用在135全画幅DSLR上，可谓无往而不利！

全画幅超广角变焦

14–24mm这个小倍率的广角焦段在Nikkor镜头中是非常大胆和新颖的设计，只有不到两倍变焦，但它的确非常实用。以往较流行的可能只是由17mm、18mm或20mm起步的变焦镜头，试想想，当突然想用到要比24mm或28mm更广的焦距时，已经什么也不用考虑，有多广就多广是最好的！这支镜头正好让用户由24mm一直扩展到14mm，难道还不够广吗？更重要是它给予了用户f/2.8的大光圈。尽管这是一支变焦镜头，但提供了皇者级别的广角优势，大概没有哪个专业摄影师会不叫好的吧！

此外，它本身就是设计给FX全画幅相机使用的，所以14mm超广角焦距可以全部发挥出来。但如果把它用于DX格式的Nikon DSLR，也相当于21–36mm，仍属相当实用的广角变焦镜头。

恒定f/2.8大光圈

此镜头的素质先由f/2.8光圈讲起，它是一个恒定光圈，即由14mm至24mm整个变焦范围内的最大光圈都不会有变动，这有利于在昏暗的环境或重要的时刻确保曝光量充足。更重要是配合到D3x、D700等高达ISO25600感光度的相机时，手持拍摄清晰照片的机会就更大，对于一些摄影记者或报道摄影师来讲，它是最佳的拍摄工具。

而全开光圈时的成像素质又如何呢？结果发现解像力十分高，而且由中央至边缘都有均衡的表现；在14mm至24mm整个焦段都一样均衡地发挥相当高的解像力，纵使最佳光圈在f/8–11之间，但由f/2.8起几个光圈都有大致接近的表现，可见此镜头绝对可以放心地全开光圈拍摄。

至于四角失光情况，除在全开光圈时会稍微明显外，只要把光圈收小一些，就会大大减少。而事实上这些失光情况对于14mm焦距来说已经是相当轻微。加上镜头的畸变控制得较好，整体上有令人满意的光学表现。由于设计原因，该镜头的前组镜片是凸出的，所以无法装上前置的滤镜，但已设有一个内置的遮光罩，可以发挥保护和阻隔入光的作用。

讲求机动性

此镜头的最前组镜片上也用上纳米结晶涂层，可减少内反射和耀斑的形成。除ED超低色散镜片外，还有一种大口径的精密玻璃制模(PGM)元件，使此镜头由设计到成像都有出色的表现。

当然，不可或缺的还有可以全时手动对焦的对焦环，以及内对焦的SWM马达；而最近对焦距离仅0.28m，即使是近摄也很方便；再加上全天候性能的镜身设计，使其机动性大大提升；而镜身并不算太巨大，变焦环和对焦环的大小也恰到好处。

物有所值之选

这是Nikon的镜头，相信不会有人怀疑，所以价格也并不便宜。有的用户觉得它比较高档，但我们觉得此镜头非常值得，因为它有很高的成像素质，锐度极高，色差也控制到最低，采用了Nikon最高规格的配置，就算价格贵一点，但也是物有所值，相信专业用户不会有选购的疑虑。

快门：1/500秒　光圈：f/11　感光度：ISO200

■线性失真DISTORTION

Nikon AF-S 14-24mm f/2.8G IF-ED （测试相机：Nikon D700）

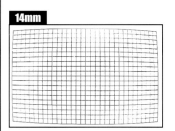

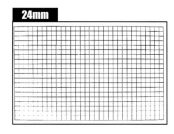

◀14mm
测试结果：水平差异约1.57%，垂直差异约5.50%
测试评论：桶状变形情况肉眼可察

◀24mm
测试结果：水平差异约0.20%，垂直差异约1.07%
测试评论：桶状变形情况极轻微

■四角失光VIGNETTE

Nikon AF-S 14-24mm f/2.8G IF-ED （测试相机：Nikon D700）

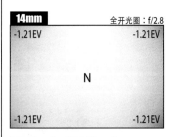

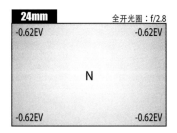

◀14mm
测试结果：−1.21EV
测试评论：四角失光可察

◀24mm
测试结果：−0.62EV
测试评论：四角失光轻微

■中央解像力RESOLUTION

Nikon AF-S 14-24mm f/2.8G IF-ED （测试相机：Nikon D700）

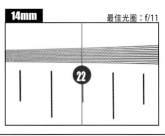

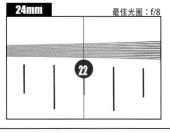

◀14mm
测试结果：最佳光圈f/11
测试评论：锐度在f/11最佳

◀24mm
测试结果：最佳光圈f/8
测试评论：整体来说f/5.6−11锐度均相当接近

Lab test by Pop Art Group Ltd., © All rights reserved.

■规格SPEC.

Nikon AF-S 14-24mm f/2.8G IF-ED	
焦距	14—24mm
用于APS-C	约21—36mm
视角	114°−84°
镜片	11组14片
光圈叶片	9片
最大光圈	f/2.8
最小光圈	f/22
最近对焦距离	0.28m
最大放大倍率	0.15x
滤镜直径	—
体积	98 x 131.5mm
重量	1000g
卡口	F卡口

■评测结论

　　这支镜头用在FX全画幅格式的D3x、D700上可谓最好不过，不仅可尽享14mm之广阔，更可得到f/2.8大光圈带来的优势，处理室内弱光题材极为适合；而优秀的光学质量无疑令影像更胜一筹。从画质、功能和用途来说，若配合FX格式使用是非常值得推荐的，而其焦段的范围也是现时Nikkor唯一的选择，价格高，但可以肯定是物有所值的！

快门：1/800秒　光圈：f/5.6　感光度：ISO400

超实用4级防抖标准变焦镜头
Nikon AF-S DX 16-85mm f/3.5-5.6G ED VR

主要特点

●备有VRII功能，有效降低手持拍摄导致的模糊●16-85mm焦距，相当于135格式的24-127.5mm●使用了3片非球面镜片及2片ED镜片，有效提升成像素质●最近对焦距离达0.38m，方便近距拍摄●具备7片光圈叶片，形成圆形光圈

■结构图

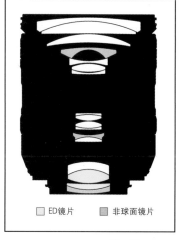

□ ED镜片　■ 非球面镜片

这是Nikon推出的极为实用的镜头，其焦距相当于135格式的24-127.5mm，焦距非常实际，涵盖广角到远摄。而镜头内置了VRII防抖，手持拍摄也很容易保持清晰。加上配备了3片非球面镜片和2片ED镜片，更让镜头锐度得以保持。

■评分
（10分为满分） **8.0**

Nikon当年有一支24-120mm VR镜头，很受欢迎，因为焦距实用，又有VR功能，但到了DSLR时代，由于焦距需要乘以1.5，我们不能在Nikon的DSLR上再享受24-120mm的便利。直到Nikon公布了新推出的AF-S DX Nikkor 16-85mm f/3.5-5.6G ED VR 镜头，这支专门用在DSLR上的DX镜头，焦距乘以系数之后也保持了24-120mm焦距，也配备了VR II防抖装置，和过去的24-120mm十分相似，正好满足了用户的要求。

▲ 这支16-85mm VR镜头，具备防抖，涵盖超广角焦距，实用性已不言自明。

镜头做工不错

这次我们试用16-85mm镜头，拿在手上可以感觉到做工不错，转动变焦环，相当流畅，采用金属制造的镜身和卡口，也更坚固耐用。镜头其实有5.3倍的变焦倍率，但还是相当小巧轻便。

镜头采用了17片11组的镜片设计，其中2片是ED镜片、3片是非球面镜片，使用这么多镜片的镜头是比较少见的。相比之下，Nikon的DX镜皇AF-S DX 17-55mm f/2.8G IF-ED，在14片10组的镜片中，使用了3片ED镜片和3片非球面镜片。这样很容易就看到16-85mm使用了很多特殊镜片，是Nikon用心做出的一支优质镜头。

这支镜头采用IF内对焦设计，所以对焦时，镜头前组不会转动，而镜头的最近对焦距离是0.38m，无论广角还是远摄都是这个距离，所以使用起来相当方便。

VR防抖有效

这支镜头也是AF-S家族中的成员，使用了超声波马达，对焦的时候非常宁静和快速。装在相机上试用，你会发现镜头的对焦速度不错，反应很快。配合Nikon D300使用，对焦没有问题，无论

拍摄广角的风景、还是中长焦距拍摄，照片的焦点都是清晰。

这支镜头使用了VRII防抖，这是很重要的优点。我们试用时，全程手持拍摄，可以很清楚地从取景器上看到VRII启动时降低影像模糊的表现。而官方所说，VRII可以有4级防抖效果，也就是说，如果我们使用85mm拍摄，相当于135格式的120mm，即使快门不够1/125秒，例如慢4级的1/15秒，影像也能保持清晰。我们在试用时，全部照片都开启防抖，也没有发现影像模糊的问题。

成像素质不错

这支镜头的成像水平不错。我们试用时，使用1000万像素的DSLR拍摄，在16mm的最大光圈时，中央解像力也相当不错，而四周的解像力，由于是广角焦距边缘解像力会稍低。但只要将光圈收小至f/8，边缘解像力会有很大提升，锐度和中央接近。至于85mm远摄焦距时，如果使用大光圈f/5.6，整体解像力的表现一般，不及16mm的锐度。想要有表现较好的解像力，应收小至f/11光圈，锐度就可以有所提升了。

而更多人注意的是此镜头四角失光的情况。由于此镜头有16mm焦距，相当于135格式的

24mm，如此广角，一般都有四角失光现象，而到真正试用时发现失光并没有想象的严重，在16mm时，全开光圈至f/3.5，四角失光还可以接受。至于85mm时，四角失光并不明显，即使全开光圈f/5.6，也不算严重，完全可以接受。此镜头在16mm时的变形稍微明显，但我们觉得，此镜头有相当于135格式的24mm焦距，所以变形非常正常，完全可以理解，而且在实际拍摄时，也较难察觉。

价格可以接受

此镜头售价也不便宜，虽然有的朋友觉得，这支镜头只有16-85mm焦距，价格竟和18-200mm VR相近，是不太值得。但用心想一想，这支镜头的焦距十分实用，相当于135格式的24-120mm的焦距，和18-200mm比较，更适合于拍摄纪实、风景，又有另一番乐趣。

▲ 将此镜头装在D60上使用，觉得大小适中，也是因为镜头设计小巧。

■线性失真DISTORTION

AF-S DX 16-85mm f/3.5-5.6G ED VR （测试相机：Nikon D200）

16mm
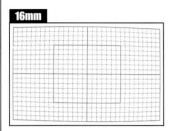

85mm
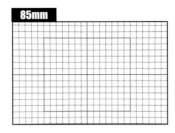

◄**16mm**
测试结果：广角焦距垂直差异约1.21％，广角焦距水平差异约1.30％
测试评论：桶状变形情况可察觉

◄**85mm**
测试结果：远摄焦距垂直差异约1.34％，远摄焦距水平差异约1.25％
测试评论：枕状变形情况可察觉

■四角失光VIGNETTE

AF-S DX 16-85mm f/3.5-5.6G ED VR （测试相机：Nikon D200）

16mm 全开光圈：f/3.5
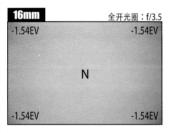

85mm 全开光圈：f/5.6
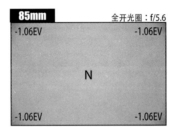

◄**16mm**
测试结果：约-1.54EV
测试评论：四角失光情况明显

◄**85mm**
测试结果：约-1.06EV
测试评论：四角失光情况明显

■中央解像力RESOLUTION

AF-S DX 16-85mm f/3.5-5.6G ED VR （测试相机：Nikon D200）

16mm 最佳光圈：f/8
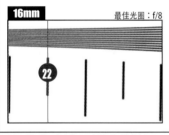

85mm 最佳光圈：f/11
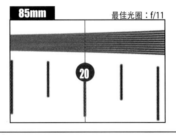

◄**16mm**
测试结果：最佳光圈f/8
测试评论：使用f/8光圈，镜头的解像力有所提升。

◄**85mm**
测试结果：最佳光圈f/11
测试评论：改用f/11光圈，解像力有很大提升。

Lab test by Pop Art Group Ltd., © All rights reserved.

■规格SPEC.

AF-S DX 16-85mm f/3.5-5.6G ED VR	
焦距	16-85mm
用于APS-C	约24-127.5mm
视角	83°-18° 50′
镜片	11组17片
光圈叶片	7片
最大光圈	f/3.5-5.6
最小光圈	f/22-36
最近对焦距离	0.38m
最大放大倍率	0.22x
滤镜直径	67mm
体积	72 x 85mm
重量	485g
卡口	F卡口

■评测结论

这支镜头很多优点，VRII防抖、16-85mm、多片特殊镜片，虽然这支镜头价格并不便宜，但就凭以上这几个优点已经物有所值了。最重要的还是那句话，同等焦距的镜头还没有出现，根本没有对手，难怪用户会支持，而此镜头的16mm用在APS-C相机上，相当于24mm，具有很高的实用性，大大提升了镜头价值。

快门：1/2000秒　光圈：f/5.6　感光度：ISO200

防抖超声波镜头大奉送
Nikon AF-S DX 18-55mm f/3.5-5.6G VR

主要特点

●备有VR防抖，降低手持拍摄导致的模糊●镜头轻便易用，携带绝对不辛苦●成像素质合理，锐度令人满意●使用了Nikon的超级涂层，减少眩光

■结构图

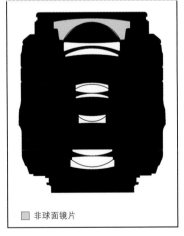

□ 非球面镜片

说起这支镜头，早先Nikon也推出了两支18-55mm的套机镜头，和之前两款相比，此镜头的配置更加强劲，具有VR功能，不少用户也想不到Nikon会将入门级套头加上VR。更想不到一支便宜的镜头，竟会有不错的成像，令人印象深刻！

■评分
（10分为满分）

7.0

相信很多入门用户也对这支套头很有兴趣，这也可以理解，因为它是少有的平价VR镜头。虽然是套机镜头，但成像也不会令人失望，至少是物有所值的。

几代镜头越变越好

看着几代Nikon套头改变，可以知道Nikon有心想做一支更好的套头。最早一代的套头，也是18-55mm的焦距，镜头的设计简单，轻便易用，但成像素质不差，当年已有不少人觉得套机镜头也不错。而后来，Nikon改良了这支套机镜头，也就是D40x的那支套头，外形设计已经有所不同，也证明Nikon想做得更好一些。而到现在，新的套头推出，想不到，竟然加入了VR功能，坦白说，这样的素质和低价，已经没有什么可以挑剔了。

现在这支18-55mm镜头，也保持了3倍变焦范围，光圈f/3.5-5.6，外形设计和上一代没有太大差别，从参数上可以看出，镜头稍微大了一些，但肉眼很难看出，重量重了一些，但依然十分轻便易用。这支镜头的镜片采用11片8组，最近对焦距离0.28m，够用了。

VR防抖很有帮助

这支镜头的VR防抖对拍摄有很大帮助，建议用户常开。此镜头的VR可以达到3级防抖，当手持拍摄时，如果快门速度较慢，镜头的VR就能保持影像的清晰度。我们在试用时，觉得这支镜头的VR可以真正生效，很能帮助我们拍摄。即使我们使用慢3级的快门拍摄，镜头的VR也令影像有一定的清晰度。

镜头素质不错

千万不要以为这支镜头是入门级的，素质就不会令人满意，其实这支镜头已经达到一定水平，我们发现其锐度也是可以接受的。在18mm最广角时，使用最大光圈f/3.5拍摄，影像的锐度也不差，如果收小一点光圈到f/8，镜头的锐度就会再提升。而使用55mm拍摄，最大光圈的解像力比18mm时稍微低一些，但还是在可以接受的范围，而此焦距的最佳光圈是在f/11的时候，镜头的锐度也不错。

再说这支镜头的变形情况，和上几代套机镜头也没有太大差别，以这样的入门级镜头来说，这些不算过分的变形早已在预计之中。而镜头失光方面，在18mm最大光圈时失光比较明显，但我们也知道，很多镜头的18mm表现都是这样的。所以很多时候，我们都会将光圈收小一点，到f/5.6光圈时，镜头的四角失光就不再是问题。

快门：1/350秒　光圈：f/10　感光度：ISO 400

■线性失真DISTORTION

AF-S DX NIKKOR 18-55mm f/3.5-5.6G VR （测试相机：Nikon D200）

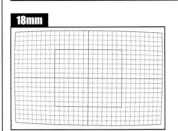
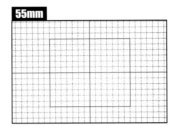

18mm
测试结果：广角焦距垂直差异约1.56%，广角焦距水平差异约1.21%
测试评论：桶状变形情况可察

55mm
测试结果：远摄焦距垂直差异约1.21%，远摄焦距水平差异约1.46%
测试结果：桶状变形情况可察

■四角失光VIGNETTE

AF-S DX NIKKOR 18-55mm f/3.5-5.6G VR （测试相机：Nikon D200）

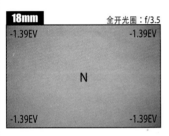
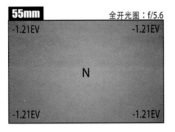

18mm
测试结果：约-1.39EV
测试评论：四角失光情况可察

55mm
测试结果：-1.21EV
测试评论：四角失光情况可察

■中央解像力RESOLUTION

AF-S DX NIKKOR 18-55mm f/3.5-5.6G VR （测试相机：Nikon D200）

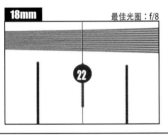
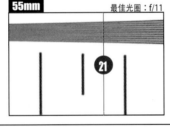

18mm
测试结果：最佳光圈f/8
测试评论：在广角时使用f/8光圈，解像力会更高

55mm
测试结果：最佳光圈f/8
测试评论：使用f/11光圈，解像力可以提升一些

Lab test by Pop Art Group Ltd., © All rights reserved.

■规格SPEC.

AF-S DX NIKKOR 18-55mm f/3.5-5.6G VR

焦距	18－55mm
用于APS-C	约27－82.5mm
视角	76°－28°50′
镜片	8组11片
光圈叶片	7片
最大光圈	f/3.5－5.6
最小光圈	f/22－36
最近对焦距离	0.28m
最大放大倍率	0.31x
滤镜直径	52mm
体积	73 x 79.5mm
重量	265g
卡口	F卡口

■评测结论

　　虽然这只是一支套机镜头，但加入了VR功能之后，已经非常有吸引力；而且这支镜头的素质也不错，拍摄的影像也相当清晰，不少用户甚至不将它当成套头，而是实惠的标准变焦镜头。有些喜欢旅游摄影的朋友也钟爱此镜头的轻便，成为必备之选。最重要的还是它相当实惠，物有所值。

快门：1/2000秒　光圈：f/7.1　感光度：ISO400

灵活的大光圈广角至中焦镜皇
Nikon AF-S 24-70mm f/2.8G ED

主要特点

●恒定f/2.8大光圈●全金属镜身，全天候设计●备有纳米结晶涂层，减少镜片反光●锐度十足，影像清晰●现役的Nikon镜皇

■结构图

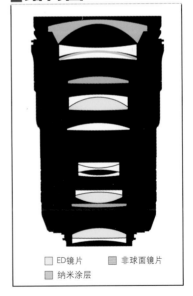

□ ED镜片　　■ 非球面镜片
■ 纳米涂层

■评分 　　9.5
（10分为满分）

说到现在的Nikon镜皇，这支绝对是现役代表，它属于纳米镜头系列；用料及科技都集Nikon之大乘，恒定的f/2.8光圈让我们在弱光中拍摄也没有问题；全天候镜身和坚固的金属制造，让耐用度不成问题；当然镜头的锐度和色彩表现，更不需要用户担心，绝对是Nikon费尽心思的代表作。

这支镜头与AF−S 14−24mm f/2.8G ED可谓一脉相承，同样具备f/2.8恒定大光圈，也采用了纳米结晶涂层，配合现今的数码单反能获得更佳的影像。而它的24−70mm焦距范围，也是最常用、即人们已一致称之为"标准变焦镜头"的范围，是一支相当灵活、好用的镜头，其专业的性能和全天候的机动性，更是Nikon用户不容忽视的！

涵盖广角到中焦

在135胶片单反相机流行时，曾经流行过一种28−70mm或28−80mm的镜头；而f/2.8恒定光圈的更被一直奉为专业摄影师的常用工具，甚至这种焦距已被标榜为"标准变焦镜头"，就好像50mm镜头当年被称为标准镜头。24−70mm的焦段已是第二代了，无疑是更为广角，今天全画幅数码单反日渐流行，再不受CMOS面积限制，24mm显得更能满足如今新一代摄影人的渴求。

当有一支涵盖更广角，又能变焦至中焦的70mm镜头时，已经可以一镜满足各种拍摄需要。而不得不提它的f/2.8大光圈，这代表着此镜头在弱光环境中的拍摄能力，而且可以在整个焦距范围内发挥功用。

最佳的光学质量

此镜头同为f/2.8的顶级之列，又是与14−24mm f/2.8和70−200mm f/2.8并成一连串的连续焦段组合，光学上的表现当然也要一致的好。

所以，众望所归，这支镜头用了3片可以减少色散的ED镜片，令影像出现松散的机会大大降低。而另外3片非球面镜片中更有一片大口径的PGM镜片，使全开光圈时都能将像差减至最少。

有个大"N"字，表示采用

了纳米结晶涂层(Nano Crystal Coat)，即在其中一块大型镜片上加上这种可减少内反射的高折射材料，而其他镜片同样地涂有Nikon的SIC涂层(Super Integrated Coating)，同样可减少内反射的情况，也令影像的色彩还原能力提升。Nikon更悉心安排镜片的设计，令此镜头也有IF内对焦设计，即对焦时镜组是不会转动的。然而，这支镜头的变焦设计则会让镜身有伸缩，但这并不会影响配合遮光罩使用。

操作感觉极佳

这是大光圈镜头，当然难免会大一点，但镜身仍保持得相当好握持，宽阔的变焦环最令人印象深刻，其SWM马达对焦快而宁静，而最近对焦距离可达0.38米。

至于这一款镜头的对焦环也是属于适合作全时手动对焦的设计，一切都极为快速和灵活，难怪专业用户都毫无疑问地选择它。至于拍摄出来的影像，从测

试中可发现，此镜头由f/2.8全开光圈起已发挥极佳的影像再现能力，解像力已达高水平，一直维持到最佳光圈，期间只有相当少的变化，用户绝对可以放心在这些光圈之间任意选择，也不用担心画质；而变形情况更是相当轻微，除24mm有略为明显的桶状变形外，其余焦距以肉眼看几乎没有变形；而且四角失光也十分少，基本上稍微收小光圈就已经不易察觉。

专业用户首选

很多用户向往此镜头的成像素质，这正是因为Nikon将它定位为专业用户，所以镜头的设计能尽善尽美。如果用户真的有需要，绝对不会多考虑，其价格也不是问题了。对那些极度追求高素质的用户，他们可以从这支镜头中获得满意的影像。当然，如果想要更实惠的镜头，Nikon还有其他器材，不过此镜头保证拍摄的影像，用户选购应该觉得物有所值。

快门：1/240秒　光圈：f/3.2　感光度：ISO400

■线性失真DISTORTION

Nikon AF-S 24-70mm f/2.8G IF-ED （测试相机：Nikon D700）

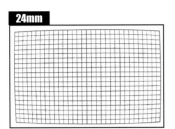

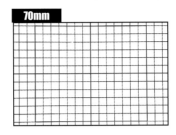

◀ **24mm**
测试结果：广角焦距水平差异约1.36%，垂直差异约4.08%
测试评论：桶状变形情况可察

◀ **70mm**
测试结果：远摄焦距水平差异约0.22%，垂直差异约0.62%
测试评论：枕状变形情况极轻微

■四角失光VIGNETTE

Nikon AF-S 24-70mm f/2.8G IF-ED （测试相机：Nikon D700）

24mm 　全开光圈：f/2.8
-1.21EV　　　　-1.21EV
N
-1.21EV　　　　-1.21EV

70mm 　全开光圈：f/2.8
-0.72EV　　　　-0.72EV
N
-0.72EV　　　　-0.72EV

◀ **24mm**
测试结果：−1.21EV
测试评论：四角失光可察

◀ **70mm**
测试结果：−0.72EV
测试评论：四角失光轻微

■中央解像力RESOLUTION

Nikon AF-S 24-70mm f/2.8G IF-ED （测试相机：Nikon D700）

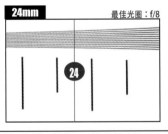

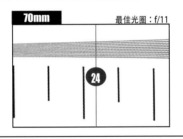

◀ **24mm**
测试结果：最佳光圈f/8
测试评论：锐度在f/8最佳

◀ **70mm**
测试结果：最佳光圈f/11
测试评论：f/8—11时最锐利

Lab test by Pop Art Group Ltd., © All rights reserved.

■规格SPEC.

Nikon AF-S 24-70mm f/2.8G IF-ED	
焦距	24—70mm
用于APS-C	约36—105mm
视角	84° − 34° 20′
镜片	11组15片
光圈叶片	9片
最大光圈	f/2.8
最小光圈	f/22
最近对焦距离	0.38m
最大放大倍率	0.27x
滤镜直径	77mm
体积	83 x 133mm
重量	900g
卡口	F卡口

■评测结论

　　这是最佳的专业级变焦镜头选择，正好衔接14—24mm的那一支，而且也是f/2.8大光圈，实用性毋庸置疑；而其光学素质发挥得淋漓尽致，加上设计精密，既有SWM超声波的对焦马达，也有IF内对焦设计，彻头彻尾是为最高的影像要求而设；当然，加上"N"也是Nikon数码单反的顶级象征，这种镜片涂层技术已是数码相机成像素质的一个重要提升要素。

快门：1/320秒　光圈：f/5.6　感光度：ISO200

超实惠4倍防抖低色散远摄镜头
Nikon AF-S 55-200mm f/4 - 5.6G ED-IF VR

主要特点

●55−200mm（相当于135格式的82.5−300mm焦距）●VR防抖技术（最高可达3级）●拥有1片ED镜片，有效降低色差和提高成像素质●采用IF内对焦功能，方便用户在镜头前加设滤镜●备有宁静波动马达

■结构图

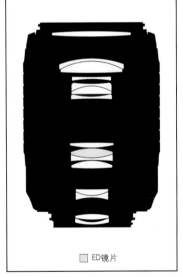

□ ED镜片

■评分
（10分为满分）

7.5

　　这支镜头是专为入门用户而设的，它未必有顶级的解像力，但胜在轻便易用，价格便宜，售价不到二千元，极为实惠。而更想不到这支镜头竟也加入了VR防抖，焦距也够实用，简直是入门用户的首选之作。

二千元买摄影器材可以玩什么？对其他品牌的粉丝来说，二千元连买一支较好的套机镜头都未必能买到，但真的想不到，Nikon粉丝用不足二千元的价格就可以买到AF—S DX VR 变焦镜头 Nikkor 55—200mm f/4—5.6G ED—IF，3.6倍变焦能力，3级防抖，再加上ED—IF功能！真的超值实惠！

◀ 此支 Nikon 55-200mm VR 的镜身主要采用塑料制造，让镜身得以更加轻巧。

不只入门这么简单

如果大家有心留意此镜头的规格，甚至体验过这支镜头，相信就会明白此镜头绝不只是入门级镜头那样简单。

先来看焦距，55—200mm用于APS格式相机时，如Nikon D90或D5000等，便有相当于135格式的82.5—300mm的焦距，属于中焦至远摄的焦段。如果再配合18—55mm镜头，只需两支镜头就可以备齐由广角至远摄端的焦距。加上镜身轻巧，镜身主要是由塑料制造，携带更方便，所以是一支相当便携的镜头。

另外，这支镜头也具备VR防抖功能，最高可达3级防抖。举例，假设用户使用这支镜头的远摄端200mm焦距进行拍摄，其安全快门应有1/200秒或更快，但如果镜头设有3级防抖，安全快门最慢可在1/25秒也能够拍摄到清晰影像，大大减少因抖动而出现的模糊影像。虽然此镜头没有大光圈，不过其防抖也可让用户在光线不足的环境下继续拍摄。

备有ED镜片

虽然这支55—200mm VR属于入门级镜头，但在设计上也绝不马虎。除拥有3.6倍变焦及VR防抖之外，此镜头在11组15片的镜片结构中，其中一片是ED镜片，有效降低色差和提升成像素质等。

另外，此镜头在对焦方面采用了IF内对焦设计和配备宁静波动马达。由于不少使用单反相机的摄影人，都喜欢在镜头前加设滤镜，以改善或营造特别的影像效果，而内对焦则不会导致镜头转动，这就不会影响加设滤镜的效果，所以该功能深受摄影人欢迎。但一般而言，入门级用户很少这样做，所以内对焦功能通常只会在较高档的镜头中才会拥有。但这支55—200mm VR也具有内对焦功能，可见更加方便易用。而且配备了宁静波动马达，不但可让镜头的对焦更宁静和流畅，更在于使用没有驱动马达的相机如Nikon D40与D40x时可作自动对焦的操作，所以是一支针对数码单反相机而推出的镜头。

解像力表现理想

而在我们的试用和测试当中发觉，此镜头除在性能和规格上十分不错外，其成像时的解像力也不弱，表现绝对合乎理想，可见素质接近中档镜头。

在广角端的解像力方面，最佳光圈为f/8，中央解像力达1850 LW/PH，而边缘也有1750 LW/PH，以同级的镜头而言是相当不错的。另外，远摄端的最佳光圈则在f/11，解像力虽比广角端略低一点，但中央解像力也有1700 LW/PH，边缘解像力就有1650 LW/PH，表现也算理想。

变形及失光轻微

在其他成像素质测试方面，变形情况及四角失光等均属轻微。这支Nikon 55—200mm VR在广角端的变形情况，水平差异约为0.13%，垂直差异约为0.34%，桶状变形情况极轻微。而在远摄端时，水平差异约为0.21%，垂直差异约为0.08%，枕状变形情况极轻微。在四角失光测试当中，广角端及远摄端在全开光圈时，失光情况均不明显，可以接受。

整体而言，这支变焦镜头，在规格和实际使用上，均有不错水平且方便易用。而且在成像素质的测试当中，也有相当理想的表现。加上镜头定价适宜，是一支有一定吸引力的镜头。

▲ 这支镜头规格、性能均不错，而且轻巧方便，成像素质也可接受，是支物有所值的镜头。

■线性失真 DISTORTION

55-200mm VR ED-IF （测试相机：Nikon D80）

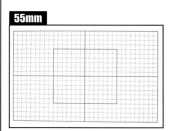

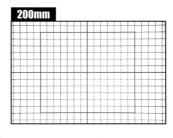

55mm
测试结果：水平差异：0.13％，垂直差异约0.34％
测试评论：桶状变形情况极轻微

200mm
测试结果：水平差异约0.21％，垂直差异约0.08％
测试评论：枕状变形情况极轻微

■四角失光 VIGNETTE

55-200mm VR ED-IF （测试相机：Nikon D80）

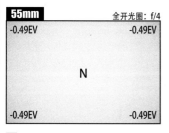

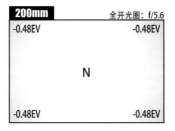

55mm
测试结果：−0.49EV
测试评论：四角失光情况极轻微

200mm
测试结果：−0.48EV
测试评论：四角失光情况极轻微

■中央解像力 RESOLUTION

55-200mm VR ED-IF （测试相机：Nikon D80）

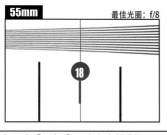

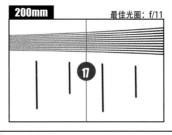

55mm
测试结果：最佳光圈f/8
测试评论：以如此平价的镜头来说，有此解像力可以理解

200mm
测试结果：最佳光圈f/11
测试评论：在远摄焦距，收到f/11光圈，解像力可追上广角焦距

Lab test by Pop Art Group Ltd., © All rights reserved.

■规格 SPEC.

Nikon 55-200mm VR ED-IF	
焦距	55−200mm
用于APS-C	约82.5−300mm
视角	28°50′ − 8°
镜片	11组15片
光圈叶片	7片
最大光圈	f/3.5−5.6
最小光圈	f/22−32
最近对焦距离	1.1m
最大放大倍率	0.23x
滤镜直径	52mm
体积	73 x 99.5mm
重量	335g
卡口	F卡口

■评测结论

这支镜头用于APS格式的DSLR时，可拥有相当于135格式的82.5−300mm的焦距，相当好用。而且备有最高可达3级的防抖，对于用户拍摄清晰的照片更有把握。更设有ED镜片，以入门级的镜头来说是相当不错的。虽然整体来说，镜头的解像力仍可再提升，但相信入门用户更受此镜头的低价吸引，而想要更高解像力，可选择Nikon的高级镜头！

快门：1/500秒　光圈：f/8　感光度：ISO200

超声波防抖超远摄镜头
Nikon AF-S 70-300mm f/4.5-5.6G ED-IF VR

主要特点

●具有70–300mm远摄焦距●备有VR II防抖技术●有ED镜片提升成像素质●内置SWM超声波马达●IF内对焦设计，使用遮光罩更舒适

■结构图

□ ED镜片

■评分
<small>（10分为满分）</small> **8.5**

相信不仅入门用户，连有经验的摄友都会喜欢这支镜头。此镜头十分轻便，又有远摄焦距，规格上有VR II防抖、ED镜片、SWM马达，而且锐度令人印象深刻，比起Nikon恒定f/2.8的远摄镜头，它一点也不服输。

> 此镜头使用第二代VR防抖，加入ED镜片和SWM马达，令镜头实用性更佳，可以说这是一支Nikon推出的最实惠的远摄镜头。

镜头设计实用性高

Nikon有多支70—300mm焦距的镜头，除了这支VR镜头外，还有AF 70—300mm f/4—5.6D ED和70—300mm f/4—5.6G，3支的焦距和光圈都相近，但以这支70—300mm f/4.5—5.6 VR实用性最高。

实用的主要原因是拥有VR功能，而且是新的VR II，此防抖可以达到4级效果。举例说，如果此镜头用在APS-C格式DSLR上，焦距相当于105—450mm，当在105mm焦距时，我们不需用1/125秒拍摄，理论上只需1/15秒拍摄就可以了，这当然令镜头变得更具吸引力。

再说，此镜头采用了IF设计，前端在对焦时不会转动，握持舒适，也方便使用特殊滤镜，特别是偏光镜。再加上镜头配备SWM马达，对焦时特别宁静，基本上听不到明显的声音，这也令人用得更加舒服。

对焦反应灵敏

初步试用70—300mm时，感到对焦反应灵敏，在光线充足时有非常迅速的对焦，弱光时对焦也算合格。在最长300mm时，反应不及70mm焦距，会有些微迟滞，但仍算不错。

至于镜头的手感，的确是很舒服，虽然变焦至300mm时，镜头会伸长，但由于采用IF设计，令对焦时前组镜片仍保持不旋转。此外，此镜头有宽阔的变焦环，转动顺滑，手感不俗。

这支70—300mm f/4.5—5.6采用了9片光圈叶片，所以当使用大光圈拍摄时，小景深部分会出现很柔和的虚化效果，令人看得十分顺眼。

VR功能实际试用

至于这支镜头的VR设计，我们也作了一番测试。官方说这支镜头有4级防抖功能，在实际试用发现的确在4级内能保持清晰，如果手稳定一些，相信5级也可以。

我们此次利用APS-C格式DSLR测试，焦距乘以1.5，300mm就相当于450mm，开启VR II，以1/500秒、1/250秒、1/125秒、1/60秒、1/15秒分别手持拍摄，结果1/60秒时仍很清晰，1/15秒才略见模糊，由此可知其防抖效果。

成像素质和效果

在成像素质方面，这支镜头是非常不错的，当使用70mm焦距时，此镜头用f/4.5大光圈，可以重现1701LW/PH(MTF50)的解像力，成像素质不错；如改用f/8光圈，成像素质提升很多，中央解像力达1888LW/PH(MTF50)。

而改用300mm焦距，使用最大的f/5.6光圈，镜头的解像力相比70mm时稍强，约有1833LW/PH(MTF50)。而此镜头的300mm端的最佳光圈应该是f/8，成像素质达到最佳，中央解像力约1910LW/PH(MTF50)。

而此镜头的四角失光根本难以察觉，即使用f/4.5最大光圈，肉眼也发现不到失光现象，到300mm时就控制得更好。其实，一般远摄镜头的四角失光也不太明显，所以此镜头有好的表现，也属正常。

至于这支镜头的变形，只是在300mm时有稍微明显的枕状变形，但在70mm时，变形就问题不大了，但300mm时有枕状变形很正常，程度也完全可以接受。

快门：1/160秒　光圈：f/5.6　感光度：ISO200

■线性失真 DISTORTION

Nikon AF-S 70-300mm f/4.5-5.6G ED-IF VR （测试相机：Nikon D200）

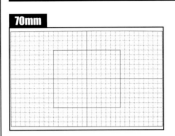

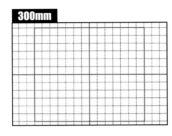

70mm
测试结果：水平差异约0.78％，垂直差异约0.28％
测试评论：桶状变形情况轻微

300mm
测试结果：水平差异约0.1％，垂直差异约0.1％
测试评论：枕状变形情况极轻微

■四角失光 VIGNETTE

Nikon AF-S 70-300mm f/4.5-5.6G ED-IF VR （测试相机：Nikon D200）

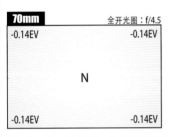

70mm　全开光圈：f/4.5
-0.14EV　-0.14EV
N
-0.14EV　-0.14EV

300mm　全开光圈：f/5.6
-0.28EV　-0.28EV
N
-0.28EV　-0.28EV

70mm
测试结果：−0.14EV
测试评论：四角失光极轻微

300mm
测试结果：−0.28EV
测试评论：四角失光极轻微

■中央解像力 RESOLUTION

Nikon AF-S 70-300mm f/4.5-5.6 ED-IF VR （测试相机：Nikon D200）

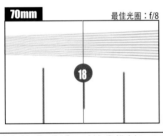

70mm　最佳光圈：f/8

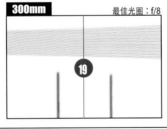

300mm　最佳光圈：f/8

70mm
测试结果：最佳光圈f/8
测试评论：在f/8光圈时，解像力合理

300mm
测试结果：最佳光圈f/8
测试评论：在远摄端f/8时解像力也不俗

Lab test by Pop Art Group Ltd., © All rights reserved.

■规格 SPEC.

Nikkor 70-300mm f/4.5-5.6G IF-ED

焦距	70−300mm
用于APS-C	约105−450mm
视角	34°20′−8°10′
镜片	17组12片
光圈叶片	9片
最大光圈	f/4.5−5.6
最小光圈	f/32−40
最近对焦距离	1.5m
最大放大倍率	0.25x
滤镜直径	67mm
体积	80 x 143.5mm
重量	745g
卡口	F卡口

■评测结论

　　这支新一代的70−300mm镜头，已加入VR II功能，对拍摄有很大帮助，镜头的做工不错，成像素质也不俗，最重要的是轻便易用，非常实用。

◀ 这支镜头的设计不错，采用了IF对焦和VR II防抖，相当实用。

快门：1/125秒　光圈：f/5.6　感光度：ISO200

轻巧广角抓拍饼干镜皇
Olympus Digital 17mm f/2.8

主要特点

●超轻巧镜身，体积只有57x22mm，且重量仅为71克●拥有17mm焦距，相当于135格式34mm●镜头结构为4组6片，包含1片非球面镜片●最近对焦距离为0.2m，放大倍率为0.11倍（相当于135格式0.22倍）

■结构图

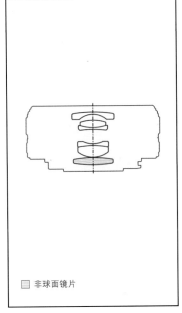

☐ 非球面镜片

■评分

<small>（10分为满分）</small>   **8.0**

在Olympus E-P1推出时，这支17mm镜头也同时诞生。为了配合E-P1的轻巧，此镜头也做得小巧，装在E-P1上，丝毫不觉"凸出"，反而十分切合用户的需要！

▲此镜头卡口采用了金属材料制造。

▲这支镜头采用37mm大小的滤镜直径。

Olympus在推出E−P1时，同时推出两支新的M4/3新镜头，其中一支备受观注的就是这支M. Zuiko Digital 17mm f/2.8。如果大家还记得，Olympus当时发布E−P1的概念机图片中，就是配上一支定焦"饼干镜头"，现在终于见其真身了！

街头抓拍必备

这支M. Zuiko Digital 17mm f/2.8的最大特色就是那极小巧的体积，是俗称"饼干镜头"的一种，非常方便携带和收藏。如果是利用E−P1作为抓拍工具的用户，就一定要留意这支镜头。E−P1以至M4/3相机系统，也是适于抓拍的风格，小巧而且宁静，如果配上一支轻巧的镜头可真是如虎添翼！这支M. Zuiko Digital 17mm f/2.8就可以为用户达到这个目的！

对焦速度不俗

在使用上就不用多说，轻巧灵活是肯定的了。因为它的小巧，所以当把相机挂在身上抓拍时，它也不会导致相机向下倾斜，这对用户来说相当重要，因为可令相机保持较佳的角度。

此外，虽然它没有内置对焦马达，但试用后发现它的自动对焦速度也算不俗，接近一般DSLR的光学自动对焦速度。而且对焦时也很宁静，只可惜对焦时镜管有伸缩的动作，如果能作出改进，相信会更有利于抓拍的用户隐藏行踪吧！

影像锐度令人满意

此镜头虽小，但要做好它的

光学成像也绝不容易，此镜头由4组6片的结构组成，而当中也包括一片非球面镜片。它的最大光圈为f/2.8，有利于在弱光环境中拍摄，最小光圈为f/22，采用5片光圈叶片设计。

另外，此镜头的最近对焦距离为0.2m，放大倍率为0.11倍（相当于135格式0.22倍），视角是65°，使用37mm直径的滤镜，而体积及重量仅为57x22mm及71g。

经测试，发觉此镜头的光学素质也相当高，解像力就是一个例子。在全开光圈f/2.8时，可见锐度非常理想，最佳光圈在f/5.6，解像力也得到进一步提升。此镜头在f/2.8−f/11时的解像力都很接近，在f/16时开始略有下降，f/22时下降得最为明显。

至于四角失光情况，在f/2.8全开光圈时，情况略为可察，但如果收小光圈可见失光有显著的

改善，在f/5.6时已经相当轻微，进一步收小光圈已经难以察觉。

最后就是线性失真的测试，可看出此镜头也有轻微的桶状变形。综合测试结果来说，此镜头拥有良好的光学素质，尤其在解像力方面最令人满意，而四角失光及线性失真的测试也只算轻微，情况均可以接受。

用户首选的饼干头

基本上玩E−P1的用户，就会希望拥有一支这样的镜头。正由于它是"饼干头"，在E−P1上大小适中，和E−P1的小巧机身极为匹配，用户也非常希望拥有一支这样的镜头，和E−P1相配！难怪Olympus将此镜头定为套机镜头！当然，它的焦距只有17mm，相当于135格式的34mm，有人觉得不够广，如果下次Olympus可推出更广角的"饼干头"，那一定更受欢迎。但无论如何，此镜头已和E−P1成为绝配！

▲M. Zuiko Digital 17mm f/2.8镜身轻巧，配合E−P1使用，的确是摄影人不错的抓拍组合。

快门: 1/4秒　光圈: f/2.8　感光度: ISO400

▌线性失真DISTORTION

M. Zuiko Digital 17mm f/2.8 （测试相机: Olympus E-P1）

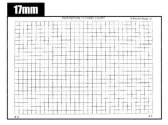

◄17mm
测试结果: 水平差异约0.60%, 垂直差异约0.37%
测试评论: 桶状变形情况极轻微

▌四角失光VIGNETTE

M. Zuiko Digital 17mm f/2.8 （测试相机: Olympus E-P1）

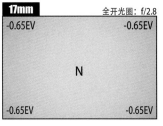

◄17mm
测试结果: -0.65EV
测试评论: 四角失光情况轻微

▌中央解像力RESOLUTION

M. Zuiko Digital 17mm f/2.8 （测试相机: Olympus E-P1）

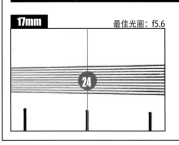

◄17mm
测试结果: 最佳光圈f/5.6
测试评论: 最佳光圈f/5.6, 解像力也有所提升。

▌规格SPEC.

M. Zuiko Digital 17mm f/2.8	
用于4/3系统	约34mm
视角	65°
镜片	4组6片
光圈叶片	5片
最大光圈	f/2.8
最小光圈	f/22
最近对焦距离	0.2m
最大放大倍率	0.11x
滤镜直径	37mm
体积	57 x 22mm
重量	71g
卡口	M4/3卡口

▌评测结论

　　这支镜头最大的特色是足够轻巧, 操作也方便灵活, 用作一支抓拍镜头, 的确是不错的选择。另一方面, 从成像素质的测试结果我们也可以见到, 尤其在解像力方面相当令人满意, 而且线性失真的桶状变形及四角失光情况也只算轻微, 此镜头的光学表现水平很高。

快门：1/800秒　光圈：f/8　感光度：ISO200

4/3系统标准焦距饼干头
Olympus 25mm f/2.8 Pancake

主要特点

●此镜头25mm焦距，相当于135格式50mm，属常用的标准定焦镜头焦距●极为小巧的镜身，体积仅为64x23.5mm，重量只有95克●备有f/2.8恒定大光圈及1片非球面镜片●体积轻小，不但方便携带，也利于在不太引人注意的情况下进行抓拍

■结构图

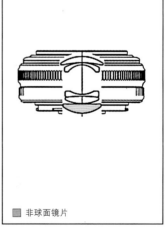

■ 非球面镜片

■评分
(10分为满分) **7.5**

过去饼干头之所以受欢迎，是考虑其小巧，而大多数饼干头是50mm焦距，在4/3机身上，焦距乘以2，25mm才是标准镜头。因此Olympus才会推出这支小巧的25mm镜头，给用户另一个选择！

相信大家都不会怀疑，定焦镜头的素质都很好，有些甚至比顶级的变焦镜头还更好，因此，有些单反相机玩家特别喜欢定焦镜头。而Olympus推出的 Zuiko Digital 25mm f/2.8 Pancake镜头就可以满足这些用户的需求，除因为它是相当于135格式50mm的标准焦距外，大家特别关注此镜头的超薄镜身，特别小巧易用！

◀ 此镜头厚度薄，非常小巧，镜尾卡口保持金属制造。

轻巧标准定焦饼干头

这支Zuiko Digital 25mm f/2.8 Pancake，正如其名，用户俗称为饼干头。而这支25mm不是第一支饼干头，过去部分镜头生产商也推出过这类镜头，用户普遍都会青睐这些以轻巧为卖点的镜头。

25mm f/2.8 Pancake镜头的体积仅为64x23.5mm，重量只有95克，难怪装在相机上也不容易感受到其重量。不要看它镜身小巧，也内置了对焦马达，自动对焦速度算不错，当然不及SWD超声波马达的对焦速度。而它拥有相当于135格式的50mm焦距，是很多摄影师常用的焦距。

平民化的镜头

这支镜头没有惊人的规格，作为一支常用的标准镜头，镜头设计和规格也趋于平民化，以求让更多摄影人可以享受这支镜头。此镜头的结构为4组5片，备有1片非球面镜片，采用7片光圈叶片设计，虽然放大倍率为0.19X（相当于135格式0.38X），但最近对焦距离为20cm，所以也可作近距离对焦，增加了镜头使用时的灵活性。

整体画质不错

虽然这支ZD 25mm f/2.8 Pancake不算高级镜头，但从成像素质的测试中可以看到，整体画质也很不错。例如解像力方面，全开光圈f/2.8时锐度一般，但在最佳光圈f/8时，解像力很不错。我们实际试用时，在户外拍摄风景，发现此镜头用f/8正常拍摄，影像锐度十分高，而且色彩也颇丰富，很令人满意。

而四角失光情况，在全开光圈下失光比较容易察觉，收小光圈后有助于失光情况减轻，f/5.6光圈时已没有明显的失光。此镜头的桶状变形情况属极轻微，不会对拍摄带来影响。

适合抓拍的镜头

此镜头的最大卖点，是其轻巧的体积，这个好处是大部分镜头都不能给予用户的，比起大体积变焦镜头，此镜头可轻易隐藏，也不会给被摄者带来太大的戒心，正好方便抓拍！作为用户应该如何选择呢？既然Olympus已有不少等效50mm的镜头，那用正常的标准镜头，还是这支小巧的饼干头呢？这要视用户的需要了，一般饼干头达不到正常50mm镜头的成像素质，如果追求成像，那选用正常的50mm镜头是合理的，而对那些需要抓拍，希望不被人发现自己在拍摄，那么选择这支饼干头就很合适。另外，我们也不会要求饼干头有极佳成像水平，但此镜头确实不差，色彩、变形、失光、锐度都控制得很合理，所以用户选择是不会后悔的！

快门：1/640秒　光圈：f/8　感光度：ISO200

▲ 装在Olympus E-3上，镜身小巧，形成了强烈对比，十分有趣！

■线性失真DISTORTION

Olympus Zuiko Digital 25mm f/2.8 Pancake （测试相机：Olympus E-3）

25mm

> **25mm**
> 测试结果：水平差异约0.79%，垂直差异约0.31%
> 测试评论：桶状变形情况极轻微

■四角失光VIGNETTE

Olympus Zuiko Digital 25mm f/2.8 Pancake （测试相机：Olympus E-3）

25mm 　　　　　全开光圈：f/2.8

-1.09EV　　　　　　　-1.09EV

N

-1.09EV　　　　　　　-1.09EV

> **25mm**
> 测试结果：−1.09EV
> 测试评论：四角失光情况明显

■中央解像力RESOLUTION

Olympus Zuiko Digital 25mm f/2.8 Pancake （测试相机：Olympus E-3）

25mm 　　　　　最佳光圈：f/8

19

> **25mm**
> 测试结果：最佳光圈f/8
> 测试评论：此镜头最佳光圈f/8，解像力比全开光圈时有明显的提升

■规格SPEC.

Olympus Zuiko Digital 25mm f/2.8 Pancake

焦距	25mm
用于4/3系统	约50mm
视角	47°
镜片	4组5片
光圈叶片	7片
最大光圈	f/2.8
最小光圈	f/22
最近对焦距离	0.2m
最大放大倍率	0.19x
滤镜直径	43mm
体积	64 x 23.5mm
重量	95g
卡口	4/3卡口

■评测结论

　　这支镜头首次拿起时已十分惊喜，原因是它真的相当轻巧，实时装上相机后，相机的重量也没有显著增加，因此灵活性十足。而其成像素质在相同档次的镜头中也算理想，加上定价较为合理，相信可以吸引到不少用户的支持。

Lab test by Pop Art Group Ltd., © All rights reserved.

快门：1/500秒　光圈：f/8　感光度：ISO200

超轻巧两倍超广角镜头
Olympus 9-18mm f/4-5.6 ED

主要特点

●9—18mm超广角焦距，相当于135格式18—36mm●9组13片镜头结构，备有多片特殊镜片，包括1片ED非球面、1片非球面及1片DSA镜片●最近对焦距离为25cm●镜身轻巧，体积为79.5x73mm，重量仅为275克

■结构图

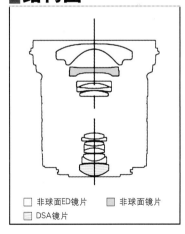

□ 非球面ED镜片　■ 非球面镜片
□ DSA镜片

■评分
（10分为满分） **7.5**

　　这支镜头基本是Olympus为入门用户精心准备的镜头。9-18mm相当于135格式的18-36mm，其实用性已无需怀疑，加上镜头的体积小巧，属设计合理之作，难怪不少入门用户会考虑！

4／3系统由于其特性，所有镜头的焦距都需要乘以2，才能获得135格式的等效焦距，因此，喜欢远摄的摄影人会非常喜欢。但是，4／3系统其实非常全面，除适合玩远摄外，也有不少广角镜头，以满足不同需要的4／3系统用户，Zuiko Digital 9－18mm f／4－5.6ED就是其中之一！

快门：1/400秒　光圈：f/5.6　感光度：ISO 400

入门系列超广角

Zuiko Digital 9－18mm f／4－5.6ED是Olympus另一支超广角镜头。在Olympus镜头群中，有两支镜头的焦距和这支9－18mm镜头十分相似，包括Zuiko Digital 7－14mm f／4ED及Zuiko Digital 11－22mm f／2.8－3.5，前者属"超高级"系列，后者则是"高级"系列。细心的用户会留意到，"入门"系列中并没有这种超广角镜头，9－18mm就是此系列中第一支超广角镜头，可说是入门用户的超广角之选。

虽然此镜头不属于高级镜头系列，但比较焦距，这支9－18mm也不弱，拥有相当于135格式18－36mm，比7－14mm镜头（相当于135格式14－28mm）相差不太远，而且比11－22mm镜头（相当于135格式22－44mm）更广角！

多片特殊镜片

虽然Zuiko Digital 9－18mm f／4-5.6 ED只是"普及"系列镜头，但成像素质也有保证。镜头结构为9组13片，当中有多片特殊镜片，以提升成像素质，包括1片ED镜片、1片非球面镜片及1片DSA（双面非球面镜）镜片，可见这支镜头也是用料十足！

而其他规格也算不错，例如最近对焦距离25cm、放大倍率为0.12X（相当于135格式0.24X）、视角为100°－62°及采用7片光圈叶片设计等。此外，比较7－14mm及11－22mm镜头，9－18mm还有一个优点，就是够轻巧！它的体积只有79.5x73mm，重量仅为275克，因此在携带时会无比轻松。

锐度令人满意

Zuiko Digital 9－18mm f／4-5.6ED成像素质又如何呢？经过测试发觉，此镜头的素质也是令人满意的！首先是解像力方面，此镜头的广角端和远摄端的解像力也算高，广角端的锐度比远摄端略高一些。其中在全开光圈时，四周有轻微的松散，边缘的锐度不及中央，直到收小至f／8光圈时，才有明显改善。而远摄端的18mm，也有类似情况，我们收至f／8光圈，则有所改善。另外是四角失光情况，在全开光圈时，9mm广角端的失光情况可察，但收小光圈后情况有明显改善，而18mm远摄端时的失光情况轻微，即使在严格测试中也没有发现明显的失光。至于变形方面，在9mm时有轻微变形，但情况并不严重，18mm远摄端时变形更是极为轻微，基本上不容易察觉。

用户如何选择

这支镜头不算Olympus的顶级之作，只属入门级的，但由于Olympus镜头一向有水平，即使入门级镜头也有不错的表现，因此，我们觉得选用此镜头不会令人失望。从某种程度上说，如果资金充足，可以选用更加顶级的7－14mm f／4或11－22mm f／2.8-3.5，以获得绝佳的锐度和耐用性。反之，如果是资金不足，选择此镜头也不必遗憾，有的用户更喜爱此镜头的轻便易用，按用户的要求各取所需选择即可！

■线性失真DISTORTION

Zuiko Digital 9-18mm f/4-5.6 ED （测试相机：Olympus E-520）

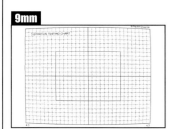

9mm
测试结果：水平差异约0.60%，垂直差异约
1.48%
测试评论：桶状变形情况轻微

18mm
测试结果：水平差异约0.14%，垂直差异约
0.28%
测试评论：枕状变形情况极轻微

■四角失光VIGNETTE

Zuiko Digital 9-18mm f/4-5.6 ED （测试相机：Olympus E-520）

9mm 全开光圈：f/4
-0.94EV   -0.94EV

N

-0.94EV   -0.94EV

18mm 全开光圈：f/5.6
-0.33EV   -0.33EV

N

-0.33EV   -0.33EV

9mm
测试结果：-0.94EV
测试评论：四角失光情况明显

18mm
测试结果：-0.33EV
测试评论：四角失光情况轻微

■中央解像力RESOLUTION

Zuiko Digital 9-18mm f/4-5.6 ED （测试相机：Olympus E-520）

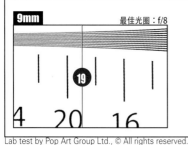

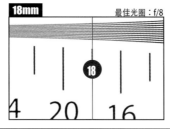

9mm
测试结果：最佳光圈f/8
测试评论：广角端最佳光圈在f/8，可见解像
力十分高，锐度比远摄端高一些。

18mm
测试结果：最佳光圈f/8
测试评论：远摄端的最佳光圈为f/8，锐度也
算高，已有不错的水平。

Lab test by Pop Art Group Ltd., © All rights reserved.

■规格SPEC.

Zuiko Digital 9-18mm f/4-5.6 ED	
焦距	9—18mm
用于4/3系统	约18—36mm
视角	100°－62°
镜片	9组13片
光圈叶片	7片
最大光圈	f/4—5.6
最小光圈	f/22
最近对焦距离	0.25m
最大放大倍率	0.12X
滤镜直径	72mm
体积	79.5x73mm
重量	275g
卡口	4/3卡口

■评测结论

　　试用这支镜头时，感觉的确十分轻巧，而且相当于135格式18—36mm的超广角焦距，实际使用时非常方便好用。另外，由于焦距较短，所以安全快门不用太快，因而即使没有大光圈，在使用上也不会有大的影响。成像方面，测试中可见锐度很高，也没有很明显的变形和四角失光情况，成像方面是没有问题的。

快门：1/640秒　光圈：f/5.6　观光度：ISO200

超大光圈超声波标准变焦镜皇
Olympus Digital 14-35mm f/2 ED SWD

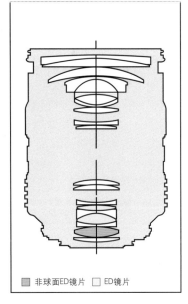

主要特点

● 14—35mm焦距，相当于135格式28—70mm ● 拥有f/2大光圈 ● 配备2片ED镜片、1片非球面ED镜片和1片非球面镜片 ● 加入SWD超声波马达技术

■结构图

■ 非球面ED镜片　□ ED镜片

■评分
（10分为满分）　**9.0**

　　一般的镜皇都是指焦距实用、全金属镜身、成像锐利、拥有大光圈的利器，但就算所指的大光圈一般也是f/2.8，极少像这支14-35mm那样，竟然有f/2大光圈，在变焦镜头中极少见。

Olympus推出的镜头，其素质很有保证，也得到不少用户的认同，由入门至最高级系列的镜头都成为用户追求的对象。而Zuiko Digital 14-35mm f/2 ED SWD具有顶级的规格，加上拥有相当于135格式28-70mm摄影师最常用的焦距，竟达f/2的超大光圈，是Olympus的顶级镜皇！

4/3标准变焦镜皇

这支Zuiko Digital 14-35mm f/2 ED SWD，焦距相当于135格式28-70mm，是摄影师最常用的焦距。在M4/3系统镜头中是唯一的一支，并没有相同的焦距，但有数支镜头是和ZD 14-35mm f/2 ED SWD比较接近的，例如ZD 14-54mm f/2.8-3.5、ZD 14-42mm f/3.5-5.6或ZD 14-45mm f/3.5-5.6，还有较早前推出的ZD 12-60mm f/2.8-4 ED SWD等等。这4支镜头分别属于"高级"至"入门"系列，但这次测试的ZD 14-35mm f/2 ED SWD就达到"超高级"的档次，是多支广角至中焦变焦镜头中最高级的一支！

极具吸引力的规格

Olympus这支ZD 14-35mm f/2 ED SWD可谓真材实料，除焦距实用外，规格上还有很多吸引人的地方。例如其f/2超大光圈，要比市面上其他品牌标准变焦镜皇的最大光圈f/2.8还要大，所以这支14-35mm的f/2光圈实在十分罕见，也显得更胜一筹。另外，此镜头的结构为17组18片，备有4片特殊镜片，包括2片ED镜片、1片非球面ED镜片和1片非球面镜片，令成像素质更有保证。

Olympus数支新镜头都加入了SWD超声波马达这种新技术，这支14-35mm新镜头也不例外。SWD技术为镜头提供更宁静和快速的自动对焦系统。Olympus官方曾表示，SWD马达在配合4/3系统DSLR后，其对焦速度都会比以往的镜头更快，而配合E-3效果更明显，可见SWD技术的价值。

实用性高的镜头

而此镜头在操作方面也很实用，由14mm变焦至35mm时，转动的幅度很小，基本上一下子就可转到35mm，并不需要太大的动作，而变焦环扭动时的感觉也很顺畅。这支镜头也支持全时手动对焦，当发觉针对微小目标时难以自动对焦，也可实时利用手动对焦拍摄。

此镜头体积为86x123mm，重量也有900克！拿在手上的感觉比较沉重，但反而令握持时更稳，而且镜头的用料除变焦环和对焦环外，有着很不错的金属质感，所以手感相当不错。还有一个重要的特点，就是它拥有防水滴防尘设计，卡口边也有防水胶边，保证了镜头的耐用性，配合有全天候设计的E-3时，可发挥更全面的防水防尘功效。

成像素质理想

作为镜皇，除了要达到操作方便和实用外，成像素质就是最重要的了，而通过测试发觉，此镜头的成像也有一定水平。

在解像力测试方面，广角端的锐度比远摄端更佳，可发现在广角和远摄端全开光圈f/2时的解像力属一般，但收小一级光圈至f/2.8时，锐度已有改善。而此镜头广角和远摄端的最佳光圈均在f/8，解像力有不错的表现。

四角失光方面，广角和远摄端的情况相似，14mm时略为明显一点，尤其在全开光圈f/2时较易察觉，但光圈收小至f/2.8时失光情况已明显下降，至f/4时已不明显。此镜头变形情况不严重，14mm时只察觉有轻微的桶状变形，而35mm时枕状变形情况属极轻微，基本上并不容易察觉此镜头有变形。

贵得有道理

这支ZD 14-35mm f/2 ED SWD整体使用感觉很有水平，成像素质也有不错的水平，作为一支常备的镜头再好不过。但此镜头也有不足之处，首先，它的重量并不是人人都愿意承受，其900g的重量，比一部E-3机身还要重，E-3的重量仅为810克。加上镜头的价格不菲，有些用户会考虑其他同样大光圈、但轻便一些的镜头。不过如果负担得起，这支镜头也贵得有道理：相当于135格式28-70mm的实用焦距、f/2特大光圈、SWD超声波马达、防水防尘设计、不错的握持和操作手感以及成像素质也达一定水平。这些特点都物有所值，对于Olympus粉丝来说这支镜头也有其受追捧的理由！

■线性失真DISTORTION

Zuiko Digital 14-35mm f/2 ED SWD （测试相机：Olympus E-3）

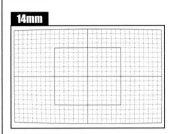

14mm

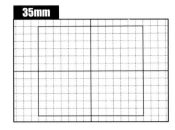

35mm

14mm
测试结果：水平差异约0.92%，垂直差异约0.46%
测试评论：桶状变形情况轻微

35mm
测试结果：水平差异约0.048%，垂直差异约0.17%
测试评论：枕状变形情况极轻微

■四角失光VIGNETTE

Zuiko Digital 14-35mm f/2 ED SWD （测试相机：Olympus E-3）

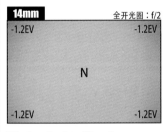

14mm 　全开光圈：f/2
-1.2EV　　　　-1.2EV
N
-1.2EV　　　　-1.2EV

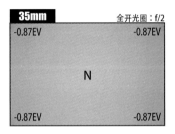

35mm 　全开光圈：f/2
-0.87EV　　　-0.87EV
N
-0.87EV　　　-0.87EV

14mm
测试结果：约−1.2EV
测试评论：四角失光情况明显

35mm
测试结果：约−0.87EV
测试评论：四角失光情况轻微

■中央解像力RESOLUTION

Zuiko Digital 14-35mm f/2 ED SWD （测试相机：Olympus E-3）

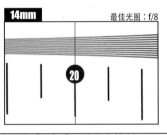

14mm 　最佳光圈：f/8

（20）

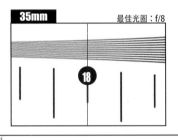

35mm 　最佳光圈：f/8

（18）

14mm
测试结果：最佳光圈f/8
测试评论：使用f/8光圈时，解像力有明显的提升

35mm
测试结果：最佳光圈f/8
测试评论：远摄端收小至f/8光圈时锐度有很大改善

Lab test by Pop Art Group Ltd., © All rights reserved.

■规格SPEC.

Zuiko Digital 14-35mm f/2 ED SWD	
焦距	14−35mm
用于4/3系统	约28−70mm
视角	75° − 34°
镜片	17组18片
光圈叶片	9片
最大光圈	f/2
最小光圈	f/22
最近对焦距离	0.35m
最大放大倍率	0.12x
滤镜直径	77mm
体积	86 x 123mm
重量	900g
卡口	4/3卡口

■评测结论

这支镜头拥有相当于135格式的28−70mm焦距，正是摄影师常用的焦距，而且加上其f/2大光圈，大大提高了灵活性，也加入了多片特殊镜片和SWD超声波马达技术。从规格上来看，可知此镜头是用心之作，相信可以成为4/3系统用户的新一代标准变焦镜皇！

快门：1/4秒 光圈：f/8 光光度：ISO400

独特伸缩结构标准变焦镜头
Olympus 14-42mm f/3.5-5.6 ED

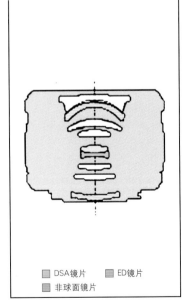

主要特点

●14—42mm，相当于135格式的28—84mm ●镜身可以伸缩，平时保持于较短状态 ●镜头轻便，仅重190克

■结构图

- DSA镜片
- ED镜片
- 非球面镜片

随着Olympus的E-P1推出，M4/3系统正式确立，同时这支M4/3镜头也面世。此镜头的特色是镜身可以伸缩，不用时保持着较短状态，其用意正是配合M4/3机身的超薄特色，而其焦距是14-42mm，相当于135格式的28-84mm，也十分实用！

■评分
（10分为满分）

8.0

151

14-42mm焦距示范

▲ 14mm（相当于135格式28mm）　▲ 42mm（相当于135格式84mm）

在M4/3系统出现时，暗地里定下了M4/3镜头的形态，由于M4/3机身小巧轻薄，其镜头也不能太大，否则失去M4/3的本意了。但要考虑小巧，又要顾及变焦，怎样做呢？Olympus想到伸缩镜身的主意！

收起镜管缩减体积

这支M.Zuiko Digital 14-42mm f/3.5-5.6 ED镜头，是E-P1套机镜头中的一支，属于常用的变焦镜头，适合大部分用户。14-42mm涵盖广角至中焦，相当于135格式28-84mm的焦距。

此镜头最特别的地方，可以说是镜身的设计。它的镜身上设有一个"UNLOCK"按键，它的作用是当用户不拍摄时，可按着"UNLOCK"把伸出的镜管转动收入镜身内，缩小体积。而把镜筒收入后，会处于不能拍摄的状态，需要转动变焦环把镜筒伸出，才能拍摄，这时并不需要按着"UNLOCK"键，这设计有点像普通数码相机开关电源时镜头会自动伸缩的情况。另外，由广角端变焦至远摄端时，镜筒并没有什么变化。而在变焦环的前端，也设有手动对焦环，对焦环的操作感觉也算流畅。因为对焦时LCD上的影像会放大，所以使用时会更加方便。

多片特殊镜片提升素质

从此镜头的规格上也可见生产商下足功夫，例如它的镜头结构为8组9片，但当中就包含多片特殊镜片，用于提升光学表现，包括1片ED镜片、1片DSA镜片和

2片非球面镜片，有接近一半的镜片是特殊镜片了。

这支镜头的其他规格包括最近对焦距离为0.25m、放大倍率为0.24倍、光圈叶片采用7片的设计、视角为75°-29°、滤镜直径40.5mm、体积为62x43.5mm、重量是150克。

镜身轻巧易操作

这支镜头因为十分小巧，所以拿在手上操作感觉很轻便，也相当灵活，14mm变焦至42mm也很快速，而那"UNLOCK"键只要习惯了，使用起来也相当易用和迅速。从使用的角度而言，它是一支颇好用的镜头。

这支镜头的光学素质也令人满意，例如解像力方面，14mm全开光圈f/3.5时，解像力已很高，最佳光圈是f/5.6，锐度也有提升，而由f/3.5至f/11的解像力表现都很稳定，到f/16时才开

始略为下降。其他焦段的表现都相当接近，但可察觉，越接近远摄端时，解像力也有略微下降的迹象，到42mm远摄端时锐度仍算理想，但和广角端时相比有明显的差别。

接下来是四角失光的测试。14mm全开光圈时，失光也算轻微，而各个焦段的表现都很相似，42mm全开光圈时的四角失光情况也不显著。而在收小光圈后更有进一步的改善，此镜头配合E-P1时的失光抑制能力很不错。

最后是线性失真的测试，可以发现各个焦段大致来说变形都十分轻微，只有14mm广角端时出现轻微的桶状变形。综合以上的测试，此镜头虽然是套机镜头，但光学表现十分理想，有很高的成像素质，操作也足够灵活和方便，是一支值得选购的镜头。

▲ 这支镜头专为M4/3相机而设，为了和小巧机身匹配，特设计为镜身可伸缩结构。

■线性失真DISTORTION

M. Zuiko Digital 14-42mm f/3.5-5.6 ED （测试相机：Olympus E-P1）

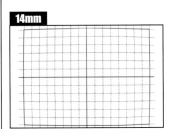

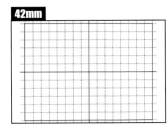

14mm
测试结果：水平差异约0.95%，垂直差异约0.48%
测试评论：桶状变形情况轻微

42mm
测试结果：水平差异约0.16%，垂直差异约0.17%
测试评论：枕状变形情况极轻微

■四角失光VIGNETTE

M. Zuiko Digital 14-42mm f/3.5-5.6 ED （测试相机：Olympus E-P1）

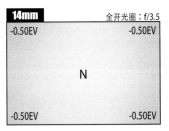

14mm　全开光圈：f/3.5
-0.50EV　-0.50EV
N
-0.50EV　-0.50EV

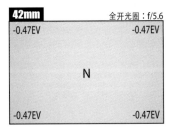

42mm　全开光圈：f/5.6
-0.47EV　-0.47EV
N
-0.47EV　-0.47EV

14mm
测试结果：-0.50EV
测试评论：四角失光情况轻微

42mm
测试结果：-0.47EV
测试评论：四角失光情况极轻微

■中央解像力RESOLUTION

M. Zuiko Digital 14-42mm f/3.5-5.6 ED （测试相机：Olympus E-P1）

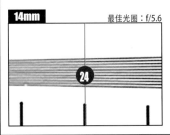

14mm　最佳光圈：f/5.6
24

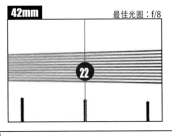

42mm　最佳光圈：f/8
22

14mm
测试结果：最佳光圈f/5.6
测试评论：14mm广角端最佳光圈f/5.6，锐度理想。

42mm
测试结果：最佳光圈f/8
测试评论：远摄端最佳光圈是f/8，锐度仍不错，但比14mm时有明显的差别。

Lab test by Pop Art Group Ltd., © All rights reserved.

■规格SPEC.

M. Zuiko Digital ED14-42mm f/3.5-5.6

焦距	14—42mm
用于M4/3系统	约28—84mm
视角	75°－29°
镜片	8组9片
光圈叶片	7片
最大光圈	f/3.5—5.6
最小光圈	f/22
最近对焦距离	0.25m
最大放大倍率	0.24x
滤镜直径	40.5mm
体积	62x43.5mm
重量	150g
卡口	M4/3卡口

■评测结论

　　这支镜头的设计的确很有特色，能够收缩自如，携带起来非常方便。而相当于135格式28－84mm的焦距也很够用，轻巧灵活，操作方便。另外，从测试中也可看出，它同时还具有不错的光学素质，虽然只是一支套机镜头，但整体表现已经令人满意。

快门：1/200秒　光圈：f/6.3　感光度：ISO800

超低色散轻便超远摄变焦镜头
Olympus Digital 70-300mm f/4-5.6 ED

主要特点

● 70-300mm的焦距,相当于135格式的140-600mm ● 镜身轻巧,重量约620克 ● 在10组14片的镜头结构中,含有3片ED镜片

■结构图

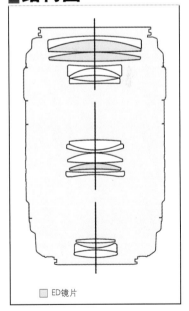

□ ED镜片

Olympus镜头的焦距都要乘系数2,这支70-300mm马上变成140-600mm,变成彻头彻尾的超远摄镜头了。虽然光圈不算太大,但在机身防抖的辅助之下,也不失为好用的镜头。

■评分
(10分为满分) **7.0**

4/3相机的最大特色是焦距乘以2X转换系数后，能发挥出另一种镜头特性，在等效焦距增长后尽情地玩长焦摄影！Olympus的Zuiko Digital 70–300mm f/4–5.6 ED，在配合4/3系统相机的2倍焦距转换特性，就尽可以玩到相当于135格式的600mm焦距！

◀ 这支 Olympus 远摄变焦镜头，加入了ED镜片，改善成像素质。

相当于140-600mm

70–300mm这个焦距也是十分好用的远摄焦距，配合4/3系统相机，如Olympus E–3时，在乘以2X转换系数后，可拥有相当于135格式的140–600mm焦距！相信会是一支实用性不错的远摄镜头吧。配合其轻巧的镜身，可以让用户在拍摄时的机动性大大增加！镜头的体积约为80x127.5mm，重量约620克，无论携带还是使用上都相当方便。

3片ED镜片提升素质

这支镜头并没有加入SWD超声波马达技术，相信是因为此镜头的定位并不是Olympus E系列镜头中的"高级"或"超高级"系列的镜头。

但没有SWD不代表镜头素质低，Olympus的E系列镜头一直都保持着一定的水平，这支新镜头仍能继承这种表现。Olympus在很多E系列镜头中都采用了ED（超低色散）镜片，这支70–300mm镜头也一样，在10组14片的镜头结构中，加入了3片ED镜片，对于远摄变焦镜头来说，可有效改善色差问题，对提升成像素质有帮助。

这支镜头的最大光圈值为f/4-5.6，虽然不是大光圈，但如果用上最远摄的300mm（相当于135格式的600mm）时，光圈值为f/5.6，再加上9片光圈叶片

的设计，相信也可以营造不错的小景深效果。而最近对焦距离也属合理水平，如果使用手动对焦时，最近对焦距离为0.96m，而使用自动对焦时，则需要1.2m的距离，以远摄镜头来说已是灵活性高的对焦距离；而且最大放大倍率达0.5x（相当于135格式的1.0x），这个放大倍率足以令这支镜头兼容为微距镜头使用。而试用中发觉，以300mm时手动对焦作微距拍摄的效果较佳。

解像力合理

这支Zuiko Digital 70–300mm f/4–5.6 ED虽然不是E系列中的高级镜头，但通过测试，我们也可以看到这支镜头的成像表现也不弱，甚至有接近高级镜头的成像素质！

在解像力方面，这支镜头在广角端时的解像力最佳，在70mm时，最佳光圈为f/8，锐度很高。而在远摄端300mm时，最佳解像力和广角端很接近，最佳光圈也在f/8，解像力也令人满意。

另外，在四角失光和变形方面都有良好的表现。广角端70mm时全开光圈为f/4，失光的情况极轻微，收小一级光圈至f/5.6时情况进一步改善。在300mm远摄端的情况相似，全开光圈f/5.6时的失光情况极轻微，收小一级光圈至f/8时已不容易察

觉。变形方面，70mm及300mm焦距时的变形情况均不算明显，一般情况拍摄不容易察觉其变形。

具灵活性镜头

整体来说，Zuiko Digital ED 70–300mm f/4–5.6这支镜头在成像素质上有不错的表现，如果与同级镜头比较，也可令人满意。加上其70–300mm的焦距，在4/3系统中相当于135格式140–600mm的焦距，配合其轻巧的镜身，会是一支灵活性很高的远摄镜头。比较可惜的是，此镜头不具备内对焦功能，所以在对焦时镜筒会有旋转和伸缩的动作。手动对焦时，以电子马达驱动，感觉不够流畅。

如果觉得600mm的焦距还不够，用户还可以配上Olympus推出的增距镜。例如拥有2X的EC–20或1.4X的EC–14，假设用户为70–300mm这支镜头配上EC–20增距器，最远的300mm在焦距转换后有600mm，如果再乘以2X就达1200mm！但用户就要留意最大光圈也同时会收小2级，如f/5.6就会收小至f/11，如果不是在光源充足的环境下可能会较为难用。也要注意安全快门，在1200mm的焦距下快门需要在1/1250秒或更快。不过，如果是配合具有防抖功能的4/3系统相机，都可利用其防抖功能在较慢的快门速度下仍能顺利拍摄。

■线性失真 DISTORTION

Olympus Zuiko Digital 70-300mm f/4-5.6 ED（测试相机：Olympus E-3）

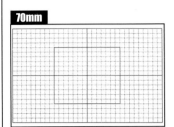
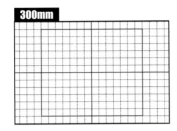

70mm
测试结果：水平差异约0.25%，垂直差异约0.36%
测试评论：桶状变形情况极轻微

300mm
测试结果：水平差异约0.02%，垂直差异约0.09%
测试评论：枕状变形情况极轻微

■四角失光 VIGNETTE

Olympus Zuiko Digital 70-300mm f/4-5.6 ED（测试相机：Olympus E-3）

70mm 全开光圈：f/4
N-0.35EV   N-0.35EV
          N
N-0.35EV   N-0.35EV

300mm 全开光圈：f/5.6
N-0.42EV   N-0.42EV
          N
N-0.42EV   N-0.42EV

70mm
测试结果：−0.35EV
测试评论：四角失光情况极轻微

300mm
测试结果：−0.42EV
测试评论：四角失光情况极轻微

■中央解像力 RESOLUTION

Olympus Zuiko Digital 70-300mm f/4-5.6 ED（测试相机：Olympus E-3）

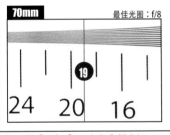
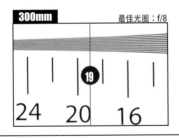

70mm
测试结果：最佳光圈f/8
测试评论：70mm时最佳光圈为f/8，解像力提升不少

300mm
测试结果：最佳光圈f/8
测试评论：远摄端时f/8光圈解像力最佳

Lab test by Pop Art Group Ltd., © All rights reserved.

■规格 SPEC.

Olympus Zuiko Digital 70-300mm f/4-5.6 ED	
焦距	70−300mm
用于4/3系统	约140−600mm
视角	18° − 4.1°
镜片	10组14片
光圈叶片	9片
最大光圈	f/4−5.6
最小光圈	f/22
最近对焦距离	0.96m（手动）
最大放大倍率	0.50x
滤镜直径	58mm
体积	80 × 127mm
重量	620g
卡口	4/3卡口

■评测结论

这支镜头在乘以系数后拥有相当于135格式140−600mm的焦距，适合爱玩远摄的摄影人。加上轻巧的镜身，携带方便，使这支远摄变焦镜头更吸引人！加入ED镜片后，提高了成像素质，已接近高级镜头，可见ED镜片发挥的功效。可惜未加入SWD超声波马达及内对焦功能。

快门：1/4000秒　光圈：f/1.4　感光度：ISO100

极品大光圈徕卡4/3标准镜皇
Leica D Summilux 25mm f/1.4 ASPH

主要特點

●f/1.4大光圈，可营造小景深效果
●相当于135格式的50mm焦距●具备
3片ED镜片，有效提高成像素质●4/3
系统卡口，适用于各4/3系统相机

■结构图

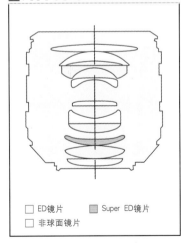

□ ED镜片　　■ Super ED镜片
□ 非球面镜片

■评分
（10分为满分）
9.0

　　4/3系统的普及，已经成为一个主流的可换镜头相机系统，而4/3系统中众多的镜头里，要找其中的一支顶级镜皇，肯定有Leica D Summilux 25mm f/1.4 ASPH的份儿。它是由两家4/3生产商Panasonic与Leica倾力合作推出的顶级大光圈标准焦距定焦镜皇，4/3系统用户不能不认识！

在数码相机系统中，除大家熟悉的APS-C及全画幅外，4/3系统深受摄影人喜欢。而早前，两家4/3系统相机生产商Panasonic及Leica合作推出的Leica D Summilux 25mm f/1.4 ASPH，是4/3系统中首支大光圈标准定焦镜头。

首支4/3标准定焦镜皇

这支Leica D Summilux 25mm f/1.4 ASPH是4/3卡口镜头，也可以用于4/3卡口的不同相机，包括Leica及Olympus的DSLR。

而此镜头在4/3系统下，焦距要乘转换系数，即相当于135格式的50mm。50mm焦距的镜头一贯被认为是标准定焦镜头，虽然近年4/3系统的镜头不断推出，但细心的用户应该都会发觉，在众多4/3镜头中，相当于135格式50mm焦距的标准镜头选择甚少，而且还要配备超大光圈的，就只有这支Leica D Summilux 25mm f/1.4 ASPH。

人像镜头新选择

先看这支镜头的规格，它拥有f/1.4大光圈，在光线不足的情况下仍可保持一定的快门速度，无疑可降低手抖的影响。而其f/1.4的大光圈再配上7片的光圈叶片，已可营造出显著的小景深效果，背景更加虚化，主体自然更突出，拍摄人像作品会有更理想的效果。

另外，此镜头成像素质非常高，原因之一是它配备了多片特殊镜片，包括3片ED镜片、1片Super ED镜片和1片非球面镜片，大大地改善了色差，让色彩和影像更鲜艳、锐利。

高素质镜身设计

此镜头除规格吸引人外，其镜身设计也不错，整支镜头在手持的时候由于有一定的重量，感觉相当结实、稳重。在镜身上设有光圈环，用户可以配合转动光圈环来改变光圈值；而且手动对焦时，变焦环的转动也十分流畅，所以手动对焦拍摄的感觉和以往的手动镜头有点相似，如果喜欢手动镜头的用户应该会喜欢这支镜头。

但除手动对焦拍摄的感觉不错外，其自动对焦也表现相当良好。我们在试用中发现，自动对焦也十分准确，而且对焦时也算宁静，一般情况下不容易察觉。从各方面来看，这支Leica D Summilux 25mm f/1.4 ASPH属于一支不错的标准定焦镜头，为4/3系统的用户带来一个不错的新选择。

大光圈失光也轻微

最后，我们来看一看这支镜头实际测试的成像素质。先看解像力的表现，发现此镜头全开光圈时，锐度也十足，而且各级光圈的解像力也相当接近，最佳光圈是f/8，锐度仍有一些提升。

另外，四角失光的测试更令人惊喜。虽然此镜头为f/1.4超大光圈，但测试发觉它在全开光圈时的失光情况只算轻微，以大光圈镜头来说的确少见，而且在收小光圈后，情况得到进一步的改善，至f/5.6光圈时已经难以察觉失光情况。线性失真测试方面，就可见到此镜头的桶状变形情况极轻微。

快门：1/4000秒　光圈：f/1.4　感光度：ISO100

▲ 此镜头采用了金属镜身，操作手感很不错，十分扎实稳重，不失为镜皇级别。

规格SPEC.

Leica D Summilux 25mm f/1.4 ASPH	
焦距	25mm
用于4/3系统	约50mm
视角	47°
镜片	9组10片
光圈页片	7片
最大光圈	f/1.4
最小光圈	f/16
最近对焦距离	0.38m
最大放大倍率	0.17x
滤镜直径	62mm
体积	77.7 x 75mm
重量	510g
卡口	4/3卡口

线性失真DISTORTION

Leica D Summilux 25mm f/1.4 ASPH （测试相机：Olympus E-410）

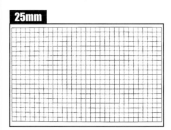

25mm

测试结果：水平差异约0.08%，垂直差异约0.32%

测试评论：桶状变形情况极轻微

四角失光VIGNETTE

Leica D Summilux 25mm f/1.4 ASPH （测试相机：Olympus E-410）

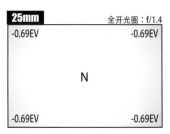

25mm　全开光圈：f/1.4

−0.69EV　　−0.69EV

N

−0.69EV　　−0.69EV

25mm

测试结果：−0.69EV

测试评论：四角失光情况轻微

中央解像力RESOLUTION

Leica D Summilux 25mm f/1.4 ASPH （测试相机：Olympus E-410）

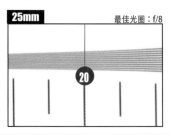

25mm　最佳光圈：f/8

25mm

测试结果：最佳光圈f/8

测试评论：此镜头各级光圈的解像力很接近，而最佳光圈在f/8，锐度理想

Lab test by Pop Art Group Ltd., © All rights reserved.

评测结论

此镜头的f/1.4大光圈很好用，不但可营造相当不错的小景深效果，而且大光圈在光线不足的环境中拍摄时十分有用。而且对焦速度也快，加上此镜头采用了多片特殊镜片来提升光学素质，成像表现不俗。

整体来说，从镜身设计、操作手感和成像画质等各方面的表现，都说明了这支镜头相当高的素质。虽然此镜头属于顶级镜头，但4/3用户如果想要一支高质量的大光圈标准镜头，一定要考虑这支，它不会令你后悔。

快门：1/60秒　光圈：f/4　感光度：ISO200

M4/3专用非球面超广角镜皇
Panasonic LUMIX G VARIO 7-14mm f/4 ASPH

主要特点

●7-14mm超广角变焦镜头，为M4/3系统专用，拥有相当于135格式14—28mm焦距●内含多片特殊镜片，有效提升成像素质●采用7片光圈叶片设计●最近对焦距离为25cm，最大放大倍率为1：6.7●影像涵盖视角达114°—75°

■结构图

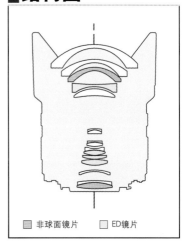

□ 非球面镜片　　□ ED镜片

■评分
(10分为满分)　　**8.5**

这支由Panasonic推出的LUMIX G VARIO 7-14mm f/4 ASPH，是一支专为M4/3系统相机而设计的超广角镜头。其7mm的广角端，相当于135格式的14mm，绝对足够将眼前的广阔景色全部摄入画面之中，也可让摄影人作超近距离抓拍之用。

广角镜头之所以受欢迎，是因为它方便易用，能够应付大部分的拍摄题材。而M4/3相机由于机身比数码单反轻巧，成像素质又够高，因此不少爱好抓拍的摄影人都会选择M4/3系统相机作街头抓拍之用。而Panasonic推出的LUMIX G VARIO 7—14mm f/4 ASPH，就能给用户体验超广角的拍摄乐趣，无论是街头抓拍还是风景题材，这支镜头都能够满足用户需要。

◀ 采用花瓣形遮光罩，有利于减少镜头出现的眩光。

M4/3系统超广角镜头

这支LUMIX G VARIO 7—14mm f/4 ASPH，当用于M4/3系统的相机时，拥有相当于135格式14—28mm焦距，用来拍摄壮阔的风景题材，绝对有优势。除此之外，此镜头拥有恒定的f/4光圈，能够方便摄影人在室内环境中，以较快的快门速度捕获影像，让摄影人的拍摄更加富有弹性。

镜身轻巧拍摄轻松

由于要配合轻巧的M4/3系统相机机身，这支镜头在设计上也走轻便路线。它并没有采用金属镜身，重量只有约300克，而体积则跟Panasonic另外两支变焦镜头相当，为70x83.1mm。因此，此镜头的好处之一就是轻便，方便在户外摄影时携带，装在相机上拍摄很长时间也不会觉得疲惫。

另外，这支镜头的操作舒适度也令人感到满意。首先，这支镜头的手感相当不错，重量适中，当镜头安装在相机上之后，其重量分布也算平衡，不会有种"头重机轻"的感觉。此外，这支镜头的变焦环转动时十分流畅，由广角端7mm变焦至14mm时，所需的转动距离也很短，所以能方便快捷地为镜头进行变焦，而变焦后镜头也不会伸缩。还有，此镜头采用了金属卡口，做工给人一种相当扎实的感觉。

对焦反应迅速

LUMIX G VARIO 7—14mm f/4 ASPH的自动对焦反应也不俗，对焦时没有感到半点迟滞。而当焦点由近处改为无限远时，它也能迅速完成对焦，可谓相当爽快。

特殊镜片提升画质

此外，这支镜头用上了多片特殊镜片，以提升镜头的光学表现。在12组16片的镜头结构中，它采用了多达4片的ED镜片，和2片非球面镜片，有效提高影像的锐度、减少照片的色差。另外，镜头表面的多重镀膜及内置的花瓣形遮光罩也能有效减少镜头逆光时出现的眩光情况。

至于镜头的其他基本规格方面，其f/4恒定光圈在大部分情况下已经够用。另外，这支镜头采用了7片光圈叶片设计、涵盖视角为114°—75°、最近对焦距离为25cm、最大放大倍率为1：6.7。

镜头画质表现出众

综合各项画质的测试来看，LUMIX G VARIO 7—14mm f/4 ASPH的成像素质表现相当高。首先，在镜头解像力方面，可见镜头在7mm广角端跟14mm远摄端的中央解像能力相当接近，锐度也很高，没有明显差别；而如果比较边缘解像力时，就以14mm为佳。此外，两个焦距各级光圈的锐度表现也相当，即使是全开光圈也有不俗的解像力，而两个焦距的最佳光圈均在f/5.6。

接着的是线性失真测试，从结果来看，这支镜头的变形情况并不算严重。不过它毕竟是一支超广角镜头，所以变形情况比一般镜头略为明显，也不算过分。

而在最后的四角失光测试当中，我们可见在7mm广角端全开光圈时，失光情况才会较为明显，而收小光圈后情况便会得到改善；而远摄端的失光情况跟广角端时相当，当收小1级光圈，失光情况已得到明显的改善。总的来说，LUMIX G VARIO 7—14mm f/4 ASPH是一支成像素质相当不错的超广角镜头。

■线性失真DISTORTION

Panasonic LUMIX G VARIO 7-14mm f/4 ASPH （测试相机：Panasonic DMC-GH1）

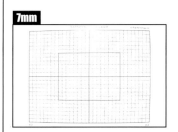

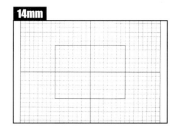

7mm
测试结果：水平差异约0.98%，垂直差异约2.3%
测试评论：桶状变形情况可察

14mm
测试结果：水平差异约0.00%，垂直差异约0.26%
测试评论：桶状变形情况极轻微

■四角失光VIGNETTE

Panasonic LUMIX G VARIO 7-14mm f/4 ASPH （测试相机：Panasonic DMC-GH1）

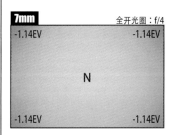

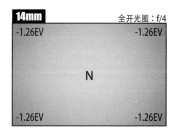

7mm
测试结果：约-1.14EV
测试评论：四角失光情况可察

14mm
测试结果：约-1.26EV
测试评论：四角失光情况可察

■中央解像力RESOLUTION

Panasonic LUMIX G VARIO 7-14mm f/4 ASPH （测试相机：Panasonic DMC-GH1）

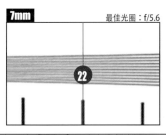

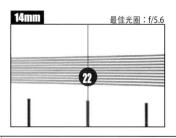

7mm
测试结果：最佳光圈f/5.6
测试评论：7mm时的最佳光圈在f/4，锐度表现不俗

14mm
测试结果：最佳光圈f/5.6
测试评论：远摄端时的最佳光圈在f/5.6，解像力更佳

Lab test by Pop Art Group Ltd., © All rights reserved.

■规格SPEC.

LUMIX G VARIO 7-14mm f/4 ASPH

焦距	7-14mm
用于M4/3	约14-28mm
视角	114° - 75°
镜片	12组16片
光圈叶片	7片
最大光圈	f/4
最小光圈	f/22
最近对焦距离	0.25m
最大放大倍率	0.15x
滤镜直径	—
体积	70x83.1mm
重量	300g
卡口	M4/3卡口

■评测结论

这支镜头是目前市面上M4/3系统中唯一的超广角镜头，它的超广角焦距相当好用，对于喜爱近距离抓拍和拍摄广阔景色的用户来说，这支LUMIX G VARIO 7-14mm f/4 ASPH镜头绝对很有吸引力。从成像素质来看，这支镜头的光学表现也相当不俗。因此，这是一支既好玩，又实用的超广角镜头！

▲ 镜头采用金属卡口，做工扎实。

快门：1/90秒　光圈：f/9.5　感光度：ISO100

限量版轻巧中焦镜头
Pentax DA 70mm f/2.4 AL Limited

主要特点

●70mm限量版DA镜头，相当于135格式105mm●具备f/2.4大光圈●镜头短小，长度仅26mm●采用了SP镀膜，具备很好的防水防油能力●全金属镜身，耐用性高●内置金属遮光罩，可以收在镜头内●对焦速度很快，反应不错

■结构图

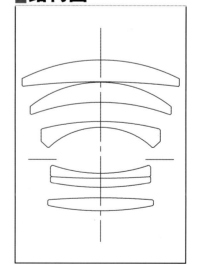

■**评分**
（10分为满分）

8.0

Pentax推出了很多限量版镜头，这支是Pentax为人像摄影用户推出的70mm f/2.4 AL镜头。由于它专为数码相机而设，所以镜头的焦距需要乘以1.5转换系数，相当于135格式的105mm，正适合人像拍摄，难得的是这支镜头很小巧，也很少见到这么短小的70mm定焦镜头。

这是一支Pentax限量版中焦镜头，定焦70mm，f/2.4大光圈，焦距相当于135格式的105mm。细心的摄友应该知道还有一支smc FA 77mm f/1.8 Limited，焦距接近，只是这支属于DA镜头。不仅如此，而且此镜头只有26mm长度，非常短小，更加易用。

◄ 采用全金属制造的镜头，坚固耐用，但做得并不沉重，只有130克。

镜头用料高级

凡是Pentax的限量版镜头，都拥有极高的品质，这一支也不例外，全金属制造，黑色外壳，无论耐用性还是坚固性都不是问题，而且很美观，有收藏价值。镜头有f/2.4光圈，拍摄照片有很虚化的小景深效果。

这支镜头很短小，长度只有26mm。这也令镜头很好玩，轻盈小巧，连金属遮光罩也收在镜身内，让镜头更短。

本来很多Pentax镜头都有光圈环，只是DA限量版的镜头，设计都非常短小，不设光圈环。这支也是一样的，没有光圈环，虽然是金属制造，但很轻便，只有130克，比一般镜头轻盈。

这支镜头有SP镀膜，具备防水防油能力，提升了镜头的保护性能，镜头有5组6片镜片，最近对焦距离是0.7m，最大放大倍率为0.12x。

对焦速度满意

很有趣的是，这支镜头的手动对焦环做得很顺滑，用起来很有传统味道。我们试过不用自动对焦，而只用手动，并配合Pentax K-7的取景器，能很准确地控制焦点。如果是经历了手动对焦年代的摄友，一定能分清手动镜头的对焦环转动范围很宽，能够仔细控制焦点，现在这支

70mm就是这样。

虽然这支镜头极为小巧，但它也设有景深尺。其实不仅这支镜头，很多Pentax镜头也都一样，特别是那些限量版的，我们觉得这是给用户一种使用上的方便。因为很多Pentax用户都非常传统，他们希望保留之前的使用习惯，而景深尺就是其中之一。

当然现在拍摄已经以自动对焦为主，我们也不用担心。Pentax的限量版镜头一向有很好的对焦反应，我们试过多支限量版镜头都是这样，对焦很快速，没有令我们失望。此镜头也是一样，对焦速度很快，就算在很暗的地方拍摄，都有不错的对焦反应，对准主体不难。

成像锐度不俗

这支镜头的成像素质也令人满意。由于是70mm镜头，变形已经不是我们担心的问题，只要我们不过于精细地计算的话，根本不知道镜头有变形。而四角失光只是在f/2.4出现，因为是大光圈镜头，所以有失光是很正常

快门：10秒　光圈：f/8　感光度：ISO100

的，我们收小一点光圈，这种情况就不会出现了。

另外，在解像力方面，由于Pentax的限量版镜头一向有很高成像水平，所以我们也不担心。这次测试的结果也一样，在f/2.4光圈，镜头中央和边缘锐度接近，有轻微紫边现象，我们可以收小一点光圈，在f/5.6时，紫边已经消失了；而在f/8时，解像力大幅提升，中央锐度很高，整支镜头的表现是相当不错的。

很有味道的镜头

说起来，有很多用户非常喜欢Pentax镜头的色调。就传统来说，Pentax镜头有"德味"，这是对Pentax镜头的赞誉，因为很多用户觉得Pentax镜头非常柔和，色调丰富，不像传统日本镜头那样高反差，拍摄的照片很好看。如果真的想知道Pentax是不是真的有这种"德味"，那试试此镜头就能知道了，因为这支镜头拍摄的照片正是这样，照片的柔和自然，让人一试倾心。

▲ 如果要怀疑此镜头的锐度，实在是多此一举了。

■线性失真 DISTORTION

Pentax DA 70mm f/2.4 AL Limited（测试相机：Pentax K-7）

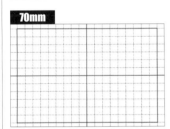

70mm

▶ 70mm
测试结果：水平差异约0.20%，垂直差异约0.09%
测试评论：枕状变形极轻微

■四角失光 VIGNETTE

Pentax DA 70mm f/2.4 AL Limited（测试相机：Pentax K-7）

70mm 　　　　　　全开光圈：f/2.4

-0.71EV　　　　　　　　　-0.71EV

N

-0.71EV　　　　　　　　　-0.71EV

▶ 70mm
测试结果：-0.71EV
测试评论：四角失光极轻微

■中央解像力 RESOLUTION

Pentax DA 70mm f/2.4 AL Limited（测试相机：Pentax K-7）

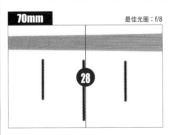

70mm 　　　　　　最佳光圈：f/8

28

▶ 70mm
测试结果：最佳光圈f/8
测试评论：锐度有很不错的表现

Lab test by Pop Art Group Ltd., © All rights reserved.

■规格 SPEC.

Pentax DA 70mm f/2.4 Limited	
焦距	70mm
用于APS-C	约105mm
视角	23°
镜片	5组6片
光圈叶片	9片
最大光圈	f/2.4
最小光圈	f/22
最近对焦距离	0.7m
最大放大倍率	0.13x
滤镜直径	49mm
体积	63 x 26mm
重量	130g
卡口	K卡口

■评测结论

　　这支镜头有很多优点，小巧易用，很轻且很短，一点都不像常见的70mm镜头。虽然没有镜身马达，但对焦速度非常快，很难得。加上镜头的锐度没有妥协，让人感到Pentax推出此镜头的诚意。如果用户喜欢人像摄影，此镜头的色调柔和，层次丰富，给人难忘的体验，选购后绝对不会后悔。

快门：1/30秒　光圈：f/4　感光度：ISO400

实用2倍超广角镜头
Pentax DA 12-24mm f/4 ED AL

主要特点

●12-24mm，相当于135格式的18-36mm ●恒定f/4光圈，保持影像锐利 ●专为数码相机而设，针对Pentax数码相机需要 ●使用IF内对焦，对焦时镜头不会转动 ●采用11组13片镜片 ●0.3m最近对焦距离，可近距离拍摄夸张影像 ●镜头仅重430克，是轻便镜头

■结构图

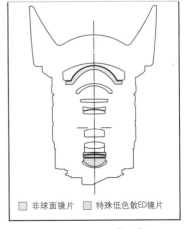

☐ 非球面镜片 ☐ 特殊低色散ED镜片

■评分

（10分为满分）

9.0

　　基本上选用Pentax的广角镜头，很多人首先考虑这支，不为其他，就是因为这支镜头够广角。它使用在APS-C的Pentax相机上，仍然有18-36mm，属于超广角镜头。而且我们试用也觉得此镜头的锐度和稳定性不错，不会让成像素质有所下降。

这支镜头的实用性很高，它的焦距是12—24mm，用在Pentax K-7上相当于135格式的18—36mm，属于超广角镜头。在Pentax的镜头中，除了10—17mm鱼眼镜头之外，这支是没有变形的最广角变焦镜头，用于写实、风景都适当。

► 此镜头其实并不大，体积属中等，携带也很方便。

超广角焦距

此镜头焦距是很实用的，12—24mm属于超广角镜头，如果我们需要选择广角镜头，相信无需多想，一定会直接选用此镜头。它采用了11组13片镜片，包括ED镜片和非球面镜片，用于提升成像素质。

此镜头虽然不是SDM系列，但也使用了IF内对焦功能。镜头不重，只有430克，携带方便，具备恒定f/4光圈，虽然不是超大光圈，但也确保了镜头锐度。由于此镜头是DA系列，所以完全为数码相机而设，锐度和解像力有保证。

我们试用过这支镜头，发现其对焦速度非常快。无论用12mm还是24mm，表现都不俗。最喜欢的是这支镜头的对焦距离非常近，只有0.3m，我们经常使用广角镜头拍摄，当距离主体很近时，可以拍摄到极致夸张的影像。而镜头也不大，体积属中等，由于轻巧，令镜头感觉上更易于携带。

最佳的广角选择

这支镜头可以说是Pentax最好的广角选择，在Pentax众多镜头中，只有这支是没有变形的超广角镜头。另外一支超过12mm的10—17mm f/3.5—4.5属于鱼眼镜头，不能相比，所以用户要选择的话最好就选这支。

如果不需要这么广角，还可以选择smc DA 16—45 mm f/4 ED AL及smc DA* 16—50mm f/2.8 ED AL（IF）SDM，这两支都达到了16mm最广角焦距，用在Pentax K-7上相当于24mm。而定焦方面，还可以选择smc DA 14 mm f/2.8 ED（IF），这支有14mm超广角，相当于21mm，也很好用，不过价格较贵，所以相对来说，使用这支smc DA 12—24 mm f/4 ED AL(IF)的价格更加合理。

成像素质有水平

这支镜头的解像力相当不错。在f/4全开光圈时，无论12mm还是24mm，解像力都表现较佳，两个焦距的中央解像力都很高，在12mm的边缘锐度比中央会低些，这是正常现象，而且会有一点紫边，我们可以收到f/8光圈，就可以改善边缘锐度。而24mm则没有这种情况，即使全开光圈边缘都不差，同样在f/8之后会有明显改善。

由于这支镜头是12—24mm的超广角镜头，四角失光比较明显在意料之中，在12mm这么广角的焦距，四角失光比24mm明显，我们需要收到较小光圈，才能改善四角失光的问题。

和四角失光情况一样，这支镜头的变形也比较明显，在12mm端可用肉眼察觉，当然在实际拍摄时，变形未必是最大的问题。而24mm端的变形可以接受，Pentax的校正不错。

不作其他考虑

其实喜欢用广角镜头的用户是不用多考虑的，这支镜头本身已经是好选择，不用多犹豫。我们再看Pentax的其他广角镜头，没有哪支可以相比，虽然用户可以买16—50mm f/2.8或16—45mm f/4，它们都有16mm，也就是135格式的24mm，但如今而言，24mm还不算超广角，因此没法比。而这支镜头的素质真的不错，四角失光出奇地低，解像力合理，如果用户需要这么广角，此镜头可以胜任。

◄ 这支镜头其实真的不错，锐度和四角失光都很低，虽然不是顶级的DA*系列，但我们斗胆说，它已经等同DA*系列了！

快门：1/250秒 光圈：f/7.1
感亮度：ISO 100

■线性失真DISTORTION

smc DA 12-24 mm f/4.0 ED AL(IF) （测试相机：Pentax K-7）

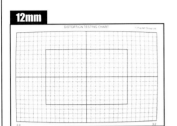

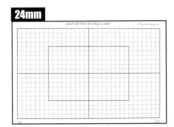

◀12mm
测试结果：水平差异约0.75%，垂直差异约2.72%
测试评论：桶状变形可察

◀24mm
测试结果：水平差异约0.17%，垂直差异约0.31%
测试评论：枕状变形轻微

■四角失光VIGNETTE

smc DA 12-24 mm f/4.0 ED AL(IF) （测试相机：Pentax K-7）

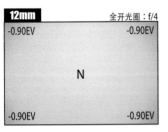

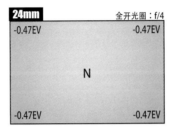

◀12mm
测试结果：−0.90EV
测试评论：四角失光轻微

◀24mm
测试结果：−0.47EV
测试评论：四角失光轻微

■中央解像力RESOLUTION

smc DA 12-24 mm f/4.0 ED AL(IF) （测试相机：Pentax K-7）

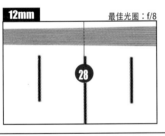

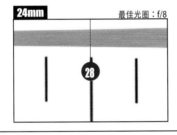

◀12mm
测试结果：最佳光圈f/8
测试评论：解像力增加，同时紫边减少。

◀24mm
测试结果：最佳光圈f/8
测试评论：中央和边缘锐度更为提升。

Lab test by Pop Art Group Ltd., © All rights reserved.

■规格SPEC.

smc DA 12-24 mm f/4.0 ED AL(IF)	
焦距	12—24mm
用于APS-C	约18.5—37mm
视角	99°—61°
镜片	11组13片
光圈叶片	8片
最大光圈	f/4
最小光圈	f/22
最近对焦距离	0.3m
最大放大倍率	0.12x
滤镜直径	77mm
体积	84 x 87.5mm
重量	430g
卡口	K卡口

■评测结论

当一支镜头达到超广角，我们会原谅它的一些瑕疵，例如变形高，失光严重，边缘锐度不足。但是这支镜头却不需原谅，因为它没有以上的问题，我们觉得它作为135格式18—36mm，能够保持高锐度、低失光和少变形，是难能可贵的，也是吸引用户的重要原因。

快门：1/8秒　光圈：f/8　感光度：ISO400

顶级招牌标准变焦镜皇
Pentax DA★ 16-50mm f/2.8 ED AL (IF) SDM

主要特点

●焦距为16—50mm，相当于135格式的24—75mm●恒定f/2.8光圈●采用12组15片镜片，包括非球面镜片和ED镜片●具备SP镀膜镜片，有防水防油能力

■结构图

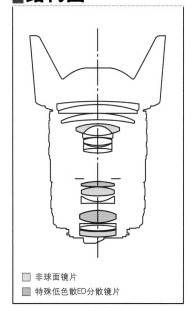

☐ 非球面镜片
☐ 特殊低色散ED分散镜片

■评分
(10分为满分)　　9.0

　　如果说这支镜头是Pentax的顶级变焦镜皇，相信应该没有人否认了。它的影像锐度、层次表现及色彩表现，给人留下了深刻印象；当然高级的做工、快速的对焦，也保持了此镜头的地位。Pentax也决心把它打造成最为实用的顶级之作。

这是一支顶级的Pentax镜头，属于DA*系列。凡是Pentax的粉丝，一定知道DA*系列是最高级的Pentax镜头，使用了大量先进科技，全天候镜身、使用非球面镜片和超低色散镜片、恒定f/2.8大光圈，都表明这支镜头是为专业摄影师和摄影发烧友而设的。

高素质镜头

此镜头焦距16-50mm，相当于135格式的24-75mm，属于广角到中焦镜头，实用性非常高。而它和另外一支DA*系列smc DA* 50-135mm f/2.8 ED (IF) SDM焦距相连，Pentax也正想用户可以同时选用两支镜头，那就得到24-200mm焦距，很实用了。此镜头的用料相当不错，其中12组15片镜片中，添加了非球面镜片，以减少球面像差问题，还采用了ED镜片来减少色差和色散，难怪我们试用时，发现镜头的锐度很高，相信和使用了多片特殊镜片有关。镜头的前组镜片加入了SP镀膜，有防水防油能力，加上此镜头有全天候设计，防水滴防尘，正和Pentax K-7配合使用。

自动对焦快速

既然是为专业摄影师而推出的，这支镜头自然有不错的对焦能力，其实我们一点也不担心它的对焦能力。在试用时，此镜头的SDM马达让对焦非常宁静，而且极为快速，比入门镜头表现更佳。无论在变焦或对焦时，此镜头的镜身也不会转动，让我们使用起来非常方便。当我们自动对焦时，我们可以随时转动对焦环，进行手动对焦，这是因为此镜头加入了快速转换的对焦系统，证明Pentax很注重用户手动对焦的需要。

极高锐度

这支镜头有很高的锐度，在16mm的最大光圈时，中央解像力非常不错。虽然边缘的锐度不及中央，但这是广角镜头都会出现的情况，只要收小光圈到f/5.6，锐度就会大幅提升，中央和边缘锐度没有太大差异，照片整体也有比较高的水平。

在该镜头的50mm焦距时，我们使用f/2.8光圈，中央解像力虽然不及广角端出色，但边缘和中央的解像力已相当接近，这比广角时更显优势；而且我们只要收小一点光圈，锐度即有大幅度提升。

由于这支镜头达到16mm，因此会有可以察觉的变形和四角失光，不过此镜头这么广角，有此情况可以接受，同时收小一级光圈，四角失光的情况就已大为改善。如果我们使用28mm时，变形和四角失光，已经不会那么严重，情况好得多，同时在50mm时，变形和四角失光更不明显，已经不会让人察觉。

实用性一流

在实用性上，此镜头绝对

快门：1/400秒　光圈：f/11　感光度：ISO200

很高，想象一下，16-50mm这个焦距即相当于135格式的24-75mm，广角的24mm能拍摄风景、纪实等题材，而75mm又适合人像、旅游等，仅一支镜头就能拍到很多高素质的照片了。加上它有f/2.8大光圈，弱光场合都能派上用场，难怪很多用户喜欢。我们还考虑到此镜头和Pentax其他镜头的配合，最主要的当然是DA* 50-135mm f/2.8镜头，因为二者焦距相连，光圈也相同，搭档使用最好了。

针对专业用户

这支镜头在设计上完全是为专业而设，全天候镜身、金属制造、f/2.8大光圈，全部都是专业摄影师的需要。此类镜头也不会在素质上有任何让步，所以它拍摄的照片也非常锐利，给人很可靠的感觉。对焦速度表现也非常出色，由于准确的焦点，照片就能保持清晰，对焦快速和宁静，拍摄动态影像也威力足够，这也是很重要的。因此，发烧用户想要选购合适的挂机镜头，这支一定是首选。

■线性失真DISTORTION

DA* 16-50mm F2.8 ED AL (IF) SDM （测试相机：Pentax K-7）

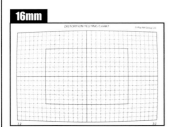

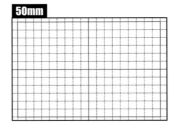

◀16mm
测试结果：水平差异约1.02%，垂直差异约
　　　　　4.39%
测试评论：桶状变形可察

◀50mm
测试结果：水平差异约0.37%，垂直差异约
　　　　　0.24%
测试评论：枕状变形极轻微

■四角失光VIGNETTE

DA* 16-50mm F2.8 ED AL (IF) SDM （测试相机：Pentax K-7）

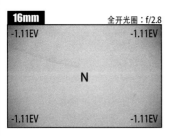

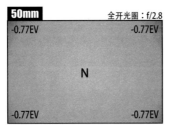

◀16mm
测试结果：−1.11EV
测试评论：四角失光可察

◀50mm
测试结果：−0.77EV
测试评论：四角失光极轻微

■中央解像力RESOLUTION

DA* 16-50mm F2.8 ED AL (IF) SDM （测试相机：Pentax K-7）

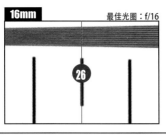

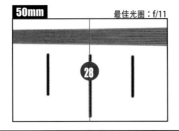

◀16mm
测试结果：最佳光圈f/16
测试评论：其实在f/5.6−f/16锐度都很高

◀50mm
测试结果：最佳光圈f/11
测试评论：f/11会将50mm的解像力提升到最
　　　　　高水平

Lab test by Pop Art Group Ltd., © All rights reserved.

■规格SPEC.

Pentax DA* 16-50mm f/2.8 ED/AL (IF) SDM

焦距	16—50mm
用于APS-C	约24.5—76.5mm
视角	83°−31.5°
镜片	12组15片
光圈叶片	9片
最大光圈	f/2.8
最小光圈	f/22
最近对焦距离	0.3m
最大放大倍率	0.21x
滤镜直径	77mm
体积	84 x 98.5mm
重量	565g
卡口	K卡口

■评测结论

　　为了提升成像素质，此镜头加入了多片非球面镜片和ED镜片，确保成像素质；又使用了SP镀膜及防水溅镜身，确保镜头全天候使用；还有相当于135格式的24—75mm，焦距适当，具有较高的实用性；而镜头的高锐度、低色散、失光变形不明显，通通都表示它是Pentax的顶级镜头！

快门：1/500秒　光圈：f/8　感光度：ISO200

全天候防滴防尘标准套机镜头
Pentax DA 18-55mm f/3.5-5.6 AL WR

主要特点

●此镜头的焦距为18-55mm，相当于135格式的27-82.5mm●使用6片光圈叶片●镜头使用全天候设计，可以应付恶劣拍摄环境●镜头的前组镜片采用SP镀膜，防水防油●使用了快速转换手动对焦功能，可以在自动对焦时，随时变为手动对焦

■结构图

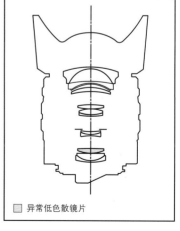

□ 异常低色散镜片

■评分
（10分为满分）　　**7.5**

　　这支是Pentax的套机镜头，往往是原厂提供给初学者的第一支镜头，本来也不是很高级的出品，做工合理，重视实用性，但我们也不要小看它。因为它的成像素质真的很不错，不少用户觉得这支镜头的成像水平是让人放心的，Pentax更为它加入了WR全天候设计，提升了镜头价值。

现在这类18-55mm焦距的镜头，已经成为大家口中的套机镜头了。由于这类镜头价格较为便宜，焦距又比较适中，很适合初学者，所以厂商多会作为标准的随机镜头发售。这支smc DA 18-55mm f/3.5-5.6 AL WR和Pentax K-7同时公布，多了WR字样，也就是加入了全天候设计，作为入门镜头也有此配备，应该说是物有所值了。

◀此镜头绝对不重，很轻便易用，是很多入门用户喜爱的镜头。

不止套机镜头

如果说它是套机镜头，这是事实，因为它确实是随机镜头，但它的设计确实不错。如果你是正在使用这支套头的入门用户，不要因为它便宜，就觉得它的素质不佳，事实上我们试用过，发现其锐度是不错的。

和这支镜头同样焦距和光圈的套头还有两支，包括了smc DA 18-55mm f/3.5-5.6 AL和smc DA 18-55mm f/3.5-5.6 AL II。但这支新推出的镜头在功能和设计上有明显的提升，最主要是加入了全天候的功能，在镜尾添加了红色胶环，和Pentax K-7一起使用，就能做到防水滴和防尘。

和这支镜头同时推出的，还有smc DA50-200mm f/4-5.6 ED WR，两支镜头都具备了全时手动对焦功能，也就是自动对焦时，我们可以随时转动对焦环，准确控制焦点。这本来是SDM镜头必备的功能，但此镜头并没有SDM，是Pentax的全新设计发挥功效，大大提升镜头的性能，也让镜头实用性更高。

虽然是入门镜头，但此镜头具备非球面镜片和低色散镜片，让镜头的光学素质得以提升，坦白说，以这支镜头的设计和价格比较，应该物有所值了。

极为轻便易用

这支镜头确实很轻便，只重230克，一点都不会变成负担。对焦速度也不是大问题，在光线充足的时候，可以快速对焦，而在弱光环境中表现虽然没有那么迅速，但也算合理，不会变得迟缓。

超越入门镜头表现

这支镜头虽然是入门级，但成像表现并不差。我们测试其锐度，在18mm时全开光圈时，虽然四角略显松散，但以入门镜头来说，中央锐度已经可以和中级甚至高级镜头相媲美了。而我们收小光圈到f/11，边缘锐度也会提升到最高，和中央相比没有甚么差别。而如果使用55mm焦距的话，使用f/5.6光圈时镜头的解像力还不算太高，我们可以将光圈收小到f/11，解像力就会提高。

而在四角失光方面，这支镜头不及高级镜头，在全开光圈

快门：1/500秒　光圈：f/8　感光度：ISO400

时，会有比较明显的四角失光，特别是在18mm焦距时，我们需要收小到f/8之后，才能有比较有效的改善。而在55mm时，四角失光则没有那么明显，属于轻微情况，在收小一级光圈之后，就没有大影响。

至于镜头的变形，在18mm的变形情况较为明显，幸好当变焦为35mm以后，变形就会大大减少，当使用到55mm时，就已经没有明显的变形了。

登山旅游最适用

本来这类镜头是提供给入门用户使用的，所以设计得比较易用，但很多用户也喜欢它轻便小巧，特别是那些喜爱登山及旅游的人士，装备顶级器材他们也未必愿意，因为太重了，反而这支小巧的套机镜头更加适合。只要在阳光充足的时候收小一点光圈，它拍摄的照片和顶级镜头也没有多大差别了。

■线性失真DISTORTION

smc DA 18-55mm f/3.5-5.6 AL WR （测试相机：Pentax K-7）

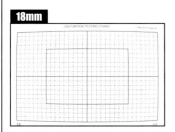

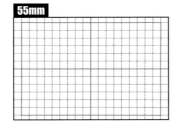

18mm
测试结果：水平差异约0.99％，垂直差异约3.24％
测试评论：桶状变形可察

55mm
测试结果：水平差异约0.27％，垂直差异约0.25％
测试评论：枕状变形极轻微

■四角失光VIGNETTE

smc DA 18-55mm f/3.5-5.6 AL WR （测试相机：Pentax K-7）

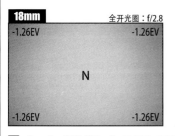

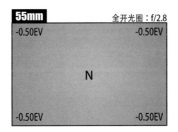

18mm
测试结果：1.26EV
测试评论：四角失光可察

55mm
测试结果：−0.50EV
测试评论：四角失光轻微

■中央解像力RESOLUTION

smc DA 18-55mm f/3.5-5.6 AL WR （测试相机：Pentax K-7）

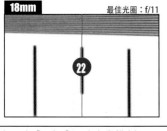

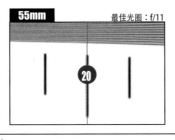

18mm
测试结果：最佳光圈f/11
测试评论：此镜头在收小到f/11之后，边缘和中央解像力都非常不错

55mm
测试结果：最佳光圈f/11
测试评论：在55mm时中央的边缘锐度令人最为满意

Lab test by Pop Art Group Ltd., © All rights reserved.

■规格SPEC.

smc DA 18-55mm f/3.5-5.6 AL WR

焦距	15—55mm
用于APS-C	约27.5—84.5mm
视角	76° − 29°
镜片	8组11片
光圈叶片	6片
最大光圈	f/3.5—5.6
最小光圈	f/22—38
最近对焦距离	0.25m
最大放大倍率	0.34x
滤镜直径	52mm
体积	68.5 x 67.5mm
重量	235g
卡口	K卡口

■评测结论

简单易用、功能实在，是此镜头的最大特点。它是套机镜头，没有顶级做工，但我们不会因此小看它，以这么便宜的镜头来说，其成像素质绝对可以信令人满意，不但够锐利，而且色彩丰富；配合了Pentax的WA功能，让镜头的吸引力有所提升，相信就算有经验的用户也不会失望。

快门：1/180秒　光圈：f/5.6　感光度：ISO200

顶级恒定大光圈中焦变焦镜皇
Pentax DA* 50-135mm f/2.8 ED (IF) SDM

主要特点

●具备50-135mm焦距，焦距相当于135格式的75-202.5mm●恒定f/2.8光圈，能拍出虚化的小景深效果●使用了14组18片镜片，其中包括3片非球面镜片●内置SDM超声波马达，对焦宁静快速●镜头的前组镜片加入了SP镀膜，具有很好的防水和防油能力

■结构图

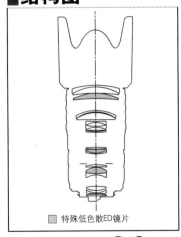

■特殊低色散ED镜片

■评分
（10分为满分）
9.0

在Pentax的镜头中，除了限量版的镜头之外，最顶级的就是DA*系列了。这支50-135mm正是其中之一，它的制造水平非常高，差不多用齐了Pentax最先进的镜头科技，完全是为专业用户和发烧友而设。

此镜头焦距是50—135mm，传统的FA系列镜头不会有这个焦距，但DA系列则非常需要了。因为在乘以1.5之后，焦距相当于135格式的75—202.5mm，恒定f/2.8光圈，这和传统的远摄变焦镜头70—200mm接近。Pentax之所以推出这个焦距的镜头，就是这个原因。

◀为了提升实用性，这支镜头的镜尾加入了防水胶环，能全天候使用。

焦距实用性高

这支镜头很特别，它的焦距在FA系列是没有的，只有在DA系列中才会出现，正因为乘以1.5之后，焦距变为75—202.5mm，实用性变得非常高。最有趣的是，这支镜头和真正的70—200mm相比，个头小得多，体积只是136 x 76.5mm，重量只有765克，比70—200mm镜头更轻便。这支镜头仍是恒定f/2.8光圈，与传统70—200mm f/2.8一样，保持大光圈。坦白说，此镜头有传统70—200mm的焦距和光圈，又更轻便，会更有吸引力。

对焦速度不俗

这支镜头加入了SDM超声波马达，对焦很宁静，镜身无论变焦还是对焦都不会伸长。而在自动对焦时，可以随时转动对焦环，变为手动对焦，这也是超声波马达的好处。

我们测试发现其速度令人满意。用远摄焦距135mm拍摄移动对象，其对焦也很稳定和准确，反应不错；从无限远突然转为最近距离对焦时，镜头也能立即启动，很快对准，证明镜头达到不错的水平。

此镜头采用了14组18片镜片，包括了3片ED镜片，难怪我们测试中没有发现明显的紫边现象。另外，这支镜头采用了全天候设计，镜尾有胶环，具备防水防尘作用。另外，其前组第一片镜片加上了SP镀膜，能防水防油，增强镜头的保护能力。

锐度很不俗

此镜头的锐度非常不错。在50mm和135mm焦距的最大光圈，已经有理想的锐度，相信就算全开光圈使用，也不会有任何问题；而令人惊喜的是，镜头在收小光圈到f/8时，解像力还会有更加明显的提升，锐度大幅增加，比全开光圈时表现更佳。

而镜头有轻微的四角失光，但无论是50mm还是135mm，都只是在f/2.8全开光圈时，才出现四角失光，而且收小一级光圈，情况已大为改善。而在50mm时有轻微的变形情况，幸好情况并不严重，而在135mm时，变形不算明显，只有轻微的枕状变形，情况完全可以接受。

用户在选购这支镜头时，其实还有另外一些Pentax镜头可以考虑，例如55—300mm f/4-5.8和50—200mm f/4-5.6镜头，这两支都是远摄镜头。但是我们还是推荐这支50—135mm，除了因为其成像素质高之外，它的镜头焦距和设计也是重点，在体积和重量上，此镜头保持适中，但仍有全金属镜身及大光圈，所以比其他Pentax镜头已经更胜一筹。此镜头采用了最先进的制造技术，也让用户拍摄更有信心。

除了选购这支镜头外，我们还建议选择16—50mm f/2.8镜头，那支也是Pentax的顶级之选，而且和这支50—135mm很匹配，焦距正好相连。如果使用这两支镜头，就能获得16—135mm，相当于135格式的24mm—200mm了，应该能应付各种拍摄需要了。

◀这支镜头的色彩很鲜艳，没有明显色差，拍摄照片很清晰，成像素质是不用担心的。

■线性失真DISTORTION

smc DA* 50-135mm F2.8 ED (IF) SDM （测试相机：Pentax K-7）

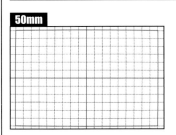
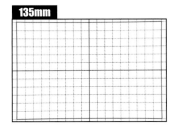

50mm
测试结果：水平差异约0.32%，垂直差异约0.01%
测试评论：桶状变形极轻微

135mm
测试结果：水平差异约0.55%，垂直差异约0.95%
测试评论：枕状变形极轻微

■四角失光VIGNETTE

smc DA* 50-135mm F2.8 ED (IF) SDM （测试相机：Pentax K-7）

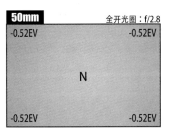
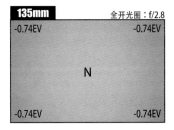

50mm
测试结果：−0.52EV
测试评论：四角失光极轻微

135mm
测试结果：−0.74EV
测试评论：四角失光极轻微

■中央解像力RESOLUTION

smc DA* 50-135mm F2.8 ED (IF) SDM （测试相机：Pentax K-7）

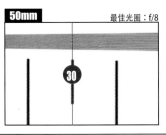
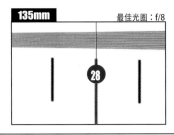

50mm
测试结果：最佳光圈f/8
测试评论：在f/8光圈之后，镜头的解像力大幅提升，表现令人惊喜

135mm
测试结果：最佳光圈f/8
测试评论：f/8–f/11都是这支镜头在135mm时的最佳光圈

Lab test by Pop Art Group Ltd., © All rights reserved.

■规格SPEC.

smc DA* 50-135mm F2.8 ED (IF) SDM

焦距	50—135mm
用于APS-C	约76.5—207mm
视角	31.5° —11.9°
镜片	14组18片
光圈叶片	9片
最大光圈	f/2.8
最小光圈	f/22
最近对焦距离	1.0m
最大放大倍率	0.17x
滤镜直径	67mm
体积	76.5 x 136mm
重量	685g
卡口	K卡口

■评测结论

　　这支镜头是Pentax最顶级的DA*系列。讲规格，已经用到顶级SDM马达、3片ED镜片、全天候设计、SP镀膜等；论素质，此镜头的锐度极高，对焦迅速，没有明显的四角失光和变形。作为专业镜头，已经完全没有什么可以挑剔了。

快门：1/180秒　光圈：f/11　感光度：ISO100

恒定大光圈超声波超远摄变焦镜头
Pentax DA⋆ 60-250mm f/4 ED (IF) SDM

主要特点

●60-250mm，相当于135格式的90-380mm ●恒定f/4光圈 ●具备SDM马达，对焦宁静快速 ●全天候设计，具有防水滴防尘功能 ●对焦快速，反应相当不错

■结构图

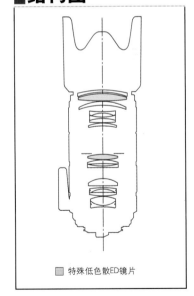

☐ 特殊低色散ED镜片

说到底Pentax DA*系列镜头都是高素质之作。这支60-250mm当然也一样，做工和成像素质都很高，我们不会将它看成是最远只有250mm的镜头来看待，因为用在Pentax的DSLR上面，其焦距相当于135格式的90-380mm，真的属于超远摄镜头了。

■评分
（10分为满分）　　　**8.5**

这支镜头是Penatx的顶级之作，属于DA*系列。全金属镜身，恒定f/4光圈，9片光圈叶片，相当于135格式的90-380mm，整体都是很有水平之作，也是Pentax专门为摄影发烧友而设的镜头。

◀ 这支是 Pentax 的顶级镜头，做工不错，全天候设计，素质非常不错。

用料做工都上乘

DA*就是Pentax最顶级的镜头，拿在手上真的感觉不同，全金属镜身，沉重而结实，备有金属的三脚架接环，用料和做工都是一流的。镜头上的DA*标志都是金色的，很明显地和一般的DA镜头区分开来，只有DA*镜头才是金色，与众不同。

此镜头焦距60-250mm，用在Pentax K-7上相当于135格式的90-380mm，是超远摄镜头。Pentax还有几支这种远摄镜头，例如smc DA* 50-135mm f/2.8 ED (IF) SDM、smc DA 55-300mm f/4-5.8 ED和smc DA50-200mm f/4-5.6 ED WR，选择很多，但是其他都是入门级镜头，和这支顶级之作放在一起比较，绝对无法望其项背。

此镜头一般需要和三脚架配合使用，在变焦到250mm时，镜身会伸长，长度大约多出1/2；加上镜头是全金属的，比较沉重，即使配合Pentax的高素质防抖，也不能有效降低震动。我们建议使用时，和三脚架配合是很好的选择。

对焦反应快速

这支镜头的对焦反应非常不错，它现在已是Pentax超远摄镜头中的高水平之作，相信是以摄影发烧友为目标用户，因此

Pentax也很重视其对焦反应。我们试用发现，无论使用哪个焦距，镜头都能很快对准主体。本来这种镜头，在最远摄端时往往有点迟缓，会比不上短焦距，但是，这支镜头没有出现这种情况，即使在250mm，速度都和60mm时相近。

我们试用时，发现此镜头由无限远焦点，突然回到最近对焦距离，镜头都能马上对准焦点，灵敏度不错。如果在光线不足的地方拍摄，镜头对焦也可以接受，虽然不及光线充足时的对焦迅速，但也不会令人觉得迟缓。

成像素质稳定

作为高级的变焦镜头，其变形和四角失光都非常低，如果和另外一支超远摄镜头smc DA 55-300mm f/4-5.8 ED比较，55-300mm有比较明显的枕状变形和四角失光，因为那支是价格便宜的入门级远摄镜头。而此次试用的60-250mm则明显不同，在60mm时有很轻微的桶状变形，另外在250mm时，枕状变形

快门: 1/25秒　光圈: f/4　感光度: ISO400

十分小，不是严格测试，绝对看不出来。而四角失光情况也是一样，在60mm到250mm，各个焦距都没有发现明显的四角失光，表现不错。

在60mm焦距，全开光圈f/4不会有最高解像力，这是因为它是超远摄镜头，我们要将光圈收到f/11，那解像力就会得到改善。而在250mm时情况相近，我们收到f/11可以得到很高的锐度。我们觉得这支焦距如此长的镜头，能够有这样的光学表现，已经算有稳定的表现了。

其他Pentax选择

我们还可以选择其他Pentax镜头，例如55-300mm f/4-5.8和50-200mm f/4-5.6等，虽然素质没有这支那么高，但价格相对便宜，也比较轻便。当然我们要考虑超远摄镜头是很重视成像素质的，不像标准镜头，就算低端产品也有保证，远摄镜头往往是高级即高素质，如果用户有要求，还是选择这支镜头为佳。

■线性失真DISTORTION

DA* 60-250mm f/4.0 ED (IF) SDM （测试相机：Pentax K-7）

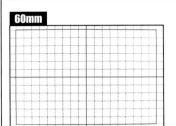
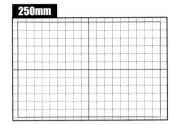

60mm
测试结果：水平差异约0.59％，垂直差异约0.54％
测试评论：桶状变形极轻微

250mm
测试结果：水平差异约0.19％，垂直差异约0.49％
测试评论：枕状变形极轻微

■四角失光VIGNETTE

DA* 60-250mm f/4.0 ED (IF) SDM （测试相机：Pentax K-7）

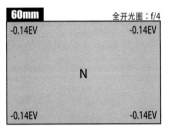
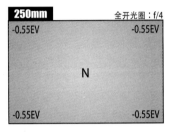

60mm
测试结果：−0.14EV
测试评论：四角失光极轻微

250mm
测试结果：−0.55EV
测试评论：四角失光极轻微

■中央解像力RESOLUTION

DA* 60-250mm f/4.0 ED (IF) SDM （测试相机：Pentax K-7）

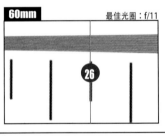
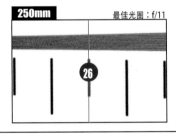

60mm
测试结果：最佳光圈f/11
测试评论：当收到f/11，解像力有明显改善

250mm
测试结果：最佳光圈f/11
测试评论：最佳光圈f/8−f/16，f/11的表现尤佳

Lab test by Pop Art Group Ltd., © All rights reserved.

■规格SPEC.

DA* 60-250mm f/4.0 ED (IF) SDM

焦距	60−250mm
用于APS-C	约90−375mm
视角	26.5° − 6.5°
镜片	13组15片
光圈叶片	9片
最大光圈	f/4
最小光圈	f/32
最近对焦距离	1.1m
最大放大倍率	0.15x
滤镜直径	67mm
体积	82 x 167.5mm
重量	1040g
卡口	K卡口

■评测结论

由于这支镜头是为专业摄影师及发烧友而设，所以在镜头工艺上不会有问题。全金属制造、多片特殊镜片、9片光圈叶片、恒定f/4光圈等，都证明此镜头很有水平。我们也不担心镜头的光学表现，既然Pentax要推出这样高素质的镜头，一定不会差，最难得的是镜头的自动对焦速度够快，用到250mm也不慢，很符合专业需要。

快门：1/4000秒　光圈：f/1.4　感光度：ISO100

副厂品牌大光圈超声波标准镜头
Sigma 50mm f/1.4 EX DG HSM

主要特点

●50mm DG格式镜头，适用于全画幅或APS-C格式相机，用于APS-C相机时，相当于135格式75mm焦距●加入HSM超声波马达，提供快速和宁静的对焦●f/1.4大光圈，有利于保持较高的快门速度●使用9片光圈叶片设计，可营造显著的圆形小景深效果

■ 结构图

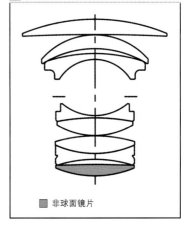

■ 非球面镜片

■ 评分　　9.0
(10分为满分)

在数码单反热潮下，不少新摄影人有更多发挥创意的空间，不断探索摄影的可能性，连带一些镜头种类也给予新定义。昔日作为"标准"装备的50mm标准固定焦距镜头也热卖，连副厂品牌Sigma也加入，打造出这支质量更高的f/1.4大光圈镜头！

对于摄影发烧友，尤其是资深摄影人，总有一、两支或更多的定焦镜头在身旁。说到定焦镜头又不得不提50mm标准镜头，小巧及方便携带、成像素质高，加上定焦镜头普遍拥有大光圈，难怪深得摄影人喜爱。Sigma 50mm f/1.4 EX DG HSM延续了摄影人对标准定焦镜头的热情！

50mm 1:1.4 DG HSM

◀ 新镜头加入 HSM 马达后，提供了明显更快速和宁静的自动对焦。

加入HSM对焦更快

50mm定焦镜头就是常说的标准镜头，也是摄影人常用的焦距。不少摄影人买的第一支定焦镜头，都会选择50mm焦距，原因是很多50mm镜头的普遍特点都是体积小巧、方便携带、成像素质高和拥有大光圈等，而且很耐用，不少旧50mm镜头至今仍有摄影人常用。那么Sigma这支50mm f/1.4 EX DG HSM有什么吸引人的卖点呢？仅是HSM超声波马达就已经让人心动了。

经过一段时间的试用发觉，这支镜头的自动对焦速度十分快，感觉一按快门就已经完成对焦，相信和加入HSM马达有很大关系。即使对焦完近处再立即对焦远处，反应一样快速。除提供高速自动对焦外，对焦操作时的声音也相当宁静。

大光圈方便抓拍

很多定焦镜头都有大光圈，Sigma这支也不例外，最大光圈为f/1.4。大光圈有很多用处，例如在阴暗的环境下仍然保持较高速的快门，甚至在晚间手持拍摄的成功机会也大大增加！我们也试过在晚间手持拍摄维多利亚港夜景，设定ISO800并选择最大光圈，基本上也可保持到1/50秒左右的快门速度。另外，也适合在室内拍摄，尤其在一些不许使用闪光灯的场所，例如博物馆等地方，未必允许用闪光灯，大光圈就可以提高快门速度，让用户在室内的环境中仍可以拍摄到清晰的照片。

功能丰富价格合理

Sigma 50mm f/1.4 EX DG HSM的整体功能相信符合大部分摄影人的需要，大光圈、HSM马达不在话下；此镜头的体积为84.5x68.2mm，重量仅505克，滤镜直径达77mm；虽然放大倍率为1：7.4，不能作微距镜头使用，但最近对焦距离45cm也方便进行近摄。此镜头的结构为6组8片，含一片非球面镜片，采用9片光圈叶片的设计。此镜头的做工也十分不错，握持的感觉很扎实，但又不算太重。

哪个画幅好？

Sigma这支新镜头为DG镜，即可支持全画幅相机，也可用于APS-C格式相机，但视角会变小，焦距相当于135格式的75mm。应该用在全画幅相机还是APS-C相机？其实各有优劣，例如用在全画幅相机时，没有视角变化的影响，所以最能发挥50mm焦距的特点，而且假设在相同像素下，全画幅相机的影像感应器的素质普遍比APS-C相机更高一些。而用在全画幅相机上的缺点是使用大光圈时，一般都会导致有较明显的四角失光情况。

至于用在APS-C相机上的优点，首先在使用最大光圈时，要比全画幅相机的四角失光情况没那么明显。而视角变小的影响，就要看用户的使用习惯，不少用户认为APS-C格式相机的视角变小是一大优点。

变形情况极轻微

Sigma 50mm f/1.4 EX DG HSM的实际成像素质测试又如何呢？首先测试解像力，在全开光圈f/1.4时，解像力不算很高，但仍算合理，而最佳光圈在f/8时，解像力锐利得多。接着是变形测试方面，桶状变形情况为极轻微。最后四角失光测试，由于是以APS-C格式的Canon EOS 450D测试的原因，全开光圈f/1.4时四角失光情况十分轻微，当收小至f/2.8光圈已经难以察觉。但如果使用全画幅格式相机，失光的情况可能会再明显一点。

总的来说，Sigma一向不是以定焦镜头来作主打产品，但继DC版本的30mm f/1.4后，再推这款全画幅格式的50mm f/1.4，一样大受欢迎。而且同样以高质量作卖点，以不俗的光学设计和HSM对焦马达来吸引用户。更重要是价格都是大部分摄影爱好者能承受的，为原厂的50mm定焦镜头外提供多一些选择。

▲Sigma这支50mm新镜头属于DG系列镜头，适用于全画幅格式相机外，也适用于APS-C格式相机，焦距相当于135格式的75mm。

■线性失真DISTORTION

50mm f/1.4 EX DG HSM （测试相机：Canon EOS 450D）

50mm

DISTORTION TESTING CHART

50mm

测试结果：水平差异约0.43%，垂直差异约0.18%

测试评论：桶状变形情况极轻微

■四角失光VIGNETTE

50mm f/1.4 EX DG HSM （测试相机：Canon EOS 450D）

50mm 全开光圈：f/1.4

-0.55EV		-0.55EV
	N	
-0.55EV		-0.55EV

50mm

测试结果：−0.55EV

测试评论：四角失光情况轻微

■中央解像力RESOLUTION

50mm f/1.4 EX DG HSM （测试相机：Canon EOS 450D）

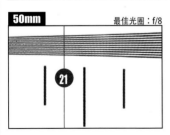

50mm 最佳光圈：f/8

㉑

50mm

测试结果：最佳光圈f/8

测试评论：最佳光圈在f/8，锐度很高。

Lab test by Pop Art Group Ltd., © All rights reserved.

■规格SPEC.

50mm f/1.4 EX DG HSM

焦距	50mm
用于APS-C	约75mm
视角	46.8°
镜片	6组8片
光圈叶片	9片
最大光圈	f/1.4
最小光圈	f/16
最近对焦距离	0.45m
最大放大倍率	0.19x
滤镜直径	77mm
体积	84.5 x 68.2mm
重量	505g
卡口	K卡口、EF卡口、F卡口(D)、α卡口(D)、SA卡口、4/3系统

■评测结论

这支镜头拿在手上的感觉十分结实，但又不会很沉重；而加入HSM马达后的对焦速度很灵敏；加上其f/1.4大光圈，可改善在昏暗环境下手持拍摄出现模糊的机会。而且此镜头的成像素质也算不错，属于高素质的标准定焦镜头。

快门：1/125秒　光圈：f/18　感光度：ISO100

全画幅顶级1：1中焦微距镜头
Sigma Macro 70mm f/2.8 EX DG

主要特点

● 70mm焦距，配合APS-C格式数码相机，变成105mm，更好用。
● f/2.8的大光圈，配合9片光圈叶片
● 最近对焦距离为0.25m ● 滤镜直径为62mm

■结构图

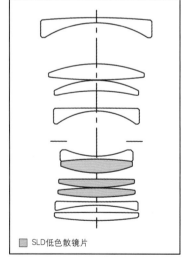

SLD低色散镜片

■评分
(10分为满分)

8.0

Sigma共有5款Macro微距镜头，分别为50mm、70mm、105mm、150mm和180mm，都有非常高的成像素质。而这支70mm的微距镜头，正是在数码年代涌现出来的新一代微距镜头，焦距同时兼顾到135全画幅和APS-C画幅的用户需要。

这支微距镜头是Sigma最高级的EX系列，拥有f/2.8的大光圈，加上3片SLD镜片，抑制色差效果相当不错。最值得注意的地方是，这支镜头在焦距方面的设计，70mm焦距的微距镜比较少见。其实这是考虑到供APS-C格式数码单反使用，所以乘以1.5后，焦距就变成微距最常用的105mm了，用回135全画幅，也比50mm长，实用性更高。

也是数码镜头

摄影数码化后，各家厂商都推出了自家的数码专用镜头，以Sigma为例，便是DG和DC系列。这支镜头属于DG系列，特别在镀膜上花了功夫，更适合DSLR使用。

那为什么又说这支是真正的数码镜头呢？其实可能不少人都忽略了，大部分DSLR都是APS-C格式，也就是说135格式等效焦距，是要把镜头焦距乘以1.5、1.6，甚至2。原来的焦距已经变得面目全非。

因此镜头厂商都注意到了这个情况，逐渐推出一些考虑到焦距的镜头，就例如这次介绍的70mm f/2.8 EX微距镜头。只要配合1.5换算系数的APS-C格式相机，70mm焦距摇身一变，便成了105mm，是一个最常用的微距拍摄焦距。这样的设计，更加适合拍摄题材的需要，用户用起来就更加得心应手。

光学表现

这支镜头9组10片的镜片中，包含了3片超低色散（SLD）镜片，能够有效矫正色差。而这支镜头既为Sigma最顶级的EX系列，拥有多层镀膜镜片，配合DG系列专门针对DSLR的特性而设计，能够有效减少鬼影及眩光的出现。

而这支镜头拥有f/2.8的大光圈，配合9片光圈叶片，能够营造出很好的焦外虚化效果，即使不用作微距拍摄，用来拍摄人像等题材，也相当不错！而作为微距镜头，这支镜头的锐度也十足，在f/5.6的最佳光圈时，中央解像力达到2053LW/PH，相当不俗。

至于四角失光情况，即使全开光圈也极轻微，若把光圈收至f/5.6，失光情况更是大为改善。而且这支镜头的素质相当稳定，由f/5.6至f/16之间的光圈，都是保持在−0.11EV，没有明显的变化。

提升画质的要素

当然，仅仅从以上所得的测试数据，很难评定此镜头的好与坏，只能说它是否锐利或者光学像差情况怎样，但了解得深入一点，就能明白Sigma在这支镜头的光学设计上下了什么功夫。我们看到这支镜头中央至边缘较一致的解像表现后，就明白为何这支镜头要采用浮动对焦的设计。这种设计可帮助减少极近距离拍摄产生的像差，尤其是在最近对焦距离27.5cm时作1：1拍摄时，要充分表现出其微距拍摄的威力。而这支镜头也能够重现极佳的影像质量，作为微距镜头它绝对是表现不俗的。最妙的地方是，纵使此镜头作为日常拍摄，在非微距的范围时，对焦锐度和画面的焦外效果都相当好，所以有些用户索性以此镜头去拍摄人像，以求获得那种锐利的焦点和

悦目的小景深。

至于影响镜头的锐度，还有一个因素是非常重要的，就是优秀的光学色差抑制。这镜头虽不属于Sigma的APO级，但却有多达3片SLD低色散镜片，在这种100mm焦距以下的微距镜头来说是非常罕见的。细心看，在如今Sigma的微距镜头群中，这支70mm绝对是非常出色的，绝对可以跟另外两款150mm和180mm APO微距镜头平起平坐。说实话，这支镜头看上去比顶级的105mm微距还要好，为什么Sigma会这样安排呢？实在不清楚，但肯定的是让用户得益了！

对焦范围有选择

此镜头并没有配置超声波马达（HSM），比较可惜。加上微距镜头的对焦范围比普通镜头更广阔，所以对焦速度不够快的情况，格外明显。因此，这支镜头是比较适合拍摄一些静态的事物，如花卉、植物等，配合1：1的放大倍率，能够完全将主体重现，效果令人相当满意！

在镜身上，设有一个限制对焦范围的选择开关，用户可以设定为开启，把对焦范围收窄，这样能适当地提高对焦速度，相当实用！另外，这支镜头的对焦环位置也十分顺手，如果是对手动对焦情有独钟的用户，不妨把这支镜头作手动对焦镜头使用。

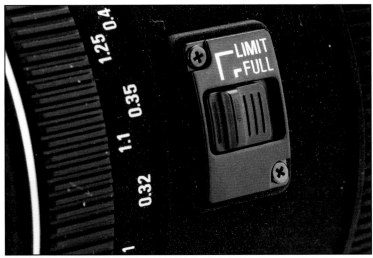

▲ 镜身设有对焦范围的选择开关，有助于提升对焦的效率。

■线性失真DISTORTION

Sigma Macro 70mm f/2.8 EX DG （测试相机：Nikon D200）

70mm

70mm
测试结果：水平差异约0.27%，垂直差异约1.84%
测试评论：桶状变形情况极轻微

■四角失光VIGNETTE

Sigma Macro 70mm f/2.8 EX DG （测试相机：Nikon D200）

70mm　　　　　全开光圈：f/2.8
-0.41EV　　　　　　　　-0.41EV

N

-0.41EV　　　　　　　　-0.41EV

70mm
测试结果：-0.41EV
测试评论：四角失光情况极轻微

■中央解像力RESOLUTION

Sigma Macro 70mm f/2.8 EX DG （测试相机：Nikon D200）

70mm　　　　　最佳光圈：f/5.6

㉑

70mm
测试结果：最佳光圈f/5.6
测试评论：无论中央还是边缘，都有优良的解像力。

Lab test by Pop Art Group Ltd., © All rights reserved.

■规格SPEC.

Sigma Macro 70mm f/2.8 EX DG	
焦距	70mm
用于APS-C	约105mm
视角	34.3°
镜片	9组10片
光圈叶片	9片
最大光圈	f/2.8
最小光圈	f/22
最近对焦距离	0.257m
最大放大倍率	1x
滤镜直径	62mm
体积	76 x 95mm
重量	525g
卡口	K卡口、EF卡口、F卡口(D)、α卡口、SA卡口

■评测结论

　　这支镜头属于DG系列，同时兼顾到135全画幅和APS－C格式。就算在1.5×的焦距换算后，焦距也能大约相当于135的105mm，在使用上便会方便多了，也可按既有的拍摄习惯来使用；而且还有同样高的1：1放大倍率，故拍摄时可以作更自由地进行构图剪裁，更加灵活。至于画质，这支镜头绝对可以给予用户信心，有3片SLD低色散镜片和浮动对焦设计，务求解像力和光学更佳。

快门：1/100秒　光圈：f/10　感光度：ISO100

APS-C格式大光圈超声波标准镜皇
Sigma 18-50mm f/2.8 EX DC Macro HSM

主要特点

●拥有HSM超声波马达，可支持没有内置马达的相机进行自动对焦●18-50mm（相当于135格式27-75mm的焦距）●f/2.8大光圈，光线不足的环境下十分有用●备有微距拍摄功能，最近对焦距离为20cm

■结构图

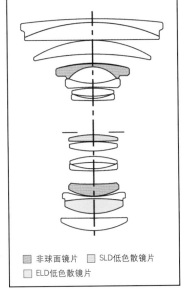

■ 非球面镜片　□ SLD低色散镜片
□ ELD低色散镜片

■评分　**9.0**
（10分为满分）

在众多镜头品牌中，都有专为APS-C格式数码单反而设的标准变焦镜头，焦距大约为18-50mm，即相当于135格式的27-75mm，而f/2.8恒定大光圈的均属高级之列。而这款Sigma镜头，更是经历多次改良的型号，甚至有HSM的内置马达选择。

如果以为相机没有内置驱动镜头的马达，一定会少很多镜头可选用，其实未必正确。因为Sigma再次推出18–50mm f/2.8 EX DC Macro HSM，此镜头也内置了超声波马达，相机没有马达也可以用。

▲ 此镜头型号有HSM版本和非HSM版本，前者是专为Nikon卡口而设，而后者则有各种相机品牌的卡口选择。

▲ 这款镜头最特别之处就是有1:3放大倍率的微距拍摄性能。

超声波镜头新选择

这支新出的Sigma 18–50mm f/2.8 EX DC Macro HSM镜头，是数码相机专用的镜头。最大的特点，是它也内置了HSM超声波镜身马达，专门供给没有内置机身马达的Nikon相机，这类相机如果配上没有马达的镜头使用，将无法进行自动对焦，只能手动对焦拍摄。不过，即使一般备有马达的相机也可应用得到，所以备有马达的镜头在各类DSLR的应用层面上更全面。大家要注意的是，这支镜头只供给数码相机系统使用，并不支持胶片相机。

应用层面广

另外，此镜头的规格也很有吸引力。18–50mm的焦距即相当于135格式的27–75mm焦距，广角端应该足够一般用户日常使用了，虽然至远摄端时所涵盖的焦段不算高，但可换来较轻巧和方便的镜身；焦段较少也更容易配上大光圈，所以此镜头可用上恒定f/2.8的大光圈，在光线不足的环境下大光圈可谓相当好用。而且在街头抓拍时，18–50mm的焦距相信已经足够。

还有一点值得提醒大家，就是这支镜头也具有微距拍摄功能，最近对焦距离20cm，放大倍率为1：3，此镜头还可充当微距镜头，所以说此镜头的应用层面十分广。

不同镜头的比较

Sigma近期新推出的多支HSM镜头，都曾经出过相同焦距和光圈的型号，只不过旧版没有加HSM超声波马达，但旧版和新版除HSM马达方面之外，还会有其他差别吗？我们去升级是否值得？我们会看看旧版有没有升级新版的必要。

在用途上，18–50mm的焦距范围不如17–70mm这支大，18–50mm这个焦段在17–70mm中已经完全涵盖到，故后者适用性更广。但18–50mm有恒定f/2.8大光圈，虽然17–70mm也有f/2.8，不过并非恒定，只在广角端时才有，至远摄端70mm时会收小至f/4.5，较小的光圈会影响快门的速度，容易产生因手抖导致模糊。

成像素质

在广角端全开光圈f/2.8时，中央解像力也有1900 LW/PH，边缘也达1700 LW/PH，以全开光圈而言是相当锐利的。而此镜头的最佳光圈为f/8，中央解像力高达2050 LW/PH，十分不错，边缘也不差，有1850 LW/PH。此镜头的解像力有不错的水平。

桶状变形和枕状变形同样极为轻微。四角失光方面的比较也没有明显差别，只在远摄端才有少许差异，18–50mm这支镜头有-0.64EV的失光。

从成像素质来看，18–50mm f/2.8 EX DC Macro HSM稍胜少许，18–50mm属中级或中级以上等级的镜头，而是否值得用户升级，就要看是否需要恒定f/2.8大光圈和HSM超声波马达。要注意的是，有HSM的版本为Nikon卡口，其余规格则跟其他卡口相同。

◀ 拥有f/2.8大光圈，让用户即使在晚上也可轻易拍摄到清晰的照片。

■线性失真DISTORTION

Sigma 18-50mm f/2.8 EX DC Macro HSM（测试相机：Nikon D40x）

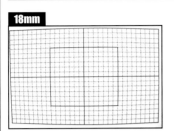

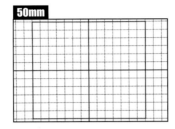

◀ **18mm**
测试结果：水平差异约0.26%，垂直差异约
1.93%
测试评论：桶状变形情况轻微

◀ **50mm**
测试结果：水平差异约0.08%，垂直差异约
0.06%
测试评论：枕状变形情况极轻微

■四角失光VIGNETTE

Sigma 18-50mm f/2.8 EX DC Macro HSM（测试相机：Nikon D40x）

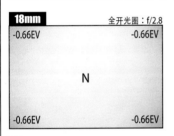

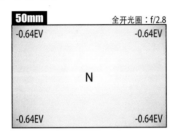

◀ **18mm**
测试结果：−0.66EV
测试评论：四角失光情况轻微

◀ **50mm**
测试结果：−0.64EV
测试评论：四角失光情况轻微

■中央解像力RESOLUTION

Sigma 18-50mm f/2.8 EX DC Macro HSM（测试相机：Nikon D40x）

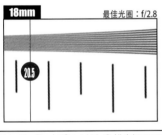

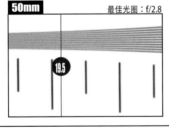

◀ **18mm**
测试结果：最佳光圈f/2.8
测试评论：锐度f/2.8时最佳

◀ **50mm**
测试结果：最佳光圈f/2.8
测试评论：表现与广角端相当

Lab test by Pop Art Group Ltd., © All rights reserved.

■规格SPEC.

Sigma 18-50mm f/2.8 EX DC Macro HSM

焦距	18—50mm
用于APS-C	约26—75mm
视角	69.3° — 27.9°
镜片	13组15片
光圈叶片	7片
最大光圈	f/2.8
最小光圈	f/22
最近对焦距离	0.2m
最大放大倍率	0.33x
滤镜直径	72mm
体积	79 x 85.5mm
重量	535g (Nikon有HSM)
卡口	SA卡口、EF卡口、K卡口、α卡口 (D)、4/3系统、F卡口(D)

■评测结论

　　虽然Sigma之前已经推出过一支相同焦距及光圈的镜头，但这支新镜头增加了HSM超声波马达，而且其f/2.8大光圈及20cm微距拍摄功能都十分有用，提高了实用程度，其售价和素质也算合理。

快门：1/1000秒　光圈：f/2.8　感光度：ISO200

防抖超声波大光圈标准变焦镜头
Sigma 18-50mm f/2.8-4.5 DC OS HSM

■主要特点

● 镜头为APS-C格式相机而设计，具有2.8倍变焦能力，焦距为18-50mm，相当于135格式27-75mm ● 在18mm时，最大光圈为f/2.8 ● 内置Sigma OS光学防抖功能 ● 加入HSM超声波马达，令对焦更快更静 ● 采用12组16片镜片设计，当中包括2片SLD镜片及3片非球面镜片 ● 同时采用内变焦及内对焦设计

■结构图

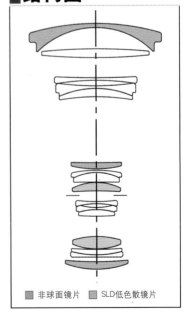

■ 非球面镜片　■ SLD低色散镜片

■评分
(10分为满分) **8.0**

如果嫌现有的标准变焦镜头性能不够好，但又不想斥资太多去换顶级的大光圈镜头，这款Sigma的18-50mm f/2.8-4.5DC OS HSM可以说是一个两者之间的中庸选择。因为它既有广角端的f/2.8大光圈，也有OS防抖性能，令用户可以享有多种优点。

对于摄影人来说，大约相当于135格式的24-70mm焦距的镜头是最常用的，因为焦距既覆盖了广角又顾及了中焦需要，因此这种焦距的标准变焦镜头最受摄影人欢迎。这款18-50mm f/2.8-4.5 DC OS HSM正是其中一支新贵，用于APS-C格式相机时，焦距相当于135格式27-75mm，而且还设有防抖功能。

浮动f/2.8大光圈

此镜头焦距与Sigma另一支18-50mm f/2.8 EX相同，相当于135格式27-75mm，但改用了浮动光圈设计，虽然18mm时可以有f/2.8大光圈，但焦距一旦增长便会缩小，50mm时则为f/4.5，相信这是因为希望令镜身更轻巧。然而，f/2.8大光圈可方便用户在昏暗环境下拍摄，虽然远摄端光圈会收小，但OS防抖可以弥补不足。

镜头体积轻巧是此镜头的最大特色，镜头直径为74mm、长度为88.6mm，由于镜头同时使用了内变焦及内对焦设计，因此镜头长度在拍摄时并不会改变。

同类镜头中首设防抖

在Sigma的镜头系列中，这支新镜头是同类中首次加入防抖功能的，而且经测试后防抖效果明显，除有助于减轻手抖对影像清晰度的影响外，更可让用户在用取景器取景时，可以实时看到抖动被抵消的效果。而根据Sigma数据显示，即使在内置了防抖功能的Pentax（*ist和K100D例外）或Sony机身上，镜头的防抖也可以继续正常运作。

此镜头也内置了HSM超声波对焦马达，为用户提供高速及宁静的对焦效果。不过使用Pentax系统的用户要注意了，如果使用不支持HSM超声波马达的机身，如K100D时，镜头便会失去自动对焦能力。

配备多片特殊镜片

镜头采用12组16片镜片设计，其中包括2片SLD镜片及3片非球面镜片，有助于减少色散的影响，而镜片加入超级多层镀膜，有效减少眩光的出现。

最后，我们在测试时发现镜头在广角端全开光圈时解像力表现不错，但收至最佳光圈f/8时，镜头解像力得以提升；在远摄端时，全开光圈，镜头的解像力略为下降，而远摄端的最佳光圈同样为f/8。

而在四角失光测试中，广角端在全开光圈时有明显的四角失光情况，但光圈收至f/4时四角失光情形已大幅度减少，到了f/5.6时则开始不明显；而在远摄端时四角失光情况在全开光圈时也不明显。在镜头变形方面，只是在18mm广角端时有明显的桶状变形，在远摄端时变形则还算轻微。

无忧的镜身设计

Sigma的镜头都附有量身定制的遮光罩，所以购买的朋友都不用再担心选配遮光罩，而且其遮光效果也一定是最好的。就如这款Sigma镜头，也为用户悉心准备了一个花瓣形的遮光罩，对于18mm广角端时，既有效阻止大部分杂光进入镜头，又不会把四角失光情况严重化，这对成像画质带来了保障。

而说到遮光罩也不妨说说此镜头的镜身设计吧。虽然它不是EX系列，没有那种磨砂表面的高品位镜身外层，但小巧的镜身，基本已经由对焦和变焦两个环所包围着，可说已毋须再多作修饰，就是实实在在的外形，实际为主；而且变焦环的宽度恰到好处，加上虽然手动对焦并不重要，但仍保留一个顺手的对焦环，可见对用户的需求非常贴心。更重要的是，无论变焦或对焦，最前端的镜组并不会有任何转动，这已是如今的镜头最基本的设计，很多新的镜头已绝不再出转动的设计，以免妨碍装上如偏光镜等滤镜的运作。

恒定与非恒定光圈？

同样焦距的镜头Sigma还有一款18-50mm f/2.8DC，究竟差别在哪里呢？没错！正是光圈的变化，这款的最大光圈是f/2.8-4.5，即会在变焦到远摄端时缩小，比较起来没有f/2.8恒定不变那款方便。例如在影室里拍摄，由于闪光灯的设定是要用一个固定的光圈来获得准确曝光的，若一旦变焦改了光圈，闪光的输出又没更正，那便会出现曝光问题，所以恒定光圈又会好一点，当然价格又贵一些。

■线性失真DISTORTION

18-50mm f/2.8-4.5 DC OS HSM（测试相机：Nikon D90）

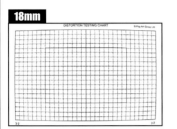

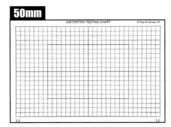

18mm
测试结果：水平差异约0.94%，垂直差异约3.06%
测试评论：桶状变形情况明显

50mm
测试结果：水平差异约0.36%，垂直差异约0.68%
测试评论：枕状变形情况轻微

■四角失光VIGNETTE

18-50mm f/2.8-4.5 DC OS HSM（测试相机：Nikon D90）

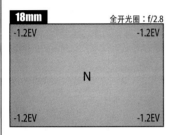

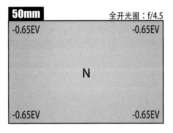

18mm
测试结果：-1.2EV
测试评论：四角失光情况严重

50mm
测试结果：-0.65EV
测试评论：四角失光情况轻微

■中央解像力RESOLUTION

18-50mm f/2.8-4.5 DC OS HSM（测试相机：Nikon D90）

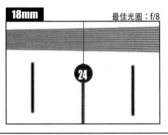

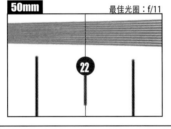

18mm
测试结果：最佳光圈f/8
测试评论：18mm时的最佳光圈为f/8，解像力不俗

50mm
测试结果：最佳光圈f/11
测试评论：50mm时的最佳光圈与在18mm时同样为f/8，解像力仍然不错

Lab test by Pop Art Group Ltd., © All rights reserved.

■规格SPEC.

18-50mm f/2.8-4.5 DC OS HSM

焦距	18—50mm
用于APS-C	约27—75mm
视角	69.3° － 27.9°
镜片	12组16片
光圈叶片	7片
最大光圈	f/2.8-4.5
最小光圈	f/22
最近对焦距离	0.3m
最大放大倍率	0.24x
滤镜直径	67mm
体积	74 x 88.6mm
重量	395g
卡口	K卡口、EF卡口、F卡口(D)、α卡口(D)、SA卡口

■评测结论

　　Sigma这支新款标准变焦镜头，整体表现理想，焦距为18—50mm，相当于135格式27—75mm，已适合于日常用途；而且镜头采用了HSM马达，因此使用时也能感到对焦迅速，并设有防抖功能，方便用户使用较慢的快门速度拍摄。不过可惜的是，f/2.8光圈只能用于18mm焦距，不过其解像力还算不俗，收至最佳光圈时解像力有所提升。在其他镜头测试方面，远摄端在四角失光及变形测试中有不错的表现，只是在广角端时变形及四角失光情况较严重。虽然售价比其他相近焦距镜头贵，但其OS防抖功能和HSM马达的确大大提高了其吸引力。

快门：1/25秒 光圈：f/5 感光度：ISO400

灵活防抖街头抓拍变焦能手
Sigma 18-125mm f/3.8-5.6 DC OS HSM

主要特点

●用于APS—C格式相机上时，焦距相当于135格式的27－187.5mm，●Sigma、Canon和Nikon卡口拥有OS防抖功能●配备1片SLD低色散镜片和多达3片的非球面镜片●HSM超声波马达，配合IF内对焦设计

■结构图

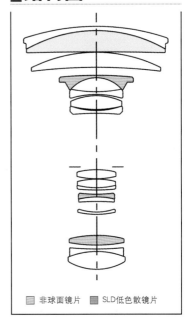

▨ 非球面镜片　▨ SLD低色散镜片

Sigma把旗下一支接近6.9倍的变焦镜头重新改良，加入HSM马达和OS防抖，令这种能轻易捕捉远近主体的小型镜头增添更多可能性。使喜欢抓拍或四处旅行的摄影人，大大增加拍摄佳作的机会。

■评分
(10分为满分)
8.5

207

既然有18-200mm这些选择，为何仍要用18-125mm？有些人以为多此一举，其实最初DSLR普及时为应付APS-C画幅感应器的需要，镜头的焦距必须缩短，以符合相当于135的流行焦距。当中最受欢迎的高倍变焦镜头莫过于135的28-200mm变焦镜头，而18-125mm用于1.5倍换算系数的APS-C格式相机上时就大约相当于135的27-188mm，用于1.6倍换算系数的相机时则约相当于135的29-200mm，所以18-125mm焦距的出现，正是为满足大部分摄影人的习惯和需要。

18-125mm的灵活性

18-200mm用于1.5x的APS-C格式的相机时，焦距已经达到27-300mm，当用户未必要用到300mm时，又或需要面对300mm操作上的难度时，这时18-125mm的焦距似乎更易接受和易用。事实上，相当于135的300mm时，手抖令照片出现模糊的机会也大增。而有经验的朋友都知道，在胶片年代，一支28-70mm和一支70-200mm两个焦段的镜头最好用，28-200mm后来能走红摄影界自有其道理。

换而言之，18-125mm镜头具有灵活易用的优点。我们特意用此镜头走到熙熙攘攘的街头抓拍，无论是广角拍摄大环境，抑或变焦近距离拍摄特写，很多时都恰到好处，不用再费劲前前后后走动来迁就构图。

更快速的自动对焦

这支镜头其实是由上一代18-125mm改良过来的，而且是大幅度改良，镜片结构、镜身尺寸、滤镜直径、重量都有不同。论功能上的改进，最大的就是加入HSM超声波马达，只要兼容镜身马达，这种设计现在在5个主流品牌相机上都可以用得上，其优点是对焦时更宁静，而理论上也较快速；而在这支镜头上，由于也是IF内对焦的设计，使用时可以完全感受到那种快速和宁静的

感觉。镜头在一般拍摄环境下，聚焦的反应非常快速，自动对焦组件驱动时也相当流畅，只可惜镜头的对焦环并没有全时手动对焦设计，即不能在自动对焦的同时，随时转动对焦环来调校焦点。如要进行手动对焦，须先把镜头旁的对焦模式开关调至MF。

4级OS防抖

有不少人在谈论是镜头防抖好还是机身防抖好。事实上，这应该看相机的系统，有机身CCD/CMOS偏移防抖技术，就不用镜头防抖了，所以Sigma这支镜头，分别为不同品牌相机用户准备了两个选择，供Sony和Pentax卡口用的不设OS防抖，而供Canon、Nikon和Sigma卡口用的则有OS防抖。

OS光学防抖其实正是Sigma所采用的镜头防抖技术，在这支镜头上，更达约4级的防抖功能。举例说，如使用125mm时，即接近相当于135的200mm，那便需要1/200秒左右才能确保不会因手抖而令照片模糊，但开启了OS防抖后，理论上就可慢4级快门，即约1/15秒也能保持一定的清晰度。

解像力表现一致

如果要期望一支近7倍变焦的镜头有很高水平的成像素质，这未免是过分的要求，但希望它是一支由广角到远摄都有较平均

表现的镜头，那已达标。从我们的解像力测试来看，广角焦距的解像力会比远摄焦距时略优，不过，远摄焦距时，影像的变形会较少，中央和边缘的解像力会趋于一致，这也保证了影像不会有边缘明显松散的情况。相信这跟镜头的光学设计有关，里面有一片SLD低色散镜片，也有一片模铸非球面玻璃镜片，另有两片混合式非球面镜片，令整段焦距都有较一致和稳定的表现。

至于操作，虽然要比上一代大少许，但重量和体积仍然恰到好处，用于入门级机身也十分平衡，镜头的最近对焦距离已缩至35cm，也令放大倍率提高至1：3.8，使此镜头不仅远近可及，甚至连近距离拍摄小巧对象也可以。而厂方也提供了一个完全配合的遮光罩，在户外或强光下使用时，能有效阻隔入光，也是提高画质的一个要点之一。

▲ 这支镜头最大的改良是加入HSM内置马达，就算是最新的DSLR都能驱动自动对焦，而且有IF内对焦设计，对焦快速顺畅。而在光学方面，它也加入了非球面镜片和SLD低色散镜片。

■线性失真DISTORTION

18-125mm f/3.8-5.6 DC OS HSM （测试相机：Canon EOS 400D）

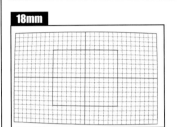

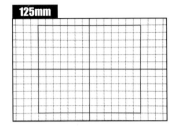

◤18mm

测试结果：水平差异约0.79%，垂直差异约
3.14%
测试评论：桶状变形情况可察

◤125mm

测试结果：水平差异约0.41%，垂直差异约
0.74%
测试评论：枕状变形情况轻微

■四角失光VIGNETTE

18-125mm f/3.8-5.6 DC OS HSM （测试相机：Canon EOS 400D）

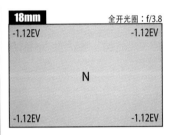

18mm　全开光圈：f/3.8
-1.12EV　　　-1.12EV
N
-1.12EV　　　-1.12EV

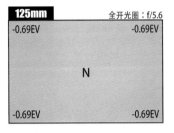

125mm　全开光圈：f/5.6
-0.69EV　　　-0.69EV
N
-0.69EV　　　-0.69EV

◤18mm

测试结果：-1.12EV
测试评论：四角失光情况明显

◤125mm

测试结果：-0.69EV
测试评论：四角失光情况极轻微

■中央解像力RESOLUTION

18-125mm f/3.8-5.6 DC OS HSM （测试相机：Canon EOS 400D）

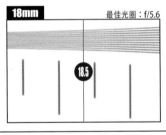

18mm　最佳光圈：f/5.6
18.5

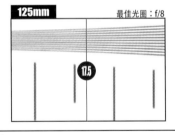

125mm　最佳光圈：f/8
17.5

◤18mm

测试结果：最佳光圈f/5.6
测试评论：收小一级光圈更佳，f/5.6-f/8之
间其实都接近。

◤125mm

测试结果：最佳光圈f/8
测试评论：收小至f/8-11时锐度稍为提升。

Lab test by Pop Art Group Ltd., © All rights reserved.

■规格SPEC.

18-125mm f/3.8-5.6 DC OS HSM

焦距	18–125mm
用于APS-C	约27–187.5mm
视角	69.3°－11.4°
镜片	12组16片
光圈叶片	7片
最大光圈	f/3.8–5.6
最小光圈	f/22
最近对焦距离	0.35m
最大放大倍率	0.26x
滤镜直径	67mm
体积	74 x 88.5mm
重量	490g
卡口	SA卡口、EF卡口、F卡口(D)、K卡口、α卡口(D)

■评测结论

　　这支Sigma镜头距上一代最初推出时已有多年，如今顺应相机发展趋势，改良为内置HSM超声波马达，加上IF内对焦设计，使自动对焦表现出众。从试用可得出结论，它是素质相当稳定、平均和好用的镜头，是一种日常使用的或者抓拍的随身镜头。

快门：1/640秒　光圈：f/6.3　感光度：ISO200

APC—S格式4级防抖高倍变焦镜头
Sigma 18-250mm f/3.5-6.3 DC OS HSM

主要特点

● 13.8倍变焦倍数，相当于135格式27—375mm焦距 ● 内置4级OS防抖系统 ● 加入HSM马达，对焦更快更宁静 ● 3片非球面镜片及4片SLD镜片 ● 最近对焦距离45cm，放大倍率1：3.4 ● 滤镜直径72mm，体积79x101mm，重量630克

■结构图

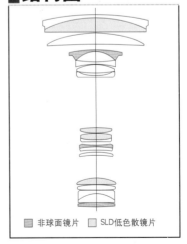

☐ 非球面镜片　　☐ SLD低色散镜片

■评分　　　9.0
（10分为满分）

　　摄影初学者都喜欢选择高倍率变焦的镜头，因为可避免更换镜头的麻烦。如果你也对这种镜头有兴趣，那一定要留意这款Sigma18-250mm f/3.5-6.3 DC OS HSM。

以往有些高倍率变焦镜头的成像素质都差强人意。但近年随着技术的发展，这种情况已经有所改善，就算是超高倍率变焦镜头也有不俗的成像素质，那么Sigma 18-250mm f/3.5-6.3 DC OS HSM表现又如何呢？

超高倍率变焦镜头

变焦镜头不但适合初学摄影的用户，大部分有经验的摄影人也会选择这种镜头，因为使用起来的确比较方便。变焦倍数越大，代表有越大的焦距范围可以选择，Sigma这款超高倍率变焦镜头就拥有13.8倍变焦能力，达18-250mm，相当于135格式的27-375mm焦距，无论由广角至远摄都已经涵盖到了。试用中最大的感受是，此镜头很轻松就可以从广角变焦至远摄端，而且相当流畅，镜头体积适中，握持的手感不错，约转动变焦环1/4圈就可以完成变焦，所以虽然变焦倍数高，但使用起来仍相当灵活。

加入4级防抖功能

Sigma这支18-250mm f/3.5-6.3 DC OS HSM镜头，除其超高倍率变焦特点外，还有其他很吸引人的功能，其中最重要的就是其OS防抖功能。这支新镜头加入了最高达4级防抖效能的OS系统，让用户就算使用远摄端250mm时，也能更有把握地拍摄到清晰的照片。例如，当用户正使用250mm焦距（相当于135格式375mm）时，其安全快门应在1/500秒以上，但通过OS防抖系统帮助，理论上大约使用1/30秒也能拍摄到足够清晰的影像。而我们也就此试用过，发觉其防抖功能效果不错，在大多数情况下都能发挥效用，表现理想。

HSM马达对焦迅速

这支镜头还有其他优点，包括它内置的HSM马达。此镜头内置HSM驱动马达后，不但使它可以支持没有内置驱动马达的单反机身（如Nikon D60等）也能够进行自动对焦，而其他机身使用此镜头，也能发挥那HSM马达的功效。试用后发现，此镜头的HSM马达提供不错的自动对焦速度，反应非常灵敏，半按下就感觉到瞬间已完成对焦，不但快，而且在大部分情况下也十分准确；加上对焦的操作也算宁静，此镜头的HSM马达表现非常不错。

多片特殊镜片

为了提升成像素质，Sigma为此镜头加入了多片特殊镜片，在14组18片的结构中，就有4片SLD镜片及3片非球面镜片，而且镜片也经过超多层镀膜处理，以确保能提供不错的成像素质。

这支镜头的其他基本规格包括采用7片光圈叶片设计、45cm最近对焦距离、1：3.4放大倍率、69.3°-5.7°视角、72mm滤镜直径、体积为79x101mm、重量为630克等。

远摄画质令人惊喜

先看一看解像力方面，于18mm广角端时全开光圈为f/3.5，解像力也算不错，而最佳光圈在f/11，可见锐度有明显的提升！在250mm远摄端时，全开光圈为f/6.3，影像的锐度不及广角端，而最佳光圈为f/16，解像力也有一定的提升，但明显还是不及广角端。但以13.8倍超高倍变焦及250mm长的焦距来说，它的远摄端解像力的表现已经算很不错了。

接着看四角失光的测试，在18mm全开光圈f/3.5时，失光情况可察，不过在收小光圈后情况有明显的改善，f/5.6时失光已经相当轻微；而250mm远摄端全开光圈f/6.3时的失光情况并不明显，收小光圈至f/8后几乎已经不见失光情况。之后是变形测试，可以见到，18mm时桶状变形情况可察，但250mm远摄端时，枕状变形情况就变得极轻微。

除成像素质的测试外，我们也比较了此镜头的200mm与250mm时焦距的差别。首先，我们把镜头设定为离主体10尺距离，原因是通常在使用200mm或以上的远摄焦距，普遍离主体6-10尺的距离或更多。测试发觉，虽然250mm时确实有更高放大倍率，但相比200mm焦距其实差别并还是很大。我们再比较另一支远摄变焦镜Nikon AF 80-200mm f/2.8D ED的200mm焦距，见到此镜头在200mm焦距时，可以拍到比250mm焦距更高放大倍率的影像。这只是因为镜头在相同焦距下而非无限远拍摄时，镜头的放大倍率不同，并非镜头焦距不足，当在远摄端对焦无限远时就不会受影响，可以正常见到200mm与250mm的差别。

■线性失真 DISTORTION

18-250mm f/3.5-6.3 DC OS HSM （测试相机：Nikon D300）

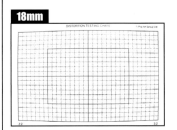

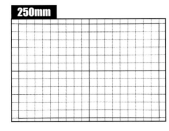

18mm
测试结果：水平差异约0.41%，垂直差异约1.59%
测试评论：桶状变形情况可察

250mm
测试结果：水平差异约0.21%，垂直差异约0.30%
测试评论：枕状变形情况极轻微

■四角失光 VIGNETTE

18-250mm f/3.5-6.3 DC OS HSM （测试相机：Nikon D300）

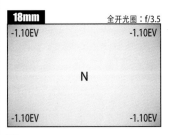

18mm　全开光圈：f/3.5
-1.10EV　　　-1.10EV
N
-1.10EV　　　-1.10EV

250mm　全开光圈：f/6.3
-0.25EV　　　-0.25EV
N
-0.25EV　　　-0.25EV

18mm
测试结果：-1.10EV
测试评论：四角失光情况可察

250mm
测试结果：-0.25EV
测试评论：四角失光情况极轻微

■中央解像力 RESOLUTION

18-250mm f/3.5-6.3 DC OS HSM （测试相机：Nikon D300）

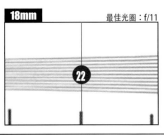

18mm　最佳光圈：f/11
22

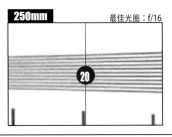

250mm　最佳光圈：f/16
20

18mm
测试结果：最佳光圈f/11
测试评论：18mm时的最佳光圈为f/11，锐度有明显的提升。

250mm
测试结果：最佳光圈f/16
测试评论：最佳光圈在f/16，锐度较全开光圈时略为提升。

Lab test by Pop Art Group Ltd., © All rights reserved.

■规格 SPEC.

18-250mm f/3.5-6.3 DC OS HSM

焦距	18—250mm
用于APS-C	约27—375mm
视角	69.3° — 5.7°
镜片	14组18片
光圈叶片	7片
最大光圈	f/3.5-6.3
最小光圈	f/22
最近对焦距离	0.45m
最大放大倍率	0.29x
滤镜直径	72mm
体积	79 x 101mm
重量	630g
卡口	K卡口、EF卡口、F卡口(D)、α卡口(D)、SA卡口

■评测结论

　　Sigma这支超高倍率变焦镜头，整体表现来说已经表现不俗。拥有13.8倍的变焦能力，涵盖广角至远摄焦距，而且操作感觉流畅，对焦速度也不俗，是很实用的镜头。再加上从画质测试中看到，解像力有不错的表现，而四角失光及变形方面等控制能力也算理想。以高倍率变焦镜头来说，如对这种镜头有兴趣，此镜头肯定值得考虑。

快门：1/200秒　光圈：f/2.8　感光度：ISO400

全画幅大光圈超声波标准镜皇
Sigma 24-70mm f/2.8 IF EX DG HSM

主要特点

●24—70mm，3倍变焦●f／2.8大光圈，采用9片光圈叶片设计●包括1片ELD镜片、2片SLD镜片及3片非球面镜片●最近对焦距离为38cm，内置HSM马达

■结构图

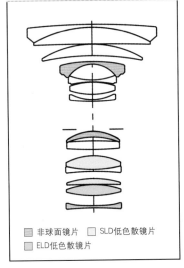

■ 非球面镜片　□ SLD低色散镜片
■ ELD低色散镜片

135格式的24-70mm属于"标准"变焦镜头，拥有f/2.8恒定大光圈的更是属高级之列。这同是Sigma EX系列的镜头，拥有了这些基本规格，而且在光学镜片上采用了顶级的ELD低色散镜片，成像素质相当高。

■评分 8.8
（10分为满分）

如果你已经升级为全画幅单反用户，要充分发挥那高像素相机的威力，一支优质的镜头是不可缺少的。而24—70mm焦距镜头几乎是必备的，它属于不少摄影人心目中的标准变焦镜头。Sigma这款24—70mm f/2.8 IF EX DG HSM就正好是一个心仪的选择！

第二代加入HSM马达

Sigma之前已经有一款24—70mm f/2.8的全画幅镜头，这一款新的24—70mm f/2.8又有什么差别呢？最直接可见的差别，就是加入了HSM马达，Sigma至今已为多支镜头加入HSM功能，包括这支135格式镜头24—70mm f/2.8 IF EX DG HSM。

另外，这支24—70mm f/2.8和之前的24—70mm f/2.8相比，虽然增加了HSM马达，但却不再设微距拍摄能力。虽然两者的最近对焦距离十分接近，但放大倍率并不一样，它的放大倍率为1：5.3，而之前那支24—70mm f/2.8的放大倍率是1：3.8。

新镜头加入ELD镜片

此外，新旧两支镜头相比之下，其光学设计也有差别，新镜头的结构采用12组14片的设计，而旧镜头就采用13组14片。更重要的是，新镜头所采用的镜片结构中，特殊镜片多达6片，比旧镜头还多加1片。而新增的是一片ELD镜片，另外再配合3片非球面镜片和2片SLD镜片，旧镜头只备有3片非球面镜片和2片SLD镜片。

其他规格两者大致相同，对角线视角没有差别，同样为84.1°－34.3°，而且也是采用9片光圈叶片设计。另一个差别是，新的24—70mm f/2.8其最小光圈为f/22，而旧镜头的最小光圈为f/32。不过，一般来说f/32

这么小的光圈极少会用到，所以影响不大。还有，新镜头的外形也有所改变，比旧镜头更轻巧，体积缩小了，为88.6x94.7mm，旧镜头为88.7x115.5mm。新镜头体积小了，但重量反而增加，达790克，旧镜头为715克。新镜头加入了IF内对焦功能也算两者的差别。

同级轻巧操作之选

由于这类镜头十分受摄影人青睐，所以市面上也有不同的24—70mm f/2.8镜头，但比较之下，Sigma这支也有自己的特点，就是足够轻巧！和其他品牌的同级镜头比较，Sigma这支相对小巧，所以携带上也更方便和轻松。Sigma这支24—70mm f/2.8镜头在握持及操作上都感觉很轻松，变焦环转动流畅，对焦环的操作感也不错，而镜身上也设有AF/MF切换键，转换自动对焦和手动对焦时更快更灵活。

成像素质表现一流

最后，在影像锐度方面，在24mm广角端时，发觉即使全开光圈，锐度也十分理想，而最佳光圈在f/8，锐度会再提升少许。70mm远摄端时的锐度差别较为明显，虽然全开光圈时的解像力也很不错，但使用最佳光圈f/8时，影像锐利程度更佳。

接着是四角失光测试，我们发现广角端和远摄端，在全开光圈f/2.8时，失光情况略为明显，广角端时如果收小光圈，可

稍为改善情况；而远摄端时，收小光圈会对失光情况有比较明显的改善，至f/5.6时已经不见明显失光。至于变形方面，可见24mm广角端时的桶状变形情况属于可察，70mm远摄端时的变形较为轻微，不易察觉它的枕状变形情况。

值得考虑的梦幻镜头

看目前全画幅单反的发展趋势，必定会越来越普及，可以相信像24—70mm f/2.8这种类型的镜头，需求会越来越大。所以Sigma这次推出一支全新的24—70mm f/2.8 IF EX DG HSM，大有市场空间！从镜身到操作上，比多支同级镜头都要显得更轻巧和更方便使用，而且从成像素质测试上，也可充分见到镜头的光学表现十分令人满意。作为一支全画幅单反用户渴求的梦幻标准变焦镜头，Sigma这支绝对有其吸引力，值得摄影人考虑。

▲ 同属Sigma的EX系列，代表着高品质的光学。

■线性失真DISTORTION

Sigma 24-70mm f/2.8 IF EX DG HSM （测试相机：Canon EOS 5D Mark II）

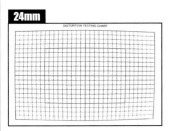
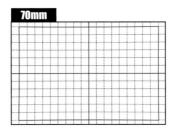

24mm
测试结果：水平差异约0.53%，垂直差异约1.6%
测试评论：桶状变形情况可察

70mm
测试结果：水平差异约0.18%，垂直差异约0.40%
测试评论：枕状变形情况极轻微

■四角失光VIGNETTE

Sigma 24-70mm f/2.8 IF EX DG HSM （测试相机：Canon EOS 5D Mark II）

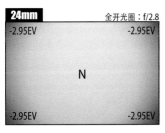
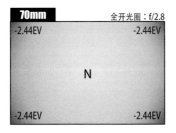

24mm
测试结果：约-2.95EV
测试评论：四角失光情况可察

70mm
测试结果：约-2.44EV
测试评论：四角失光情况可察

■中央解像力RESOLUTION

Sigma 24-70mm f/2.8 IF EX DG HSM （测试相机：Canon EOS 5D Mark II）

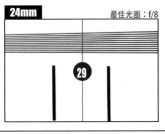
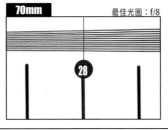

24mm
测试结果：最佳光圈f/8
测试评论：最佳光圈为f/8，锐度十分高

70mm
测试结果：最佳光圈f/8
测试评论：远摄端最佳光圈在f/8，解像力跟广角端时相当

Lab test by Pop Art Group Ltd., © All rights reserved.

■规格SPEC.

Sigma 24-70mm f/2.8 IF EX DG HSM	
焦距	24—70mm
用于APS-C	约36—105mm
视角	84.1° — 34.3°
镜片	12组14片
光圈叶片	9片
最大光圈	f/2.8
最小光圈	f/22
最近对焦距离	0.38m
最大放大倍率	0.19x
滤镜直径	82mm
体积	88.6 x 94.7mm
重量	790g
卡口	K卡口、EF卡口、F卡口(D)、SA卡口、α卡口(D)

■评测结论

　　从使用方面来说，这款镜头肯定是一流的，24—70mm焦距加上f/2.8大光圈，十分好用，操作手感也不错，镜身不算大，握持也容易得多，携带也较方便。另外，在成像素质的测试上，可见此镜头的锐度很不错，虽然四角失光及广角端的变形情况略为明显，但以全画幅大光圈广角镜头来说，也是可以理解的，所以并没有太大地影响它的吸引力。

快门：1/100秒　光圈：f/6.3　感光度：ISO100

超低色散极品超声波远摄镜皇
Sigma APO 50-150mm f/2.8 EX DC HSM

主要特点

●恒定f/2.8大光圈●采用4片SLD超低色散镜片●HSM快速宁静对焦马达●可使用Sigma 1.4x/2x EX DG增距镜●轻巧的镜身设计

■结构图

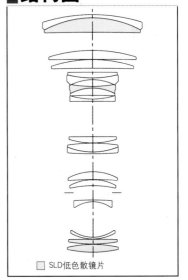

□ SLD低色散镜片

■评分
(10分为满分)　**9.0**

135画幅的70-200mm f/2.8已成为一个"梦幻"规格，但当这种镜头用在APS-C画幅中就会变成105-300mm，使用上会较不便。Sigma于是推出这款专为数码单反用户而设的50-150mm镜头，焦距相当于135格式的75-225mm，可重拾135格式的70-200mm感觉！

对于人像发烧友来说，一支经典的70-200mm中长焦变焦镜头，可谓必备"武器"之一。然而使用135格式的同类镜头，要是配备f/2.8大光圈的款式动辄过万，因此Sigma特别设计了这支50-150mm的镜头。它用在APS-C格式DSLR后便提供相当于135格式的75-225mm焦距，完全重现70-200mm镜头的"视野"。

小巧易上手

Sigma这支"DC"镜头只可供APS-C格式DSLR使用，全画幅的相机并不适用。也因如此，这支镜头相对传统f/2.8光圈同等焦距的镜头轻巧得多，即使将它装在以小巧见称的Canon EOS 400D，也不会出现明显的前重后轻的现象。而且它体积小巧便于携带，对于经常外出旅行、或者希望把器材轻量化的用户，这支仅重770克的50-150mm镜头便再合适不过。

由于这支镜头只有140.2mm长，比一般同级70-200mm镜头约190mm的长度短了一截，所以此镜头并没有配备一般远摄镜头的脚架环。但用户也不必担心，因为将此镜头放在脚架上使用时绝不会出现向前下坠的问题。

滤镜直径仅67mm

这支轻巧镜头的另一个好处，就是使用了67mm滤镜，比起一般70-200mm f/2.8镜头使用的77mm滤镜小得多；使用67mm滤镜的好处，当然是价格更低，为用户省了不少钱。

也许有些用户对"轻巧"二字感到害怕，会有"分量不足"先入为主的错觉。事实上只要手持Sigma 50-150mm f/2.8后，其EX涂层及其金属感，便会给人十分可靠的感觉，用户可以紧紧地握实这支镜头。

话说回来，50-150mm这个焦距毕竟在传统135镜头中十分罕有，但用在APS-C格式DSLR后，就会变回相当于135格式75-225mm焦距的镜头，比起使用70-200mm提供相当135格式的105-300mm的焦距，视角自然广得多。拍摄人像时可进一步拉近摄影师与模特的距离，在构图和给模特指引时也会更轻松。

对焦够快够静

也许不少Nikon及Canon用户，已经对SWM及USM马达的快速对焦表现十分熟悉，然而对于Sigma的HSM马达似乎有点陌生。事实上HSM也是超声波对焦系统，将这项技术应用到Sigma 50-150mm f/2.8后，便会发觉它的对焦性能绝对可以媲美原厂镜头。我们发觉这支镜头对焦快而准，而且十分宁静，用它来拍摄运动题材相当合适。然而，当此镜头在对焦时，用户会明显感受到它的HSM马达轻微震动，但这不会影响拍摄效果。

此镜头另一个重要特点，是它在任何时候均提供全时手动对焦功能。即使镜头处于自动对焦模式，用户仍然可以随时手动对焦，大幅提高了对焦的便利性，值得称赞。无论用户使用哪个焦距拍摄，镜头的长度都不会变，这是一个十分重要的性能。

然而此镜头也有一些不足之处，就是它的放大倍率仅1:5.3，用它拍摄昆虫之类生态照片时略嫌不够"火候"；而且它的最近对焦距离略远，长达100cm，用户要实时拍摄近距离对象时会略为不便，必须走到1米或以外的地方才能对焦。

成像素质同样出色

既然Sigma这支镜头的操作性能相当不俗，大家自然期待它的成像素质可以"交足功课"。而我们的测试也发现此镜头的光学素质甚佳。在解像力测试中，此镜头在广角端的最佳光圈竟然是f/2.8，达到2000LW/PH水平，换句话说，用户在广角端不但可以全开光圈获得最小景深的效果，而且可拍得极为细致的影像。

至于远摄端的最佳光圈则是f/5.6。然而用户仔细观察数据，便会发觉由f/2.8至f/8的中央解像力，实际上平均相差极为轻微，全都在1900LW/PH水平，用户可放心根据需要选择不同光圈，不怕解像力会随光圈收小而突然下降。

虽然这支镜头在广角端的失光情况略微明显，但相信在一般照片中并不明显，而且利用软件也很容易修正，因此问题不大。反而此镜头在变形测试中表现理想，变形情况极为轻微。

综观整支镜头的光学表现，堪称是专业级素质，加上其售价要比原厂70-200mm f/2.8镜头便宜得多，此镜头实在是价廉物美。较为可惜的是此镜头没有防抖功能，用户唯有透过它的f/2.8超大光圈来弥补吧。

■线性失真 DISTORTION

Sigma APO 50-150mm f/2.8 EX DC HSM （测试相机：Canon EOS 400D）

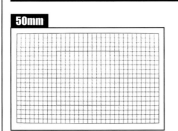

50mm

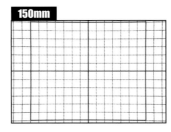

150mm

◄ **50mm**
测试结果：水平差异约0.47%，垂直差异约
0.11%
测试评论：桶状变形情况极轻微

◄ **150mm**
测试结果：水平差异约0.3%，垂直差异约
0.17%
测试评论：枕状变形情况极轻微

■四角失光 VIGNETTE

Sigma APO 50-150mm f/2.8 EX DC HSM （测试相机：Canon EOS 400D）

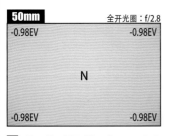

50mm 　 全开光圈：f/2.8
-0.98EV　　　-0.98EV
N
-0.98EV　　　-0.98EV

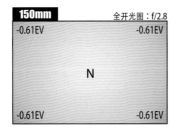

150mm 　 全开光圈：f/2.8
-0.61EV　　　-0.61EV
N
-0.61EV　　　-0.61EV

◄ **50mm**
测试结果：−0.98EV
测试评论：四角失光情况明显

◄ **150mm**
测试结果：−0.61EV
测试评论：四角失光情况轻微

■中央解像力 RESOLUTION

Sigma APO 50-150mm f/2.8 EX DC HSM （测试相机：Canon EOS 400D）

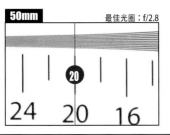

50mm 　 最佳光圈：f/2.8

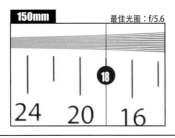

150mm 　 最佳光圈：f/5.6

◄ **50mm**
测试结果：最佳光圈f/2.8
测试评论：全开光圈已非常锐利

◄ **150mm**
测试结果：最佳光圈f/5.6
测试评论：收小至f/5.6时锐度不错

Lab test by Pop Art Group Ltd., © All rights reserved.

■规格 SPEC.

Sigma APO 50-150mm f/2.8 EX DC HSM

焦距	50—150mm
用于APS-C	约75—225mm
视角	27.9° − 9.5°
镜片	14组18片
光圈叶片	9片
最大光圈	f/2.8
最小光圈	f/22
最近对焦距离	1m
最大放大倍率	0.19x
滤镜直径	67mm
体积	76.3 x 140.2mm
重量	780g
卡口	K卡口、EF卡口、F卡口(D)、α卡口(D)、SA卡口、4/3系统

■评测结论

　　这支镜头提供相当锐利的影像，而且最佳光圈都偏向于大光圈，令用户可以放心地全开光圈，拍摄小景深的人像照片。加上此镜头体积轻巧，HSM对焦快速而准确，使它成为APS-C格式DSLR用户非常值得考虑的人像镜头。如果它的放大倍率能有更理想的表现，那便更加完美了。

快门：1/125秒　光圈：f/4.2　感光度：ISO400

4倍远摄变焦防抖远摄入门镜头
Sigma 50-200mm f/4-5.6 DC OS HSM

主要特点

●4倍变焦，相当于135格式75－300mm焦距●内置Sigma OS防抖●HSM驱动马达对焦●前镜组加入了SLD超低色散镜片

■结构图

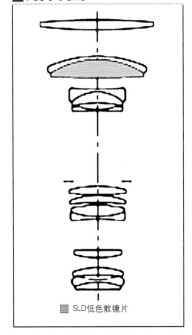

■ SLD低色散镜片

Sigma这支50-200mm入门镜头不仅采用了如SLD这种低色散镜片，更有OS光学防抖，令成像素质再提升，成为APS-C格式数码单反入门远摄镜头的佳选！

■评分
（10分为满分）

7.5

当拍摄距离较远的主体时，70mm会略嫌不足，此时用户便需要一支远摄镜头了。而Sigma APS-C格式相机专用远摄变焦镜头50-200mm f/4-5.6 DC OS HSM，此镜头除加入HSM超声波马达外，也同时加入防抖功能。

◀ 镜头前方加上了4颗螺丝，不知道为何如此设计的实质，但增添了几分强悍的机械感觉。

Sigma远摄变焦新成员

Sigma除了推出18-50mm f/2.8-4.5 DC OS HSM 外，同时还推出了50-200mm f/4-5.6 DC OS HSM远摄变焦镜头。镜头焦距为50-200mm，相当于135格式75-300mm，镜头体积小巧，直径为74.4mm，镜身长度只有101.9mm，采用10组14片镜片设计，在前镜组部分，加入SLD超低色散玻璃镜片。它与其兄弟型号55-200mm f/4-5.6 DC HSM一样加入了HSM马达，令对焦时更快更静。

其实只要我们细心留意，便可以发现Sigma在50-200mm这段焦距中，先后已推出了多支同类镜头。这个小师弟又是如何脱颖而出的呢？其实最大特点有两个，分别是广角端伸延了5mm和加入了4级防抖功能。

广角端延长5mm

这支新镜头与其他Sigma同类镜头相比，最明显的特征就是在广角端伸延了5mm，由55mm改为50mm，转换为135格式时，即由82.5mm变为75mm，让用户拍摄时焦距的可选范围更丰富；而且正好配合同期推出的18-50mm f/2.8-4.5 DC OS HSM标准变焦镜头，两支镜头的焦距正好互相紧接，形成一对绝配，让用户可以尽情地享受18mm至200mm整个焦距范围。

新增4级防抖功能

除焦距增加了5mm外，而另一改良就是加入Sigma自家OS光学防抖功能，防止拍摄时受手抖影响，使用远摄端时效果特别明显，因为在远摄端时，轻微的震动都会给相机带来大幅度的震幅，防抖系统正好为用户带来4级防抖效果。为方便用户在三脚架上使用，镜头旁位置设有一个防抖功能开关键，方便用户在三脚架上使用时把防抖功能关上，提升成像素质。虽然镜头最短对焦距离只有1.1米，但镜头的最大放大倍率为1:4.5，所以不太适合用于微距拍摄。

f/11为最佳光圈

经过测试后我们发现，在广角端全开光圈时，镜头解像力只属一般水平；当光圈收至最佳光圈f/11时，解像力有明显提升；但在远摄端时，比广角端解像力有轻微下降，可是收至最佳光圈后，解像力也已回升。

在镜头变形方面，镜头在广角端没有明显的变形状况，可是在远摄端时，枕状变形的情况会较明显，但在镜头四角失光方面，状况则并不明显。

专为APS-C而设

对于很多入门单反的用户来讲，一机两镜已经十分足够。以往大家所接触的所谓入门级套机镜头，性能上或多或少令用户有点犹豫，总是感觉不够好用，但这支Sigma的入门DC镜头，摆明了就是为APS-C格式的单反而设计的。而且比上一代更不惜成本，因为这小小的镜头内配齐了几种高级镜头才有的性能，包括OS光学防抖功能和内置HSM超声波马达，前者解决了弱光拍摄的困难，减少了快门太慢而导致影像模糊的情况；而后者则为不少未设自动对焦马达的机身提供极需要的自动对焦性能，所以可以说是入门用户的必然选择之一。

当然，好用还是不够，画质才着实重要。这大可放心，虽然此镜头不属于APO级，但其实已有SLD低色散镜片，加上改良了的光学设计，令它整个焦段都有相同的最近对焦距离，而且内含8片光圈叶片，散焦也能做到相当悦目自然。

毫无疑问，此镜头专为APS-C格式而设，所以格外小巧，但Sigma设计师却在镜头前加了4颗螺丝，感觉就好像给改装了，非常有个性，就像小跑车加上大包围一样，给人多了几分强悍的感觉，算是它的一个有趣的地方。

■线性失真DISTORTION

Sigma 50-200mm f/4-5.6 DC OS HSM（测试相机：Nikon D90）

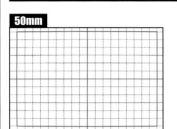
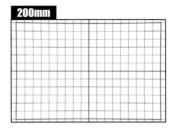

50mm
测试结果：水平差异约0.27%，垂直差异约
0.83%
测试评论：桶状变形情况轻微

200mm
测试结果：水平差异约0.59%，垂直差异约
1.19%
测试评论：枕状变形情况明显

■四角失光VIGNETTE

Sigma 50-200mm f/4-5.6 DC OS HSM（测试相机：Nikon D90）

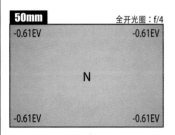
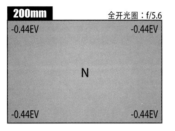

50mm
测试结果：约-0.61EV
测试评论：四角失光情况轻微

200mm
测试结果：约-0.44EV
测试评论：四角失光情况极轻微

■中央解像力RESOLUTION

Sigma 50-200mm f/4-5.6 DC OS HSM（测试相机：Nikon D90）

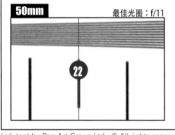
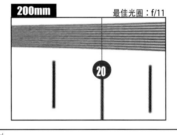

50mm
测试结果：最佳光圈f/11
测试评论：当使用f/11光圈，镜头锐度最高

200mm
测试结果：最佳光圈f/11
测试评论：解像力比广角端稍逊

Lab test by Pop Art Group Ltd., © All rights reserved.

■规格SPEC.

Sigma 50-200mm f/4-5.6 DC OS HSM	
焦距	50-200mm
用于APS-C	约75-200mm
视角	27.9° - 7.1°
镜片	10组14片
光圈叶片	8片
最大光圈	f/4-5.6
最小光圈	f/22-32
最近对焦距离	1.1m
最大放大倍率	0.22x
滤镜直径	55mm
体积	74.4 x 102.2mm
重量	约420g
卡口	K卡口、EF卡口、F卡口(D)、α卡口(D)、SA卡口

■评测结论

镜头中央解像力在广角及远摄端时皆保持稳定水平，只是在广角端时边缘位置的解像力稍逊。而除了远摄端枕状变形较明显外，镜头在四角失光测试中也有不错表现。不过其最大卖点在于加入了HSM超声波马达及4级光学防抖，为用户提供迅速而宁静的对焦功能，以及可以减轻因手抖导致影像模糊的问题。

快门：1/160秒　光圈：f/5.6　感光度：ISO400

防抖静音变焦长炮 "打鸟" 能手
Sigma APO 120-400mm f/4.5-5.6 DG OS HSM

主要特点

●最大光圈为f/4.5-5.6●拥有OS系统，4级防抖●配备3片SLD 低色散镜片●备有HSM超声波马达●配备可拆除的三脚架座

■结构图

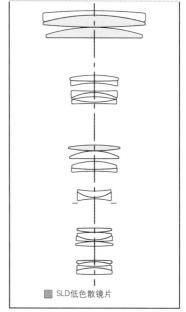

■ SLD低色散镜片

■评分
(10分为满分) **8.5**

远摄镜头沉重的镜身往往令摄影人却步，所以较小光圈的超远摄变焦镜头仍大受欢迎，不过却容易因手抖而使照片产生模糊，而这支Sigma镜头或许是一个好选择。

超远摄镜头如果要大光圈的话，体积大又沉重，未必人人喜欢，但仍想享用到超远摄焦距而又不降低拍摄的灵活性，光学防抖就是一个解决方案。Sigma APO 120-400mm f/4.5-5.6 DG OS HSM不仅有独家的OS光学防抖，更加入了HSM超声波对焦马达，既有灵活的变焦范围，又不失专业。究竟此镜头的性能可以满足严谨的拍摄要求吗？这里就为大家分析。

全画幅适用

这支镜头是DG系列，即光学设计进一步满足数码相机的需要，也能兼容135格式的胶片和数码相机，全画幅相机的用户也可考虑。然而，对于使用APS-C画幅传感器的用户，它也是极为吸引人的超远摄变焦镜头。就以1.5x的APS-C格式相机为例，其焦距便会相当于135的180-600mm，以价格和方便程度，可能大家会觉得比用全画幅相机更好。所以，如果一般APS-C画幅传感器的数码单反相机用要挑选一支超远摄镜头，这会是划算又好用的选择。

AF和防抖两大卖点

该镜头焦距其实这不是Sigma的首次出现，包括以前也有一支 135-400mm和80-400mm焦距的。但论镜头的功能，现在这支新的就大大超前，因为它是Sigma旗下众多超远摄镜头中唯一一支既有OS光学防抖、又有HSM马达的。厂方标称它的OS功能可实现约4级的防抖，即使只有f/5.6最大光圈，但在4级的防抖协助下，就算现场亮度不足，也足以令快门可以允许调慢4级而不致于因手抖造成严重的模糊，令它不会亚于大光圈的镜头。另一个卖点就是加入HSM超声波马达，这种宁静的内置对焦马达，已经成为如今主流的设计，只要用户的相机支持内置对焦马达的自动对焦操作，理论上都可以使用。

镜身设计更为成熟

虽然此镜头大有可能从80-400mm发展而来，但既有OS防抖，又有HSM马达，已能看到Sigma对这种焦距镜头的设计更为成熟。它的大小和重量其实没什么大变，外形仍接近，而且已设有一个可拆卸的三脚架座，其设计十分好；那些接口也很细致，不难装拆，而且转动时颇为流畅。论操作，由于此镜头已达到400mm，无可避免在变焦时会有伸缩，但Sigma已很细心地加设了一个锁扣，当把镜头收回至最广焦距时，可以锁着不会意外松脱。还有，变焦环设在前方，就算在使用时镜头大幅增长，也能获得最佳的握持平衡；值得一提的是，如果和80-400mm那支比较，最明显的不同是变焦环是向左扭向远摄方向的。至于对焦环，仍然保持相当宽阔，由于采用了HSM马达，所以也可在自动对焦时同时进行手动调焦，有一定的方便性。

实际试用感受

此类镜头并非轻盈的那类，所以肯定有一定分量，但以120-400mm焦距来讲，可算十分适中；而握持时的平衡也是良好的，建议户外拍摄不需脚架时，可以把脚架座拆除，手持会更佳。使用AF时，HSM马达表现流畅，镜头对焦时的声响也不大；更重要是，因为是后组对焦的设计，对焦时镜筒和镜头前组并不会有任何转动，里面的对焦组可以更快聚焦。唯一感到可惜的是，它没有加设对焦距离设定按钮，以限制一定的对焦范围。

开启OS功能后，它里面的感应器相当活跃。只要半按着快门按钮，OS系统就会不停地工作，不断矫正抖动，虽然可能感受到有一些声响，但用户可以从取景器中看到防抖系统带来的效果，在适当的时候按下快门拍摄。当然，在实际试拍中我们也发现它的防抖功能十分有效。

光学素质稳定

用稳定来形容这支镜头的光学素质是有原因的。我们测试时发现，无论是哪一段焦距，由全开光圈到最佳光圈之间变动时，发现解像力都相当接近，只是到光圈收得十分小时，才会下降得较明显。另一方面，我们发觉它的色彩是很中庸的一种，虽然数码相机的影像色彩实在是不可能作为镜头色彩取向的凭证，但如果从一些以往用户的反映来比较，这镜头就应该获得不同的评价。由于焦距也相当长，所以散焦的位置会有十分柔和的表现，而且光圈叶片片多达9片。测试时是采用焦距换算系数为1.6的APS-C格式相机，发现这支镜头的四角失光情况是极为轻微的。

■线性失真DISTORTION

Sigma APO 120-400mm f/4.5-5.6 DG OS HSM （测试相机：Canon EOS 400D）

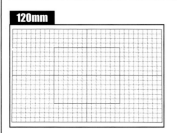

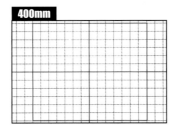

◀**120mm**
测试结果：水平差异约0.51％，垂直差异约
　　　　　0.04％
测试评论：桶状变形情况轻微

◀**400mm**
测试结果：水平差异约0.06％，垂直差异约
　　　　　0.16％
测试评论：枕状变形情况极轻微

■四角失光VIGNETTE

Sigma APO 120-400mm f/4.5-5.6 DG OS HSM （测试相机：Canon EOS 400D）

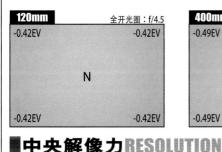

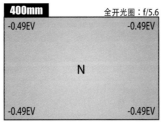

◀**120mm**
测试结果：约-0.42EV
测试评论：四角失光情况极轻微

◀**400mm**
测试结果：约-0.49EV
测试评论：四角失光情况极轻微

■中央解像力RESOLUTION

Sigma APO 120-400mm f/4.5-5.6 DG OS HSM （测试相机：Canon EOS 400D）

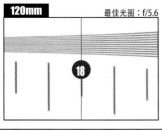

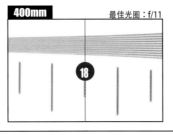

◀**120mm**
测试结果：最佳光圈f/5.6
测试评论：全开光圈至f/11之间，解像力十分
　　　　　平均

◀**400mm**
测试结果：最佳光圈f/11
测试评论：远摄端收小至f/11锐度明显提升

Lab test by Pop Art Group Ltd., © All rights reserved.

■规格SPEC.

Sigma APO 120-400mm f/4.5-5.6 DG OS HSM	
焦距	120-400mm
用于APS-C	约180-600mm
光圈	f/4.5-5.6
视角	20.4° - 6.2°
光圈叶片	9片
最大光圈	f/4.5
最小光圈	f/22
最近对焦距离	1.5m
最大放大倍率	0.24x
滤镜直径	77mm
体积	92.5 x 203.5mm
重量	1640g
卡口	F卡口(D)、EF卡口、SA卡口、K卡口(HSM)、α卡口(HSM)

■评测结论

　　这支镜头为需要超远摄焦距的用户提供了灵活的变焦选择，同时又把镜头体积大大缩小，方便手持拍摄。但无可避免光圈会较小，但内置的OS光学防抖系统弥补了这一点，就算快门慢了一点，也确保影像不至于太模糊。而且设有HSM内置对焦马达，对焦更加顺畅宁静。它会是一个相对轻便而价格划算的超远摄变焦镜头选择。

快门：1/320秒　光圈：f/7.1　感光度

"轻便" 超远摄防抖变焦镜头
Sigma APO 150-500mm f/5-6.3 DG OS HSM

主要特点

●拥有150—500mm超远摄变焦性能，广角端较多机会用到，远摄端可在特别场合起到作用，捕捉远处被摄体● 备有OS影像防抖功能，最高可达4级防抖●加入HSM超声波马达，提供更快速和宁静的自动对焦●在15组21片镜头结构当中，采用了3片SLD镜片，并且用上9片光圈叶片的设计

■结构图

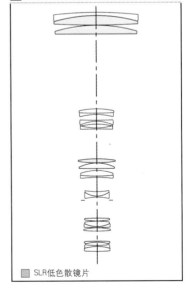

■ SLR低色散镜片

通常一支优质的超远摄镜头，售价普遍较高，一般摄影人未必愿意负担。Sigma这款APO 150-500mm f/5-6.3 DG OS HSM，相当具有吸引力，除有超远摄变焦焦距外，更加入OS防抖及HSM超声波马达技术，但定价并不算高，令吸引力再提升。

■评分
（10分为满分）

8.8

这支镜头作为一支超远摄变焦镜头，成像素质表现格外理想，可算是高水平之作。此外，不但焦距够好用，而且功能也很丰富，包括备有4级OS防抖、HSM超声波马达和采用了SLD镜片提高成像素质等。试用也发觉OS效果明显，从相机取景器里已可看到镜头防抖的运作情况，HSM所提供的自动对焦速度和宁静情况令人满意。

可拍摄表演活动

为了实际感受镜头的用处，我们特意带这支镜头到演唱会中试拍，在观众席中排位置拍摄。发觉其150-500mm焦距已十分够用，在相机的1.3倍焦距换算之后，150-500mm已相当于195-650mm！若是1.5倍的相机，焦距更达255-750mm，即使拍摄表演者的半身人像也不成问题。

4级OS防抖有效

远摄镜头需要较高速的安全快门，在演唱会这些场合，光线通常不足，此类超远摄镜头没有大光圈，解决方法之一是调高感光度。但像这次试用中，即使ISO3200也未能达到安全快门的要求，由于远摄端相当于650mm的焦距，所以安全快门应该在1/640秒或以上，但使用时快门最高也只能达1/200秒左右，离1/640秒仍有距离。幸好，Sigma这支新镜头加入了OS防抖功能，最高可达4级防抖，因此通过防抖的帮助，远摄端时手持拍摄，仍能够拍摄到清晰的照片。

而开启防抖功能，能在取景器中清晰观察到镜头在进行防抖修正时的影像抖动效果。此镜头防抖效果有OS1和OS2两种模式，OS1主要在一般拍摄情况下使用，OS2针对追随摄影而设。

3.3倍变焦优点

此镜头另一个好用的原因，是它拥有150-500mm的变焦范围。之前提到500mm的用处，但是500mm这种超远摄焦距并不常用，反而150mm焦距不会太长，有更多机会用得上，即使200mm、300mm焦距也会经常用到，令此镜头并不仅是500mm这个超远摄焦距有吸引力。

另外，此镜头加入了HSM超声波马达，令这支镜头即使对焦远处的被摄体，仍能高速对焦。就算在演唱会或运动会的环境下，也能够高速捕捉移动中的主体，而且HSM也能提供更宁静的对焦，尤其适合在野外拍摄时使用，那样就不怕吓走鸟雀了！

远摄端成像素质也高

普遍而言，远摄镜头的成像素质稍不及广角镜头，但配合Canon EOS 5D测试发觉，APO 150-500mm f/5-6.3 DG OS HSM的成像素质绝对令人满意。此镜头结构为15组21片，其中采用了3片SLD特殊低色散镜片，以提升成像素质。

解像力方面，150mm时全开光圈f/5的中央解像很不错，收小光圈后的情况更理想，而最佳光圈是f/11，锐度最佳。远摄端500mm时的情况相当，虽然是超远摄焦距，但成像素质没有明显下降的迹象，仍相当锐利，和150mm时的表现相当。至于变形情况，此镜头150mm至500mm的变形均很轻微，并不容易察觉。然而配合135全画幅相机时，四角失光就较明显，全开光圈时150mm和500mm的情况接近，但收小一级光圈已有显著改善。但要留意，测试是使用135格式的EOS 5D，所以四角失光情况较明显可以理解；如果用于APS格式相机，失光情况会更轻微。

操作方便价格合理

操作方面，这支镜头体积为94.7x252 mm，其实不算大，重量为1780克，是可以接受的重量，即使手持拍摄，也能够维持一段时间。但因为镜头有一定重量，如果手持使用，比较难操控靠近卡口位置的对焦环，使用脚架就没有问题。此镜头和类似的镜头比较，售价有一定的吸引力，以其素质和功能而言，算是划算之选吧！

▲ 光圈：f/5.6 快门：1/200秒 感光度：ISO3200

■线性失真DISTORTION

APO 150-500mm f/5-6.3 DG OS HSM （测试相机：Canon EOS 5D）

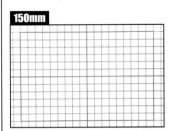

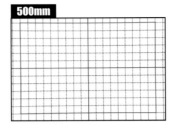

◢ **150mm**
测试结果：水平差异约0.21%，垂直差异约0.07%
测试评论：枕状变形情况极轻微

◢ **500mm**
测试结果：水平差异约0.44%，垂直差异约0.18%
测试评论：枕状变形情况极轻微

■四角失光VIGNETTE

APO 150-500mm f/5-6.3 DG OS HSM （测试相机：Canon EOS 5D）

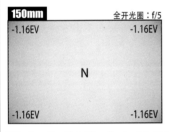

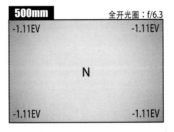

◢ **150mm**
测试结果：−1.16EV
测试评论：四角失光情况明显

◢ **500mm**
测试结果：−1.11EV
测试评论：四角失光情况明显

■中央解像力RESOLUTION

APO 150-500mm f/5-6.3 DG OS HSM （测试相机：Canon EOS 5D）

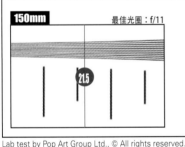

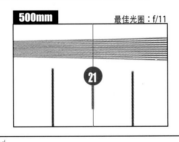

◢ **150mm**
测试结果：最佳光圈f/11
测试评论：150mm时f/11为最佳光圈，锐度提升。

◢ **500mm**
测试结果：最佳光圈f/11
测试评论：最佳光圈f/11时锐度十分令人满意。

Lab test by Pop Art Group Ltd., © All rights reserved.

■规格SPEC.

APO 150-500mm f/5-6.3 DG OS HSM	
焦距	150−500mm
用于APS-C	约225−750mm
视角	16.4° − 5°
镜片	15组21片
光圈叶片	9片
最大光圈	f/5−6.3
最小光圈	f/22
最近对焦距离	2.2m
最大放大倍率	0.19x
滤镜直径	86mm
体积	94.7 x 252mm
重量	1780g
卡口	SA卡口、EF卡口、F卡口(D)、K卡口、α卡口

■评测结论

以一支超远摄镜头而言，Sigma这支新镜头的成像素质表现绝对令人满意和惊喜。此焦距在市面上也不常见，150−500mm的焦距很好玩，只是未必有机会常用而已。另外，此镜头加入了OS及HSM功能后更为实用，价格不算高，比较合理，在众多远摄镜头中有一定的竞争力。

快门：1/200秒　光圈：f/8　感光度：ISO100

独特自动对焦超远摄折反镜头
Sony 500mm f/8 Reflex

主要特点

●焦距达500mm●采用折反镜头设计，有效减少镜头体积●设有自动对焦功能●最近对焦距离为4米

■结构图

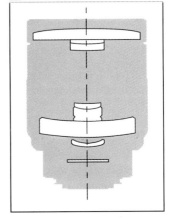

■评分
（10分为满分）

8.0

在专业生态摄影领域里400mm镜头也只属于"标准镜头"，没有500mm或以上的超远摄镜头，要拍摄到出色的生态摄影作品绝对不容易。超远摄镜头价值不菲，但Sony α单反用户就可以选择不仅轻巧、而且实惠的500mm f/8 Reflex来体验超远摄的乐趣。

对于野生动物摄影来说，一支300mm镜头也只是一支"广角镜头"，此时一支焦距达500mm或以上的镜头便大派用场，可是这些镜头普遍都分量十足，而且绝不便宜。可是有一种镜头是例外的，这便是折反镜头，利用光线的反射缩短镜头的长度，同时也可令镜头更轻便。Sony 500mm f/8 Reflex就是一支这样的镜头，它除了仅重665克外，更是设有自动对焦功能。

野外摄影好帮手

镜头焦距越长，镜头体积往往也随之增加，变得沉重，增加摄影人的体力负担，也令摄影人使用远摄镜头的欲望大减。折反镜头的设计正可为摄影人解决以上问题。折反镜头的原理是利用镜头内的镜片，使光线经过反射才到到达感光元件，从而减少镜身所需的长度，因此Sony这支500mm定焦镜头镜身长度只有118mm。

而且Sony这支镜头也相对轻巧，重量只有665克。与自家的300mm f/2.8G镜头比较，其重量达2.3千克，但这支折反镜头的重量只有其1/4，但焦距已经达到500mm。如果用户使用APS-C格式相机，焦距更是相等于135格式的750mm，此焦距十分适合拍摄野生动物题材。

固定f/8光圈

折反镜头也有另一个特色，由于镜头中央部分设有镜子，阻碍了入射光线，因此我们可以在折反镜头拍摄的照片中看到，小景深会出现环状光点。

当然，折反镜头也会有其不足之处，例如只可以使用固定光圈。Sony这支折反镜头的光圈为f/8，如果在剧烈阳光下拍摄，摄影人只可以提高快门速度，避免照片曝光过度。Sony也设计周到，随镜提供ND滤镜，方便摄影人拍摄时作减光用途。

可是，由于镜头光圈值只有f/8，如果摄影人在昏暗环境下拍摄，便需要使用较慢的快门，但同时也会增加照片因手抖而出现模糊的机会。幸而Sony α系列相机都设有机身防抖功能，有效减少相机震动的影响。摄影人也可以使用三脚架拍摄，减少相机震动；如现场没有三脚架，摄影人也可以利用较高的ISO值，提升感光度来提高快门速度，但也会增加噪点出现的机会。

加入自动对焦功能

以往我们在市面上看到的折反镜头都只能手动对焦，但这支Sony 500mm f/8 Reflex镜头则加入自动对焦功能。自动对焦令摄影人拍摄时更方便，虽然镜头并非使用SSM马达驱动，但对焦功能还算快速。此外，如果摄影人已完成自动对焦，也可以利用镜头上的焦点锁定按钮，重新对被摄物构图，构图后便可以立即按下快门拍摄，提升拍摄速度。

4米最近对焦距离

500mm焦距对拍摄远距离的景物很有帮助，也有助于营造小景深。可是，如果用户希望用此镜头作近距离拍摄，拍摄微距作品，此镜头便不能符合用户的要求了。因为此镜头的最近对焦距离为4米，最大放大倍率也只有1：7.69，但以远摄镜头的标准来说，这也算正常的。

另外，经测试后，我们可以发现镜头的四角失光情况会稍为明显。而折反镜头因成像原理与靠折射光线的普通镜头不同，这对镜头的解像力会有影响，但大致上来说，其解像力仍算合理。而在远摄镜头中常见的枕状变形也同样会出现在这支镜头上，但情况不算明显。

快门：1/60秒　光圈：f/8　感光度：ISO800

▲ 镜头卡口设有电子接点，因此可以驱动镜头进行自动对焦。

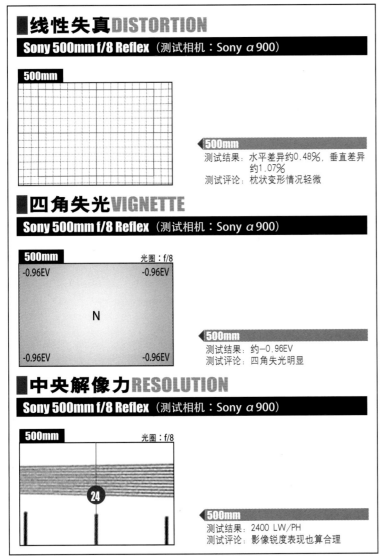

■线性失真DISTORTION

Sony 500mm f/8 Reflex （测试相机：Sony α900）

500mm

◀ 500mm

测试结果：水平差异约0.48%，垂直差异约1.07%

测试评论：枕状变形情况轻微

■四角失光VIGNETTE

Sony 500mm f/8 Reflex （测试相机：Sony α900）

500mm　　　　　　光圈：f/8

-0.96EV　　　　　　-0.96EV

N

-0.96EV　　　　　　-0.96EV

◀ 500mm

测试结果：约-0.96EV

测试评论：四角失光明显

■中央解像力RESOLUTION

Sony 500mm f/8 Reflex （测试相机：Sony α900）

500mm　　　　　　光圈：f/8

24

◀ 500mm

测试结果：2400 LW/PH

测试评论：影像锐度表现也算合理

Lab test by Pop Art Group Ltd., © All rights reserved.

■规格SPEC.

Sony 500mm f/8 Reflex	
焦距	500mm
用于APS-C	约750mm
视角	5°
镜片	5组7片
光圈叶片	0片
最大光圈	f/8
最小光圈	f/8
最近对焦距离	4m
最大放大倍率	0.13x
滤镜直径	42mm
体积	89 x 118mm
重量	665g
卡口	α卡口

■评测结论

　　Sony 500mm f/8 Reflex折反镜头为摄影人提供了一支轻便小巧的远摄镜头，500mm焦距及自动对焦功能，适合拍摄户外生态题材。可是由于镜头只能提供f/8光圈，用户在较昏暗的环境中拍摄时，无法避免需要使用较高的感光度并配合Sony α单反的防抖功能。而且此镜头的成像素质还算不错，只是四角失光情况较明显，但作为一支超远摄的尝试，此镜头也值得考虑。

快门：**25秒**　光圈：**f/14**　感光度：**ISO100**

顶级全画幅超广角变焦镜皇
Sony Vario-Sonnar T* 16-35mm f/2.8 ZA SSM

主要特点

● 拥有16-35mm的超广角焦距 ● 备有多片特殊镜片，包括3片非球面镜片、1片ED镜片和1片Super ED镜片 ● 配备SSM超声波马达，提供快速和宁静的自动对焦 ● f/2.8恒定大光圈，采用9片光圈叶片设计 ● 最近对焦距离为0.28m，最大放大倍率为0.24倍

■结构图

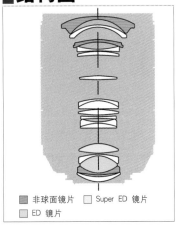

■ 非球面镜片　□ Super ED 镜片
□ ED 镜片

■评分
(10分为满分)　**9.0**

　　Sony α系统镜头中最令用户垂涎的，肯定是Carl Zeiss系统，而全画幅格式DSLR的用户，绝不能错过Vario-Sonnar T* 16-35mm f/2.8 ZA SSM。它是针对全画幅单反而出的超广角变焦镜皇，拥有顶级蔡司光学、超广角焦距、f/2.8大光圈及SSM马达，是专业摄影师的必备之选！

喜欢玩广角视野、拍摄壮阔风景的朋友，选择全画幅格式的相机就最合适不过了。而如今全画幅格式的DSLR已经比以往有更多选择。全画幅格式DSLR不像APS-C格式DSLR有镜头焦距换算的影响，一般玩24mm广角也容易得多。24mm也不够玩？如果追求超广角拍摄体验，Sony推出的Vario-Sonnar T* 16-35mm f/2.8 ZA SSM会是你心仪的对象吗？

◀ 镜头的做工很好，金属材料镜身设计用足十料，很有手感。

壮阔风景一览无余

Sony这支镜头拥有16-35mm的超广角焦距，而且是全画幅格式镜头，可配合全画幅DSLR α900使用。利用此镜头的广角焦距可拍摄一览无余的壮阔风景！而如果配合APS-C格式相机，焦距也相当于135格式的24-52.5mm。

而此镜头配合α900使用还有一个好处，就是此相机的像素足够高，可打印大照片来展现广阔风景中的每一个细节。

f/2.8大光圈用途广

这支16-35mm镜头，采用了f/2.8恒定大光圈设计，最大的好处是有利于用户在光源不足的环境下，仍然可以保持较高的快门速度。例如在晚上拍摄，利用f/2.8大光圈，再配合Sony DSLR内置的防抖系统，即使手持拍摄，也可大大降低影像模糊的机会。所以拥有大光圈的镜头无论在白天还是黑夜时使用都极为方便，用途甚广。

这支16-35mm更是Sony α镜头中蔡司系列的顶级镜头，可想而知它的光学素质表现不会令人失望。而众多α系列镜头中，尤其以蔡司系列的镜头为Sony DSLR用户所追求。此镜头配备多片特殊镜片，包括3片非球面镜片，1片ED镜片和1片Super ED镜片。

拥有顶级镜头的规格

此镜头作为Sony α镜头系列中最高级镜头之一，使用了最先进的技术，其中包括SSM超声波马达。配备SSM马达的镜头，其自动对焦速度会比一般镜头快，而且对焦时的操作声音会更加宁静。而我们试用后发觉，这支16-35mm的确表现非常出色。

而这支新镜头的基本规格也十分有吸引力，例如它采用9片圆形光圈叶片设计，特别在拍摄小景深效果时，背景的光点可以呈现得更加圆润。其他规格还包括0.28m的最近对焦距离及0.24倍放大倍率等，而此镜头属于相当有分量的镜头，其体积为83x114mm，滤镜直径为77mm，重量为860克。

扎实的操作手感

整支Vario-Sonnar T* 16-35mm f/2.8 ZA SSM镜头拿在手上感觉相当扎实，此镜头采用了金属材料设计，所以感觉沉甸甸的，使用起来十分稳重。而由于它的变焦范围只有16-35mm，所以使用时变焦速度很快，也很流畅。另外，此镜头的对焦环也值得一提，由于它的镜身上有AF/MF切换键，用户可随时快速地从自动对焦切换成手动对焦，而对焦环在手动对焦时感觉也相当顺畅，如果配合α900 100%视野率及0.74倍放大倍率的明亮光学取景器使用，即使用手动对焦也不算困难。

解像力表现惊人

而Vario-Sonnar T* 16-35mm f/2.8 ZA SSM配合α900进行成像素质测试，发觉解像力表现惊人！在16mm时，全开光圈f/2.8的解像力相当高，而最佳光圈在f/8，解像力会更高，但与全开光圈时其实已相当接近，16mm时各级光圈的解像力也差不多。而35mm时的锐度表现和16mm时并没有很大差别，只是略低少许，全开光圈f/2.8和最佳光圈f/8时的解像力表现十分相似。

另外就是变形和四角失光的测试。变形方面，16mm广角端时桶状变形情况也算轻微，而35mm时枕状变形情况更是极轻微，一般情况下使用肉眼不易察觉。此镜头的四角失光情况就比较明显，在16mm广角端全开光圈时的四角失光情况严重，在收小光圈后情况有轻微的改善。35mm时的四角失光比16mm时较为理想，全开光圈f/2.8时属明显，收小光圈后有一些改善。

■线性失真DISTORTION

Sony Vario-Sonnar T* 16-35mm f/2.8 ZA SSM（测试相机：Sony A900）

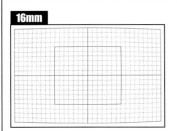

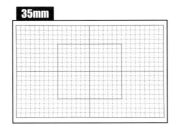

16mm
测试结果：水平差异约：0.15%，垂直差异
　　　　　约：1.65%
测试评论：桶状变形情况轻微

35mm
测试结果：水平差异约：0.35%，垂直差异
　　　　　约：0.40%
测试评论：枕状变形情况极轻微

■四角失光VIGNETTE

Sony Vario-Sonnar T* 16-35mm f/2.8 ZA SSM（测试相机：Sony A900）

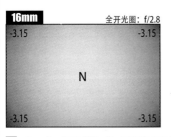

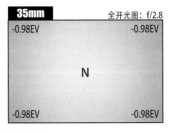

16mm
测试结果：约-3.15EV
测试评论：四角失光情况严重

35mm
测试结果：约-0.98EV
测试评论：四角失光情况明显

■中央解像力RESOLUTION

Sony Vario-Sonnar T* 16-35mm f/2.8 ZA SSM（测试相机：Sony A900）

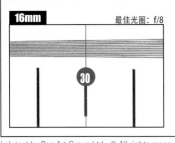

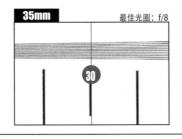

16mm
测试结果：最佳光圈f/8
测试评论：最佳光圈在f/8，锐度比全开光圈
　　　　　时略高少许。

35mm
测试结果：最佳光圈f/8
测试评论：远摄端各级光圈锐度相近，最佳光
　　　　　圈在 f/8。

Lab test by Pop Art Group Ltd., © All rights reserved.

■规格SPEC.

Sony Vario-Sonnar T* 16-35mm f/2.8 ZA SSM	
焦距	16—35mm
用于APS-C	约24—53mm
视角	107° — 63°
镜片	13组17片
光圈叶片	9片
最大光圈	f/2.8
最小光圈	f/22
最近对焦距离	0.28m
最大放大倍率	0.24x
滤镜直径	77mm
体积	83 x 114mm
重量	900g
卡口	α卡口

■评测结论

　　从这支镜头的成像素质测试中可以见到，结果相当令人满意。解像能力高，变形情况也轻微，只是四角失光比较明显，但可以理解，因为这次是以全画幅的α900配合测试，而普遍全画幅的四角失光情况均较为明显；加上测试的是16-35mm的超广角焦距，也是令情况更为明显的原因之一。另外，此镜头在操作上的表现也令人满意，整体来说是支很好用的镜头，更是专业摄影师的必备镜头。

快门：1/100秒　光圈：f/8　感光度：ISO100

超高倍低色散远摄变焦镜头
Sony DT 18-250mm f/3.5-6.3

主要特点

● 18−250mm广角变焦镜头，拥有相当于135格式27−375mm焦距 ● 内建ED特殊镜片，提升成像素质 ● 采用7片光圈叶片设计，最近对焦距离为45cm

■ 结构图

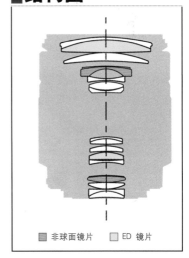

■ 非球面镜片   □ ED 镜片

■ 评分
（10分为满分）

8.5

　　不少摄影人都希望拥有一支大倍率变焦镜头，以方便他们旅游时拍摄照片。而Sony这支DT 18-250mm f/3.5-6.3，其焦距涵盖范围广阔，无论是壮观的广阔景色或是远摄题材，只要一镜在手，都能轻松拍摄得到，可以说是Sony数码单反用户理想的"天涯"镜头。

每次外拍都带一机三镜？现在已经越来越少摄影人这样做了，相反地，喜欢"一镜走天涯"的摄影人越来越多了。不少生产商也发现这种趋势，所以可以看见市面上多了一些高倍率的变焦镜头，而Sony推出的DT 18-250mm f/3.5-6.3就是其中之一。

高倍率"天涯"镜

这支拥有接近14倍变焦能力的"天涯镜"，焦距相当于135格式的27-375mm，其超大的变焦倍数对日常拍摄来说可谓极为方便。以高倍率变焦能力出名的，之前有18-200mm焦距的镜头，不少摄影人都把这个焦段的镜头称为"天涯镜"，表示这类镜头可以一镜走天涯，极为方便的意思。但相比下18-250mm的焦距将会更方便、更贴切"天涯镜"的意思吧！

影像测试素质高

镜头的解像力测试方面，DT 18-250mm f/3.5-6.3在广角端18mm时，全开光圈f/3.5的中央解像力有2000 LW/PH，而最佳光圈则在f/11，中央解像力达2100 LW/PH。至250mm远摄端时，全开光圈f/6.3拥有1800 LW/PH，最佳解像力在f/8，有1850 LW/PH，从广角至远摄端的解像力来看，这支镜头的成像素质也算不错。

变形及失光表现

而在变形和四角失光的测试结果中，DT 18-250mm f/3.5-6.3这支镜头在广角端的桶状变形情况会有点明显，但在远摄端的枕状变形情况则属极轻微。

四角失光方面，在广角端全开光圈时，失光情况可察，有-1.33EV，不过在收小光圈至f/5.6及更小的光圈时情况已明显改善；250mm远摄端的情况也相近，全开光圈f/6.3时失光为-0.73EV。

备有ED镜片

就重量而言，DT 18-250mm f/3.5-6.3可谓相当轻便，其体积为75x86mm，重量仅为440克，以这样的焦距来看已算很轻巧了！

此外，这支镜头备有特殊低色散ED镜片，用处是能有效改善成像素质，例如色彩还原是其中之一。而特殊镜片方面，DT 18-250mm f/3.5-6.3配备了2片非球面镜片和2片ED镜片，可预期影像会有不错的素质。

此外，DT 18-250mm f/3.5-6.3备有内对焦功能。对摄影人来说，内对焦功能是颇有用的，特别是在某些情况下，需要在镜头上加装特殊滤镜，那么内对焦就不会影响加装滤镜后的效果，可免去不少麻烦。这是不少较高级的影友会考虑的因素之一。

快门：1/400秒　光圈：f/8　感光度：ISO100

■线性失真DISTORTION

Sony DT 18-250mm f/3.5-6.3 （测试相机：Sony α700）

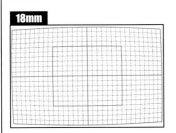

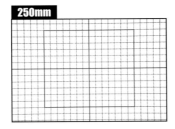

18mm
测试结果：水平差异约0.59%，垂直差异约2.29%
测试评论：桶状变形情况可察

250mm
测试结果：水平差异约0.14%，垂直差异约0.11%
测试评论：枕状变形情况极轻微

■四角失光VIGNETTE

Sony DT 18-250mm f/3.5-6.3 （测试相机：Sony α700）

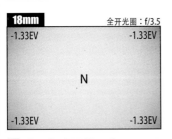

18mm
测试结果：约−1.33EV
测试评论：四角失光情况明显

250mm
测试结果：约−0.73EV
测试评论：四角失光情况轻微

■中央解像力RESOLUTION

Sony DT 18-250mm f/3.5-6.3 （测试相机：Sony α700）

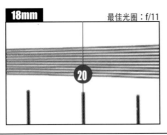

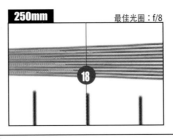

18mm
测试结果：最佳光圈f/11
测试评论：广角端的最佳光圈为f/11，影像锐度不俗

250mm
测试结果：最佳光圈f/8
测试评论：远摄端的最佳光圈为f/8，解像力不及广角端

Lab test by Pop Art Group Ltd., © All rights reserved.

■规格SPEC.

Sony DT 18-250mm f/3.5-6.3	
焦距	18-250mm
用于APS-C	约27-375mm
视角	76° - 6°30′
镜片	13组16片
光圈叶片	7片
最大光圈	f/3.5-6.3
最小光圈	f/22-40
最近对焦距离	0.45m
最大放大倍率	0.29x
滤镜直径	62mm
体积	75 x 86mm
重量	440g
卡口	α卡口

■评测结论

　　这支DT 18-250mm f/3.5-6.3在焦距和便携性上都算不错，唯一不够理想的就是其最大光圈偏小，在光线不足的情况下进行拍摄会较困难。不过，在市面上其他高倍数变焦镜头也存在相似情况，幸好Sony数码单反都设有机身防抖功能，可改善影像模糊的情况。而就成像素质来说，此镜头的表现也可接受，对于一般用户而言相当够用，如果希望购入一支方便旅行摄影的镜头，不妨考虑一下这支镜头。

快门：1/60秒 光圈：f/2.8 感光度：ISO200

全画幅超声波蔡司标准变焦镜皇
Sony Vario-Sonnar T* 24-70mm f/2.8 ZA SSM

主要特点

●全画幅格式镜头，适用于α系统全画幅格式DSLR●拥有最常用的24—70mm焦距，涵盖广角至中焦●配备f/2.8大光圈●内置SSM马达●采用多片特殊镜片提升画质

■结构图

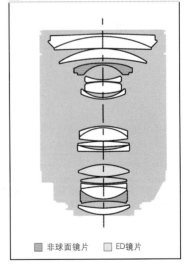

■ 非球面镜片　　□ ED镜片

进入数码年代，Carl Zeiss与Sony积极合作，为α系统相机研发高素质的自动对焦镜头，成为α镜头中最顶级的系列。另外，随着Sony全画幅DSLR的研发，一些顶级Zeiss系列全画幅格式镜头也陆续推出，包括这支超声波标准变焦镜皇Vario-Sonnar T* 24-70mm f/2.8 ZA SSM。

■评分
（10分为满分）　　**9.0**

这支Zeiss标准变焦镜皇Vario—Sonnar T* 24—70mm f/2.8 ZA SSM，针对Sony全画幅数码单反相机系统推出，到底这支Sony α镜头系列中的顶级镜皇的素质如何呢？

加入SSM超声波马达

单是Zeiss这个名字已经够吸引人了，Sony拥有多支Zeiss系列镜头，素质表现都很令人满意，令人对这支Vario—Sonnar T* 24—70mm f/2.8 ZA SSM的表现也很有信心。而这支24—70mm f/2.8镜头加入了全新的SSM超声波马达，令使用这支镜头的用户得到更快速和宁静的自动对焦操作。

这支新镜头采用13组17片的结构设计，其中含有4片特殊镜片，包括2片非球面镜片和2片ED镜片。其中镜头内的第3和第4组镜片采用浮动式设计，作用是消除内部对焦时造成的各种像差。

专业级的成像表现

24—70mm f/2.8是一支全画幅格式镜头，如果配合APS—C系统相机会有等效焦距换算。例如配合α380时，24—70mm焦距就相当于135格式的36—105mm，所以并非最理想；使用于全画幅相机应该会有更理想的发挥，相信更能够100%发挥这支镜皇的真正实力！

影像锐度极高

作作为一支顶级的全画幅格式Carl Zeiss系统镜头，相信它的成像素质如何是最令人关注的。我们首先看看其解像能力，见到它的表现令人十分满意。此镜头的影像锐度极高，在24mm时全开光圈，解像力已很高，而最佳光圈在f/8，锐度仍能再提升，而其实各级光圈的解像力都很接近，表现平均。在70mm时也差不多，f/2.8时也有很高解像力，最佳光圈同样在f/8。

此镜头解像力虽高，但四角失光测试中见到，它在全开光圈时失光情况比较明显，尤其是24mm时，而70mm的情况略轻微一些。不过另一方面，其实只要稍收小光圈，失光情况也会有所改善，f/5.6时已经减少了很多，f/8时已经极轻微。至于线性失真测试方面，可以发现这支镜头的影像变形控制做得很不错，广角端时也没有明显的桶状变形，远摄端时枕状变形更少，已经难以察觉它有变形。

这支镜头的整体成像素质有颇高的水平，解像力与变形控制都十分理想；只是四角失光明显了一些，但这涉及很多因素，包括它的f/2.8大光圈、24mm广角焦距及全画幅格式等等，所以也可以理解和接受。

快门：20秒　光圈：f/8 感光度：ISO100

■线性失真DISTORTION

Sony Vario-Sonnar T* 24-70mm f/2.8 ZA SSM （测试相机：Sony α 900）

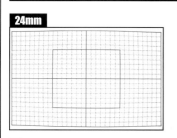

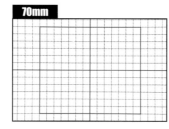

▶ 24mm
测试结果：水平差异约0.13%，垂直差异约2.62%
测试评论：桶状变形情况轻微

▶ 70mm
测试结果：水平差异约0.40%，垂直差异约0.92%
测试评论：枕状变形情况极轻微

■四角失光VIGNETTE

Sony Vario-Sonnar T* 24-70mm f/2.8 ZA SSM （测试相机：Sony α 900）

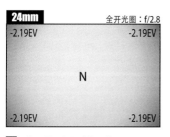

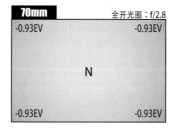

▶ 24mm
测试结果：约-2.19EV
测试评论：四角失光情况明显

▶ 70mm
测试结果：约-0.93EV
测试评论：四角失光情况可察

■中央解像力RESOLUTION

Sony Vario-Sonnar T* 24-70mm f/2.8 ZA SSM （测试相机：Sony α 900）

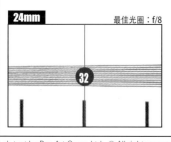

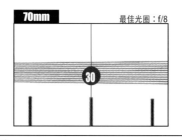

▶ 24mm
测试结果：最佳光圈f/8
测试评论：广角端时的最佳光圈是f/8，见到解像力很理想

▶ 70mm
测试结果：最佳光圈f/8
测试评论：远摄端的最佳光圈也在f/8，锐度与24mm时接近

Lab test by Pop Art Group Ltd., © All rights reserved.

■规格SPEC.

Sony Vario-Sonnar T* 24-70mm f/2.8 ZA SSM	
焦距	24-70mm
用于APS-C	约36-105mm
视角	84° -34°
镜片	13组17片
光圈叶片	9片
最大光圈	f/2.8
最小光圈	f/22
最近对焦距离	0.34m
最大放大倍率	0.25x
滤镜直径	77mm
体积	83 x 111mm
重量	955g
卡口	α卡口

■评测结论

对于α全画幅DSLR的用户而言，这支24-70mm f/2.8应该要配备。此镜头用上最顶级的蔡司光学技术，镜身设计一流，给人的感觉是相当稳妥；加上24-70mm常用的焦距及f/2.8大光圈，又内置SSM超声波马达，自动对焦能力理想，性能上实在已经没有什么可挑剔了。另外，画质的测试也可看见镜头拥有非常令人满意的素质。此镜头对摄影爱好者来说绝对足够好了，同时相信也已足够满足专业用户的要求。

快门：1/500秒　光圈：f/8　感光度：ISO640

5.7倍高倍变焦G系列超声波长炮
Sony 70-400mm f/4-5.6G SSM

主要特点

●拥有5.7倍的变焦倍数，用于全画幅格式相机时拥有70－400mm的焦距，配合APS－C格式相机时相当于135格式105－600mm●加入SSM超声波马达，提供宁静和快速的自动对焦能力●12组18片的镜头结构中，包含2片ED镜片●光圈叶片采用9片设计，最近对焦距离为1.5m，放大倍率为0.27倍●镜身体积为94.5x196mm，重量为1500克，滤镜直径达77mm

■结构图

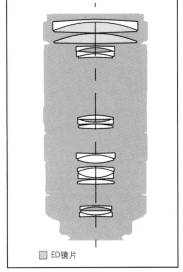

☐ ED镜片

■评分
(10分为满分)

8.0

广角至中焦当然是摄影人最常用的镜头焦距，但其实多尝试其他类型的镜头，有助于提升拍摄的创作能力。例如使用长焦镜头，就可以看到和拍摄到不一样的视角和影像。但高素质长焦镜头售价昂贵，如果并非专业需要或极高成像素质要求，也可考虑如Sony 70-400mm f/4-5.6G SSM这种高倍率变焦远摄镜头。

镜头的焦距有很多选择，也有各种不同配搭，而远摄镜头是其中一种很好玩的镜头。200mm或以上的焦距，对于普通摄影人来说并不常用，一般情况很少机会用得上远摄镜头，广角至中焦的镜头就会用得比较多；但一旦换上一支远摄镜头就会明显感觉到拍摄效果和平常完全不同，偶尔换上一支远摄镜头来拍摄，感觉十分不错！Sony G系的70-400mm f/4-5.6G SSM，就很适合作为摄影人的第一支远摄镜头。400mm的远摄焦距，使用方便，远距离捕捉"猎物"不再困难！

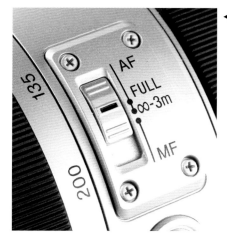

◄ 此镜头的镜身上除有对焦固定锁的按钮外，还有AF/MF的切换键，而且和普通远摄变焦镜头一样，可设定对焦范围。

5.7倍远摄变焦

远摄镜头虽然并不像广角至中焦般的镜头普遍，但也有不少摄影人特别喜欢使用远摄镜头，例如野外生态和体育摄影师、爱好者等等，甚至摄影记者，都会经常用到远摄镜头。这支新镜头配合全画幅DSLR拥有70-400mm的焦距，达5.7倍的变焦倍数，如果配合APS-C格式DSLR，焦距更可达105-600mm！

镜身分量十足！

一拿起70-400mm f/4-5.6G SSM这支镜头也吓了一跳，因为此镜头相当有分量，体积比较大，达94.5x196mm，滤镜直径为77mm，重量有1500克。虽然镜身比较大，但其实拿在手上时，已经比想象中的轻巧多了。

而操作手感方面，由于镜身体积的原因，一般人只可以握持到变焦环及对焦环大半圈，所以比较难进行快速的转动。另外，镜身上设有3个对焦固定按钮，方便随时锁定焦点，也可通过相机菜单中的设定来改变功能，例

如景深预览或智能型预览功能。此外，这支镜头的对焦速度也很值得一提，它加入了SSM超声波马达，有效提供宁静和比较快速的自动对焦能力。试用发觉，此镜头的对焦反应不错，一般情况使用时感觉也算灵敏流畅，而最近对焦距离至无限远时，对焦速度仍有一些进步空间。不过，此镜头也可以锁定对焦范围，当拍摄的主体在远处时，这种方法可有效提高对焦效率。

400mm解像力理想

远摄变焦镜头的确很好用，但有摄影人就担心这种镜头的成像素质未必理想，但经过测试后

发觉，这样的担心是没必要的！

解像力方面，70mm广角端时完全没有问题，全开光圈和最佳光圈f/8都有不错的锐度。而400mm远摄端时，也能见到解像能力有不错的水平，只是稍不及广角端，各级光圈的解像力十分平均。另外，四角失光及变形情况的表现都令人满意，70mm时四角失光不算严重，变形情况更是极轻微；而400mm时的四角失光及变形情况均为极轻微。而且两个焦距都可以见到，在收小光圈后失光情况还有进一步的改善。从这次测试中，可见Sony这支G系远摄变焦镜头的成像素质确实提供了理想的表现。

▲ 把70-400mm f/4-5.6G SSM装在α900上，就可以见到它的外形很有分量！

■线性失真 DISTORTION

Sony 70-400mm f/4-5.6G SSM （测试相机：Sony A900）

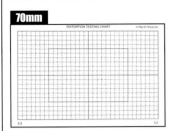

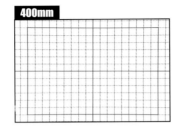

70mm
测试结果：水平差异约0.02%，垂直差异约0.03%
测试评论：枕状变形情况极轻微

400mm
测试结果：水平差异约0.19%，垂直差异约0.51%
测试评论：枕状变形情况极轻微

■四角失光 VIGNETTE

Sony 70-400mm f/4-5.6G SSM （测试相机：Sony A900）

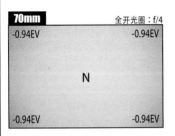

70mm　全开光圈：f/4
-0.94EV　　　　-0.94EV
N
-0.94EV　　　　-0.94EV

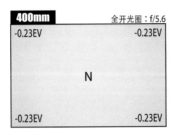

400mm　全开光圈：f/5.6
-0.23EV　　　　-0.23EV
N
-0.23EV　　　　-0.23EV

70mm
测试结果：约-0.94EV
测试评论：四角失光情况明显

400mm
测试结果：约-0.23EV
测试评论：四角失光情况极轻微

■中央解像力 RESOLUTION

Sony 70-400mm f/4-5.6G SSM （测试相机：Sony A900）

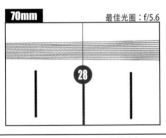

70mm　最佳光圈：f/5.6
28

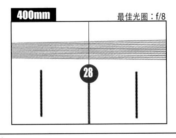

400mm　最佳光圈：f/8
28

70mm
测试结果：最佳光圈f/5.6
测试评论：70mm的最佳光圈在f/5.6，锐度比全开光圈时有一定的提升

400mm
测试结果：最佳光圈f/8
测试评论：远摄端最佳光圈f/8时的锐度比全开光圈时稍有提升

Lab test by Pop Art Group Ltd., © All rights reserved.

■规格 SPEC.

Sony 70-400mm f/4.5-5.6G SSM	
焦距	70—400mm
用于APS-C	约105—600mm
视角	34° — 6°10′
镜片	12组18片
光圈叶片	9片
最大光圈	f/4.5—5.6
最小光圈	f/22—32
最近对焦距离	1.5m
最大放大倍率	0.27x
滤镜直径	77mm
体积	94.5 × 196mm
重量	1500g
卡口	α卡口

■评测结论

　　这支镜头的成像素质，从测试后的数据中看见时，的确令人惊喜，以同类镜头来说素质已经有很高的水平。另外，其70-400mm的焦距也很有吸引力，因为相近焦距的镜头选择并不多。而握持和操作手感上来说也算适中，因为不是金属镜身，所以拿在手上仍算轻盈，但由于镜筒较大，因此不太适合在需要快速操作的拍摄题材时使用。虽然体积比较大，但考虑到其不俗的成像素质及焦距的特性，对于一般摄影人而言，也是一支值得考虑的远摄变焦镜头。

快门：1/160秒　光圈：f/11　感光度：ISO200

极品APS—C超广角镜头
Tamron SP AF 10-24mm f/3.5-4.5 Di II

主要特点

●拥有10—24mm的超广角变焦焦距,为APS—C格式镜头,拥有相当于135格式15—36mm焦距●内置多片特殊镜片,有效提升成像素质●采用7片光圈叶片设计●最近对焦距离为24cm,放大倍率为1：5.1●影像的涵盖视角达108° 44'—60° 20'

■结构图

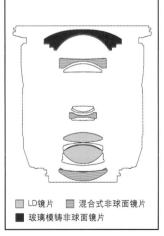

□ LD镜片　□ 混合式非球面镜片
■ 玻璃模铸非球面镜片

■评分　　9.0
(10分为满分)

　　有些摄影初学者误以为,APS-C格式DSLR由于等效焦距换算的影响,很难使用超广角焦距拍摄,只有升级全画幅单反才行,但其实有些镜头生产商已开始满足用户的要求。如Tamron就推出SP AF 10-24mm f/3.5-4.5 Di-II LD Aspherical (IF),是适用于APS-C格式单反的超广角镜头。

广角镜头，一向是不少摄影人最喜爱选择的镜头类型之一，因为方便易用，大部分场合都适用。特别喜欢玩广角的摄影人，普遍会选择以全画幅格式相机配合，因为可充分发挥镜头的焦距特点，但其实APS-C格式的相机，一样有超广角焦距镜头选择！Tamron这支APS-C格式相机专用的超广角变焦镜头，SP AF 10-24mm f/3.5-4.5 Di-II LD Aspherical(IF)，就可以为APS-C格式单反用户体验超广角的震撼！

APS-C格式超广角

这支10-24mm，用于APS-C相机后，拥有相当于135格式15-36mm焦距，用于换算系数为1.6x的数码格式单反时，就相当于135格式16-37mm。用来拍摄壮丽风景就最合适不过！以往135格式胶片的年代，难以享受如此广角的焦距，但现在要玩超广角已经容易得多！

轻巧镜身携带轻松

拿起这支镜头，已经觉得令人惊喜，因为它的重量实在是很轻巧。它没有使用金属镜身，重量只有406克，而体积和一般广角镜头差不多，为83.2x86.5mm。因此，最大的好处就是携带上的轻便，作为常备的镜头也不会感觉辛苦。

另外，此镜头在操作上也值得称赞，镜头拿在手上感觉很舒适，重量适中；而且变焦环转动时也很流畅，由广角端的10mm变焦至远摄端的24mm，转动的距离很短，所以可以很快速和轻易地进行变焦，变焦后的镜身也没有很大的改变，只是镜筒会略微伸前少许。此外，镜身上设有AF/MF的切换装置，可快速变换自动对焦或手动对焦，而对焦环的转动也相当顺畅。

自动对焦反应灵敏

这支10-24mm的自动对焦能力也是相当不错的，对焦速度灵敏，感觉很爽快，一触及快门已经几乎完成对焦，即使是快速地连续半按快门，它都能给予准确的反应，令人很有信心。其中Nikon卡口版本会内置自动对焦马达，方便使用在没有机身马达的DSLR，例如D3000、D60等，也可以如常进行自动对焦。

多片特殊镜片

此外，这支镜头采用了多片特殊镜片，以提升成像素质。例如，在9组12片的镜头结构中，就含有1片LD镜头、3片混合式非球面镜头和1片玻璃模铸非球面镜片，有效改善色差情况，提高影像锐度。

而其他基本规格方面，虽然此镜头没有大光圈设计，但f/3.5-4.5对广角镜头来说，大部分情况都已经很够用了。另外，此镜头采用7片光圈叶片设计，涵盖视角为108° 44'-60° 20'，最近对焦距离24cm，放大倍率为1∶5.1，而滤镜直径达77mm。

画质测试解像力高

看这支镜头在各项实际画质测试中的表现，测试得出的结果见到它表现出高水平的成像素质！首先就是解像力测试，见到10mm广角端至24mm远摄端的中央解像力相当接近，锐度都很高，没有太大差别，10mm时略

高少许，但边缘解像力比24mm时更佳。而两个焦距都有共同点，就是各级光圈的锐度表现相当，即使全开光圈也有不错的解像力。但使用最佳光圈时，锐度会有轻微的提升，而且影像的线条会更加结实。

接着是变形测试，当大家都以为超广角镜头的变形情况一定会比较明显时，但在测试中发觉，此镜头的广角端至远摄端的变形情况并不算严重，以这种超广角镜头而言，说它变形情况属于轻微也不为过！而四角失光方面，也可见到这支镜头的表现。测试结果显示，只是在10mm广角端全开光圈时，失光情况才略微明显，收小光圈时会有所改善；而远摄端的失光情况明显更轻微，只要收小一级光圈，几乎不见有失光情况。整体而言，可见这支镜头不但有超广角的好玩性，而且成像素质也很有实力！

▲此镜头设有AF/MF实时切换装置，方便随时转换自动或手动对焦。

■线性失真DISTORTION

Tamron SP AF 10-24mm f/3.5-4.5 Di II（测试相机：Nikon D300）

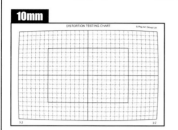

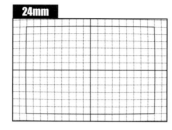

◄ **10mm**
测试结果：水平差异约0.88%，垂直差异约
1.57%
测试评论：桶状变形情况可察

◄ **24mm**
测试结果：水平差异约0.32%，垂直差异约
0.71%
测试评论：桶状变形情况轻微

■四角失光VIGNETTE

Tamron SP AF 10-24mm f/3.5-4.5 Di II（测试相机：Nikon D300）

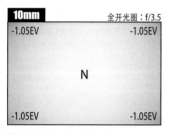

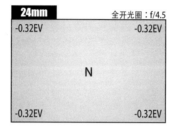

◄ **10mm**
测试结果：约-1.05EV
测试评论：四角失光情况可察

◄ **24mm**
测试结果：约-0.32EV
测试评论：四角失光情况极轻微

■中央解像力RESOLUTION

Tamron SP AF 10-24mm f/3.5-4.5 Di II（测试相机：Nikon D300）

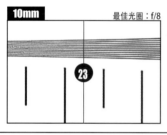

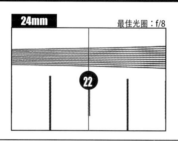

◄ **10mm**
测试结果：最佳光圈f/8
测试评论：10mm时的最佳光圈在f/8，锐度表
现非常不错

◄ **24mm**
测试结果：最佳光圈f/8
测试评论：远摄端最佳光圈为f/8，解像力跟
广角端相当

Lab test by Pop Art Group Ltd., © All rights reserved.

■规格SPEC.

Tamron SP AF 10-24mm f/3.5-4.5 Di-II	
焦距	10-24mm
用于APS-C	约15-36mm
视角	108°44′ - 60°20′
镜片	9组12片
光圈叶片	7片
最大光圈	f/3.5-4.5
最小光圈	f/22
最近对焦距离	0.24m
最大放大倍率	0.2x
滤镜直径	77mm
体积	83.2 x 86.5mm
重量	406g
卡口	K卡口、EF卡口、F卡口（内置机身马达）、α卡口

■评测结论

　　市面上，超广角镜头有不少选择，而针对APS-C格式而设计的也越来越多，Tamron这支是其中一支。而且，超广角焦距十分好用，也适合经常用，特别受欢迎，因此这支10-24mm已有一定吸引力。另外，从成像素质的测试中也可以看到，此镜头各方面的测试都有不俗的表现，它不但好玩，也很有实力！

快门：1/125秒　光圈：f/8　感光度：ISO200

13.9倍强化版高倍率变焦镜头
Tamron AF 18-250mm f/3.5-6.3 Di II LD

主要特点

●18—250mm超高倍率变焦，相当于135格式27—375mm●具有1片LD镜片，1片AD镜片和2片非球面镜片●镜头设计轻便易用，方便携带

■结构图

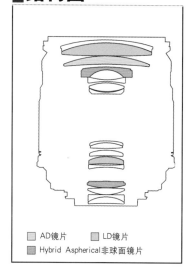

□ AD镜片　　□ LD镜片
■ Hybrid Aspherical非球面镜片

　　Tamron推出过多支高倍率变焦镜头，老实说，没有一支是令人失望的。而这支AF 18-250mm f/3.5-6.3 Di II LD，就是根据18-200mm镜头重新针对数码单反作出改良，加入更多新技术并改善了光学设计，更是扩大了涵盖焦距范围至13.9倍。

■评分
（10分为满分）　　**8.0**

Tamron推出的高倍率变焦镜头早已闻名，其轻便易携带的特点最受欢迎，而Tamron为DSLR而设的18-200mm镜头，也极受关注。但Tamron还有一支AF 18-250mm f/3.5-6.3 Di-II LD Aspherical [IF] Macro镜头，涵盖焦距范围更广，深入测试这支高倍率变焦镜头，发现此镜头素质令人感到惊喜。

▲ 此镜头专为APS-C格式相机而设，属DiII系列镜头。

为数码再作改良

Tamron公布此镜头时，已宣布此镜头是在以往18-200mm镜头的基础上研发，依旧保留轻巧易用和超高倍率变焦的特性，并专为APS-C格式的DSLR而设，如果是1.5X换算系数就有相当于135格式的27-375mm，而1.6X换算系数则相当于28.8-400mm。

可想而知，18-250mm涵盖了差不多所有我们常用的焦距，大部分用户也应该满意了。当然最适合那些去旅游、又不想带太重的器材的朋友，可以一镜走天涯，此镜头就最适合了！

加入特殊的镜片

此镜头的设计也采用了很多新技术，例如最近对焦距离约20mm，最远摄时有1：3.5的放大倍率，采用内对焦设计等。

而镜头使用了不少改良成像素质的镜片，其16片13组的镜头结构中，有一片LD低色散镜片，一片AD色散镜片，用以提升成像素质。这些镜片可以有效降低色散的情况，特别是在使用250mm焦距时，一般镜头会出现较明显的色散或出现不够锐利的情况，但由于加入两种特殊镜片，令色散得以降低。另外，镜头也有2片非球面镜片，令影像更为清晰锐利。

这支镜头采用了多层镀膜镜片，可以有效地减少鬼影和眩光，特别是镜头的内反射情况，也可以得到降低。

影像锐度合理

我们在测试中发现，原来这支镜头的成像素质相当不错，比预期的还要好。按道理说，一般高倍率变焦镜头的成像素质常被人怀疑，但这支镜头不同，其影像锐利程度令人满意！

在广角焦距以全开f/3.5光圈拍摄，中央部分的影像锐度理想，而边缘部分也算不错，锐度相当不俗。而且这是在全开光圈时的状态，如果收到最佳光圈f/8，镜头的锐度更高，中央的锐度有明显的提升，边缘锐度也大有改善。

至于远摄焦距，此镜头全开f/6.3光圈的中央解像力与广角端时相当，边缘锐度也是。在远摄焦距的最佳光圈为f/8，中央解像力有所提升。

总体地看这支18-250mm镜头的解像力，应该比一般高倍率变焦镜头的锐度更高，看来Tamron用了很多特殊设计的镜片，是有它的作用的，确实提升了成像水平。

整体成像素质

在其他成像素质方面，这支

Tamron镜头的表现合理，此镜头的成像水平属中等水平！其线性失真情况，广角焦距约为肉眼可察觉的情况，毕竟是18mm镜头，有变形可以理解。而远摄焦距的枕状变形并不严重，也属可以接受的水平。

至于镜头的四角失光，此镜头也可以接受。在广角焦距的f/3.5最大光圈时，有可以察觉的四角失光，但在收小一级光圈至f/5.6时，四角失光情况大为减少。而远摄焦距的四角失光已难以察觉，基本肉眼发现不到明显的四角失光情况。

实际成像测试

此镜头会"养懒人"，因为太方便了，用在APS-C格式相机上，焦距相当于广角至超远摄，平常拍摄也不用头痛了！小巧轻便，带差它上街拍摄，根本就不想换镜头了。

镜头的对焦反应也不错，速度和灵敏度合理，不觉有失焦现象。在最远摄的250mm端，对焦仍保持相当不错的速度。

再说，此镜头能够忠实重现景物原本的色彩，还原度也非常不错。至于此镜头的反差属中等水平，不算反差大的镜头，表现柔和，很好地重现合理的层次！

■线性失真DISTORTION

Tamron 18-250mm f/3.5-6.3 DiII LD （测试相机：Canon EOS 400D）

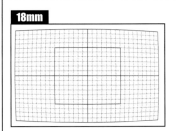
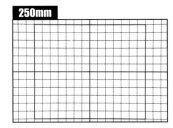

18mm
测试结果：水平差异约0.12%，垂直差异约0.98%
测试评论：桶状变形情况可察觉

250mm
测试结果：水平差异约0.08%，垂直差异约0.25%
测试评论：枕状变形情况极轻微

■四角失光VIGNETTE

Tamron 18-250mm f/3.5-6.3 DiII LD （测试相机：Canon EOS 400D）

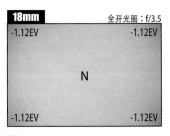

18mm 全开光圈：f/3.5
-1.12EV　-1.12EV
N
-1.12EV　-1.12EV

250mm 全开光圈：f/6.3
-0.54EV　-0.54EV
N
-0.54EV　-0.54EV

18mm
测试结果：−1.12EV
测试评论：四角失光可察

250mm
测试结果：−0.54EV
测试评论：四角失光轻微

■中央解像力RESOLUTION

Tamron 18-250mm f/3.5-6.3 DiII LD （测试相机：Canon EOS 400D）

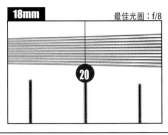
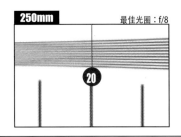

18mm 最佳光圈：f/8
250mm 最佳光圈：f/8

18mm
测试结果：最佳光圈f/8
测试评论：18mm广角端的最佳光圈在f/8，锐度理想

250mm
测试结果：最佳光圈f/8
测试评论：250mm远摄端的最佳光圈也在f/8，锐度同样不错

Lab test by Pop Art Group Ltd., © All rights reserved.

■规格SPEC.

Tamron 18-250mm f/3.5-6.3 DiII LD

焦距	18—250mm
用于APS-C	约26—375mm
视角	75°33′ —6°23′
镜片	13组16片
光圈叶片	7片
最大光圈	f/3.5—5.6
最小光圈	f/22
最近对焦距离	0.45m
最大放大倍率	0.29x
滤镜直径	62mm
体积	74.4 x 84.3mm
重量	430g
卡口	K卡口、EF卡口、F卡口、α卡口

■评测结论

从来都说，高倍率变焦镜头只要用过，就很难再抗拒。就如这支Tamron 18—250mm镜头，可谓相当实用，涵盖我们最常用的焦距。加上镜头的成像水平合理，锐度不错，使这支镜头更加吸引人。此镜头在操作上也是不错的，变焦速度够快，自动对焦速度很理想，在250mm时也没有迟缓的感觉，值得称赞，是爱"一镜走天涯"的用户的良伴。

快门：1/400秒　光圈：f/8　感光度：ISO200

4级防抖15倍天涯镜皇
Tamron AF 18-270mm f/3.5-6.3 Di II VC LD

主要特点

● 18-270mm相当于135格式28-405mm焦距 ● 最近对焦距离49cm ● 采用13组18片镜片设计，其中包括2片LD镜片、3片非球面镜片和1片AD玻璃镜片 ● 配备4级VC防抖系统 ● 使用内对焦设计

■结构图

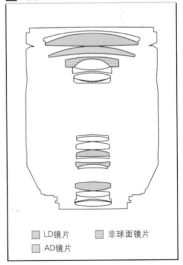

☐ LD镜片　☐ 非球面镜片
☐ AD镜片

过去的摄影人要配备一机三镜，但现在的摄影人就可以用高倍率变焦镜头来代替。而且它功能齐全，包括内对焦和防抖功能，加上已提供不俗的光学素质，变成方便好用与成像素质同时兼备的镜头，Tamron AF 18-270mm f/3.5-6.3 Di II VC LD就是佼佼者。

■评分
(10分为满分)　**8.5**

俗称"天涯镜"的高倍率变焦镜头一直很受市场欢迎，它可以让用户"一镜走天涯"，广角和远摄都能兼顾。Tamron的AF 18-270mm f/3.5-6.3 Di II VC LD Aspherical [IF] Macro更将这类镜头发扬光大，为用户提供了高达15倍的光学变焦能力。

光学变焦扩展至15倍

高倍率变焦镜头一直受很多摄影人欢迎，特别是很多摄影新手，高倍率变焦镜头可以省去更换镜头的时间，利用此镜头便可以拍摄多种题材，一镜走天涯。现在多数高倍率变焦镜头的焦距为18-200mm或18-250mm，即分别相当于135格式的27-300mm和27-375mm，Tamron把它的变焦范围扩展至15倍，达18-270mm，应用上肯定比18-200mm、18-250mm更广阔！例如对爱好鸟类摄影的影友来说，400mm或以上才可算是一支勉强够用的远摄镜头。当你在登山拍摄时，携带一支天涯镜，突然见到鸟雀可拍，手中如没有超远摄镜头，将难以应付，此时便最好使用一支远摄端长达400mm的高倍率变焦镜头。Tamron这支高倍率变焦镜头，水平视角为65°36′－4°55′，广角至超远摄的焦距已完全涵盖在此镜头中，对用户来说拍摄时的灵活性便大大提高。

内置4级VC防抖

镜头虽然拥有270mm的远摄端，不过用户又可能会担心使用远摄镜头时，容易因手抖而令影像变得模糊。幸好，镜头内置了Tamron自家开发的VC防抖系统，为用户提供约4级光学防抖效果，方便用户以较慢的快门速度拍摄，依然可以保持影像清

晰。假如本来安全快门是1/500秒时，现在安全快门可以减慢至1/30秒，这项功能对在昏暗环境拍摄时效果特别显著。

镜头内置对焦马达

镜身设计方面用户要注意，虽然镜头在18mm广角端时，镜头长度只有约10cm，但当变焦至270mm时，镜头长度会立即大幅度增加，延长至约19cm，差不多增长了一倍。

此镜头设有Nikon及Canon两种卡口，而Nikon卡口版本中由于镜头内置了对焦马达，即使是Nikon D5000或D60等不设机身马达的型号，也能支持自动对焦。

而试用镜头时，也发觉其对焦速度很迅速，即使是先在广角端进行对焦拍摄后，立即改变焦距至270mm，再对焦拍摄，整个过程也很快很顺畅。

特殊镜片提升画质

此镜头拥有小巧的外形，体积仅79.6mm×101mm，重量为550克，采用13组18片镜片设计，其中更包含了多片特殊镜片，包括2片LD低色散镜片、3片非球面镜片和1片AD玻璃镜片，可提升成像素质，减轻色散的影响。

镜头的最近对焦距离为0.49米，放大倍率在焦距270mm时也达1：3.5，最大光圈为f/3.5-6.3。由于有270mm，当用户使用远摄端拍摄时，也可以轻易营

造背景虚化的小景深效果。另外，由于镜头使用内对焦设计，用户使用偏光镜时，也不用担心滤镜会随着镜头对焦而转动。

近摄解像力高

此镜头的成像素质又如何呢？首先在解像力方面，广角端全开光圈也有良好表现，最佳光圈f/8时，解像力更进一步得到提升；虽然远摄端全开光圈时解像力不及广角端，但收至最佳光圈f/11时，也有显著改善。

四角失光测试中，在18mm全开光圈f/3.5时，失光情况可以观察到，但把光圈收至f/5.6时已改善不少；而在远摄端方面，镜头即使在全开光圈f/6.3时也只是有轻微的失光情况，但收到f/8时四角失光已不明显。在线性失真测试中，广角端出现肉眼可以察觉的桶状变形，但在35mm时，变形情况已难以察觉；而远摄端方面，在270mm时，枕状变形情况轻微。

▲ 镜头设有由Tamron开发的VC防抖系统，为用户提供高于4级的防抖效果。

■线性失真DISTORTION

Tamron AF 18-270mm f/3.5-6.3 Di II VC LD Aspherical [IF] Macro （测试相机：Nikon D300）

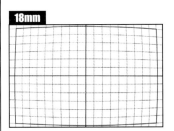

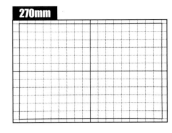

◀**18mm**
测试结果：水平差异约1.60%，垂直差异约4.93%
测试评测：桶状变形情况明显

◀**270mm**
测试结果：水平差异约0.43%，垂直差异约0.84%
测试评测：枕状变形情况轻微

■四角失光VIGNETTE

Tamron AF 18-270mm f/3.5-6.3 Di II VC LD Aspherical [IF] Macro （测试相机：Nikon D300）

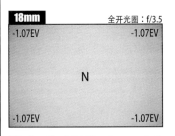

◀**18mm**
测试结果：约-1.07EV
测试评测：四角失光情况严重

◀**270mm**
测试结果：约-0.73EV
测试评测：四角失光情况轻微

■中央解像力RESOLUTION

Tamron AF 18-270mm f/3.5-6.3 Di II VC LD Aspherical [IF] Macro （测试相机：Nikon D300）

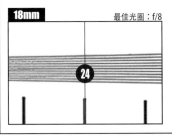

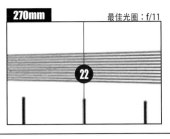

◀**18mm**
测试结果：最佳光圈f/8
测试评测：镜头广角端的最佳光圈是f/8，解像能力很理想

◀**270mm**
测试结果：最佳光圈f/11
测试评测：270mm在最佳光圈时，解像力稍为不及广角端

Lab test by Pop Art Group Ltd., © All rights reserved.

■规格SPEC.

AF 18-270mm f/3.5-6.3 Di II VC LD Aspherical [IF] Macro	
焦距	18-270mm
用于APS-C	约26-405mm
视角	75°33′ - 5°55′
镜片	13组18片
光圈叶片	7片
最大光圈	f/3.5-6.3
最小光圈	f/22-40
最近对焦距离	0.49m
最大放大倍率	0.29x
滤镜直径	72mm
体积	101 x 79.6mm
重量	550g
卡口	EF卡口、F卡口（内置机身马达）

■评测结论

这支高倍率变焦镜头，完全能够满足喜欢"一镜走天涯"的用户需要，18-270mm的15倍变焦能力，涵盖了广角至远摄焦距。为减少因手抖而令影像模糊的机会，镜头内置了高达4级的VC防抖系统。除功能全面外，镜头整体的光学素质也有不错表现，如果摄影人想寻找一支高倍率变焦镜头应付不同的拍摄需要，此镜头是一个不错的选择。

快门：1/640秒   光圈：f/6.3   感光度：ISO400

全画幅防抖高倍率变焦天涯镜
Tamron AF 28-300mm f/3.5-6.3 VC

主要特点

●28—300mm焦距，等于10.7倍的变焦能力，用于APS—C格式数码相机时则拥有135格式的43—465mm焦距●备有约4级防抖功能●配备1片XR镜片和2片LD镜片，有效提升成像素质●配有微距拍摄功能

■结构图

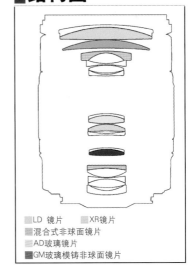

■LD 镜片　　■XR镜片
■混合式非球面镜片
■AD玻璃镜片
■GM玻璃模铸非球面镜片

■评分　　8.0
（10分为满分）

Tamron推出的AF 28-300mm f/3.5-6.3 XR Di VC，当用于全画幅DSLR时，能够集广角与远摄功能于一身。而即使用于APS-C格式DSLR时，也能照顾到标准焦距和远摄题材的需要，加上此镜头拥有4倍防抖能力，可谓是一支相当实用的高倍率变焦镜头。

单反相机曾几何时是专业摄影师的象征，一部单反相机再加上数支不同焦距的定焦镜头就是他们的标准装备。但随着相机数码化和价格不停下调的影响，4千至5千元就能买到一部数码单反相机，使之变得越来越普及，对很多用户来说，也不一定每次都喜欢准备多支镜头外出吧？因此，多功能的高倍率变焦天涯镜越来越受欢迎。

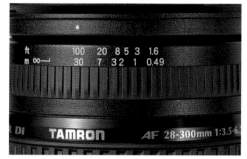

▲ 此镜头的最近对焦距离是0.49m，也可以作一定程度的近摄。

高倍率变焦之选

AF 28—300mm f/3.5—6.3 XR Di VC LD Aspherical [IF] Marco是Tamron推出的广角高倍率变焦镜头之一，其28—300mm焦距，相当于10.7倍变焦能力，如果用在1.6X的APS—C格式数码单反相机上，则拥有43—465mm的焦距，由标准焦距到远摄焦距都照顾得到。

此镜头采用了Tamron独创的3点驱动线圈装置，通过3粒钢珠控制震动补偿VC镜片，以达到防抖效果，并提供达4级以上的防抖能力！以实际的测试结果显示，以相当于135格式300mm的焦距拍摄时，用上1/8秒的快门依然可以拍摄出清晰不模糊的影像，换句话说，此镜头的防抖能力直追5级。当然，影像是否清晰也要看个人对相机的握持稳定程度，所以只可作参考，但可以肯定的是Tamron的防抖技术绝不逊色于其他镜头品牌。虽然此镜头并不具备恒定大光圈，在使用远摄端时可能会影响手持拍摄的清晰度，但有了其震动补偿系统的辅助，情况也可以得到改善。

焦距用途具弹性

AF 28—300mm f/3.5—6.3

VC分别提供了Canon和Nikon的卡口，因此这两大品牌的用户都能享受到这支镜头的拍摄乐趣。

此镜头如果用于APS—C格式的数码相机上，因为1.6X的焦距换算影响，变成了43—465mm的焦距；如是1.5X的DSLR，就相当于42—450mm，会较为偏向远摄镜头，已经足够拍摄运动或一些大型歌舞活动，如果再加上一个2X的增距镜，"打鸟"也完全没有问题，当然光圈也会随着变小。

如果你是全画幅数码单反的用户，当用上这支28—300mm的镜头，焦距覆盖了广角至远摄的范围。此外，此镜头更是具备Marco微距拍摄功能，虽然最大放大倍率还未能做到1∶1，但其1∶3的放大倍率其实也已经足够应付一般的微距拍摄工作，配合其震动补偿技术，要拍摄出清晰的微距影像也不困难。由此可见，此镜头的焦距范围用于全画幅相机上，似乎更加灵活多变。

轻便天涯镜之选

除了其广角至远摄的焦距和微距功能符合天涯镜的要求之外，方便携带也绝对是不可或缺的一环。Tamron此28—300mm用上了XR技术，镜头前方采用了

由高折射率镜片和非球面镜片合成的XR镜片，令镜头的体积减少，但依然保持了一般大镜头的通光量。

成像素质令人满意

从测试中可以发现，这支镜头在成像上的表现甚佳。无论在广角端或是远摄端的解像力都表现良好，广角端的中央解像力可达2300LW/PH，而远摄端的中央解像力也有2200LW/PH，锐度令人满意。此外，镜头的变形情况也可以接受，广角端桶状变形属可察，远摄端枕状变形属极轻微，而最令人满意的是其震动补偿技术，防抖效果令人满意。

而在四角失光方面，此镜头在28mm广角端时，失光情况才较为明显，当收小光圈后，情况便能得到改善。而在远摄端时，镜头的失光情况也较广角端时轻微，当收小光圈后更能得到明显改善，失光情况不易察觉。

■线性失真 DISTORTION

AF 28-300mm f/3.5-6.3 XR Di VC LD Aspherical [IF] Macro （测试相机：EOS 5D）

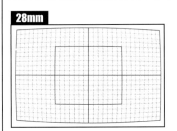
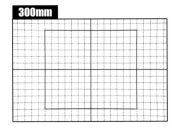

◀ **28mm**
测试结果：广角水平差异约 5.36%，广角垂
　　　　　直差异约 1.5%
测试评论：桶状变形情况可察

◀ **300mm**
测试结果：远摄焦距垂直差异约 0.29%，远
　　　　　摄水平差异约 0.5%
测试评论：枕状变形情况极轻微

■四角失光 VIGNETTE

AF 28-300mm f/3.5-6.3 XR Di VC LD Aspherical [IF] Macro （测试相机：EOS 5D）

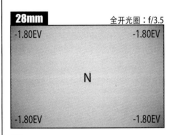
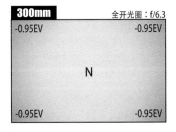

◀ **28mm**
测试结果：约-1.80EV
测试评论：四角失光情况可察

◀ **300mm**
测试结果：约-0.95EV
测试评论：四角失光情况明显

■中央解像力 RESOLUTION

AF 28-300mm f/3.5-6.3 XR Di VC LD Aspherical [IF] Macro （测试相机：EOS 5D）

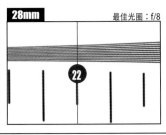
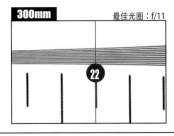

◀ **28mm**
测试结果：最佳光圈f/8
测试评论：最佳光圈f/8时，中央解像力表现
　　　　　良好

◀ **300mm**
测试结果：最佳光圈f/11
测试评论：最佳光圈f/11时，中央解像力表现
　　　　　良好

Lab test by Pop Art Group Ltd., © All rights reserved.

■规格 SPEC.

Tamron AF 28-300mm f/3.5-6.3 VC

焦距	28-300mm
用于APS-C	约42-450mm
视角	52° 58′ - 5° 20′
镜片	13组18片
光圈叶片	9片
最大光圈	f/3.5-6.3
最小光圈	f/22-40
最近对焦距离	0.49m
最大放大倍率	0.33x
滤镜直径	67mm
体积	78.1 x 99mm
重量	555g
卡口	F卡口、EF卡口（内置机身马达）

■评测结论

　　这支镜头焦距变化十分灵活，无论是广角还是远摄都能兼顾得到。虽然也适用于APS-C格式DSLR，但焦距相当于42-450mm，变得只适用于远摄，还是用于全画幅相机上会有较好的发挥。加上镜身超强的防抖技术，实用性十分高。而从镜头的成像素质方面来看，解像力表现也相当不俗，变形情况可以接受，是喜爱"一镜走天涯"的摄影人理想的镜头之一。

快门：1/2000秒　光圈：f/2.8　感光度：ISO400

专业级大光圈微距远摄镜头
Tamron SP AF 70-200mm f/2.8 Di Macro

主要特点

●焦距为70-200mm，用在APS-C格式DSLR上相当于135格式的105-300mm●拥有f/2.8恒定大光圈●具有微距拍摄功能，最近对焦距离为0.95米，最大放大倍率为1：3.1●13组18片的镜头结构设计，包含3片LD镜片●采用9片光圈叶片设计

■结构图

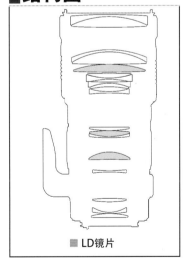

■LD镜片

■评分
（10分为满分）
8.5

　　像同时具有70-200mm焦距、f/2.8大光圈这种用处极广的镜头，几乎是摄影人必备的镜头之一。但如果不想承担较昂贵的原厂镜头，其实其他镜头生产商也提供了同类选择。例如这支镜头就是其中之一，而且更是同时兼顾远摄及微距拍摄。

对于很多摄影人来说，远摄镜头其实绝不可少，市面上远摄镜头的种类也有很多，包括定焦和变焦两种，但追求便携性的用户，普遍都会选变焦远摄镜头。而Tamron SP AF 70-200mm f/2.8 Di LD [IF] MACRO就是一支很有吸引力的远摄变焦镜头！

摄影人常用远摄变焦

在众多远摄变焦镜头中，70-200mm这个焦段相信是最受摄影人欢迎的之一，较低的变焦倍数，有利于保持较高的光学素质。而且，70mm的广角端，很容易接上摄影人常用的广角至中焦变焦镜头，例如18-70mm或24-70mm镜头等。此外，200mm远摄端，在大多数情况下，都已经足够使用。因此，70-200mm这个焦段是很好用的组合，所以相当受摄影人喜爱。而把它用在APS-C格式DSLR上，就拥有相当于135格式105-300mm的焦距。

f/2.8恒定大光圈

有不少70-200mm远摄变焦镜头，也和Tamron这支一样拥有f/2.8大光圈，有助于增加入光量，提升快门速度，减轻因抖动影响而出现的成像模糊。此外，f/2.8大光圈也可营造出显著的小景深效果，所以很多摄影人也利用这种中焦至远摄焦距镜头，配合大光圈拍摄小景深人像作品。

0.95米微距拍摄功能

Tamron这支SP AF 70-200mm f/2.8 Di LD [IF] MACRO，除了3倍变焦和f/2.8大光圈的特点外，其微距拍摄能力，也是它的卖点之一。市面上，很多镜头生产商都生产过同类焦段的大光圈镜头，但同时拥有微距拍摄功能的并不多。Tamron这支镜头的最近对焦距离仅为0.95米（全焦段），而在200mm焦距以最近对焦距离拍摄时，放大倍率达到1：3.1。所以在同类镜头当中，Tamron这支的确有其独特的优势，远摄焦距加上大光圈，可配全微距拍摄，用来拍摄小景深作品会很不错。

其他规格方面，此镜头采用13组18片的镜头结构设计，其中包含了3片LD镜片。最大光圈为f/2.8，而最小光圈为f/32，并采用了9片光圈叶片设计。它的体积也算适中，为194.3x89.5mm，重量为1150克，而滤镜直径为77mm。

操作手感也有水平

至于在镜头的操作方面，整体来说算是不错。在变焦方面，它的变焦环设计够大，令握持转动时很轻松也很快速。而它的手动对焦环更大，所以令手动对焦很舒服，试用的感觉也很流畅。用户只要前后推动对焦环，就可以迅速切换成自动对焦或手动对焦模式。另外，在自动对焦的速度方面，大致上没有问题，但如果要由无限远至近距离或相反情况时迅速改变，速度上仍有改善的空间。而镜头的做工也用料十足，镜身大部分采用金属材料，包括金属卡口。此镜头的握持手感不俗，用起来也不算沉重，携带起来也不会太辛苦。不过，毕竟是远摄变焦镜头，较容易受轻微的抖动影响而导致成像模糊，因此，如果可以加入防抖功能，相信会更有吸引力。

光学素质表现稳定

最后我们看看这支镜头的解像力，此镜头在70mm时全开光圈的锐度也算不俗，最佳光圈在f/11，锐度有不错的提升。而在200mm时，解像力与70mm时没有明显差别，全开光圈f/2.8时的解像力可以接受，最佳光圈也在f/11，锐度提升了不少。另外，此镜头的边缘解像力与中央差不多，而且不同焦距的锐度均很接近，可见此镜头的解像力表现相当平均和稳定。

之后看一看它的四角失光表现，在70mm全开光圈f/2.8时，失光情况也相当轻微，收小光圈后，已经难以察觉。失光情况在200mm时虽然略为提升了，但仍属于轻微。不过也发觉在各个焦距时，收小一级光圈已经可见情况有十分明显的改善。整体来说，此镜头的四角失光很轻微。

最后测试此镜头的线性失真情况，在70mm时，变形情况并不明显，而在200mm时，枕状变形情况仍是极轻微。

▲ 前后推动镜头的对焦环，可以迅速切换成自动对焦或手动对焦模式。

■线性失真DISTORTION

Tamron SP AF 70-200mm f/2.8 Di MACRO （测试相机：Nikon D300）

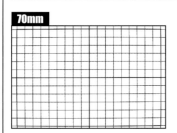

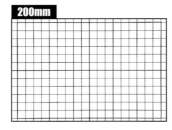

70mm
测试结果：水平差异约0.12%，垂直差异约0.31%
测试评论：桶状变形情况极轻微

200mm
测试结果：水平差异约0.12%，垂直差异约0.32%
测试评论：枕状变形情况极轻微

■四角失光VIGNETTE

Tamron SP AF 70-200mm f/2.8 Di MACRO （测试相机：Nikon D300）

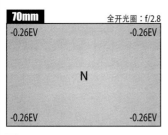

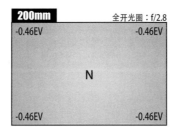

70mm
测试结果：约-0.26EV
测试评论：四角失光情况极轻微

200mm
测试结果：约-0.46EV
测试评论：四角失光情况极轻微

■中央解像力RESOLUTION

Tamron SP AF 70-200mm f/2.8 Di MACRO （测试相机：Nikon D300）

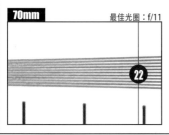

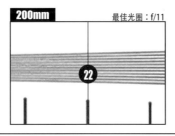

70mm
测试结果：最佳光圈f/11
测试评论：70mm时最佳光圈为f/11，锐度有提升。

200mm
测试结果：最佳光圈f/11
测试评论：最佳光圈f/11，锐度比全开光圈有提升。

Lab test by Pop Art Group Ltd., © All rights reserved.

■规格SPEC.

Tamron SP AF 70-200mm f/2.8 Di MACRO	
焦距	70—200mm
用于APS-C	约105—300mm
视角	34°21′ — 12°21′
镜片	13组18片
光圈叶片	9片
最大光圈	f/2.8
最小光圈	f/32
最近对焦距离	0.95m
最大放大倍率	0.32x
滤镜直径	77mm
体积	194.3x89.5mm
重量	1150g (不包括三脚架座)
卡口	K卡口、EF卡口、F卡口 (内置机身马达)、α卡口

■评测结论

　　此镜头的焦距很好用，尤其还有f/2.8大光圈及微距拍摄功能，令它用途甚广，如果加上防抖功能，相信会更好。当然，其售价就可能未必这么便宜。而在测试中可见，此镜头的光学表现很不错，不同光圈或焦距时都没有很大差异，实在难得，只是自动对焦能力仍有一些改善空间，但整体而言此镜头仍是很有吸引力的。

快门：6秒　光圈：f/32　感光度：ISO100

副厂品牌1：1放大微距标准镜头
Tokina AF 35mm f/2.8 Macro

主要特点

●35mm焦距，相当于135格式的52mm●f／2.8大光圈，弱光拍摄不成问题●备有8组9片镜片●内置了9片光圈叶片，小景深的光点更圆

■结构图

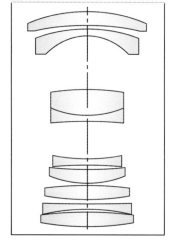

本来大多数微距镜头都是50mm、100mm，属于较长焦距，但Tokina却推出这支35mm的微距镜头。不要奇怪，这支是为APS-C相机而设，焦距转换之后，相当于135格式的52mm，也是少有的APS-C专用微距镜头！

■评分
（10分为满分）

9.0

这支AF 35mm f/2.8 Macro镜头，其35mm相当于135格式的52mm，和摄影人常用的50mm定焦镜头极为接近；而且更备有f/2.8大光圈、14cm最近对焦距离和1：1放大倍率的微距拍摄等性能，拥有大部分摄影人对定焦镜头的要求。

标准焦距微距镜头

这支Tokina全新推出的AF 35mm f/2.8 Macro，细心分析其规格，就会发觉其性能很不错。首先，35mm焦距使用在APS-C格式相机时，相当于135格式的52mm，和常用的50mm定焦镜头十分接近，所以对大部分摄影人而言此焦距很容易上手。

此镜头更是一支微距镜头，最近对焦距离仅为14cm，几乎可以把镜头紧贴着主体拍摄！但作为一支微距镜头，最重要的当然是放大倍率，此镜头拥有1：1放大倍率。1：1放大，表示可把实物原本大小完全反映在影像感应器上。例如主体体积有23mm宽，而相机的影像感应器也宽23mm，那么主体的宽度就应该可以完全出现在画面上，主体看来就相当大了。之前推出的标准定焦镜头当中，较少同时拥有1：1放大倍率的微距拍摄能力，所以Tokina这支新镜头绝对有其独特的魅力。

随时限制对焦范围

AF 35mm f/2.8 Marco拥有一个很方便的功能，镜头上设有一个LIMIT/FULL的转换按钮，可算是专为近摄而设，在平常情况下使用，应设定在FULL，表示可使用镜头的所有对焦距离，由最近的14cm至无限远。但当设定在LIMIT时，其有效对焦距离就会被限制，集中在短距离或远距离的范围。集中在短距离

范围的好处是，当需要近摄主体时，镜头不会因对不准焦而移至无限远，当再对焦时就会较花时间；如果限制了对焦距离，用户无论如何对焦，即使对不准焦，镜头的焦点仍会保持在接近最近对焦距离，再对焦时就更快了。所以极方便用于微距拍摄，而设定于远距离范围时的情况刚刚相反。实际的对焦操作感觉，对焦速度很不错，大部分情况都感觉很爽快。

AF/MF快速转换

此镜头除了可控制对焦范围外，还能方便地进行AF/MF的转换。镜头前的对焦环，同时也是AF/MF的转换开关，只要轻轻前后推动即可转换；尤其方便微距拍摄，随时立即转换成手动对焦，让用户更容易掌握精确的对焦点。而手动变焦时的感觉很流畅，可转动的幅度很大，由最近对焦距离转至无限远时，可以慢慢进行细致的对焦。

另外，此镜头拥有f/2.8大光圈，大光圈很方便拍摄。例如当靠近主体时，可能会遮挡光线，令主体的光源不足，大光圈就能发挥作用，使相机保持一定的快门速度。而且，大光圈也可令用户进行微距拍摄时，营造小景深来突出主体，例如拍摄花卉时集中表现花蕊或花瓣等部分。

高素质标准镜头

该镜头镜身也算轻巧，体积为73.2x60.4mm，镜头直径

52mm，重量为340克，经常携带也不会构成负担。此镜头采用8组9片的结构，虽然没有特殊镜片，但也采用了多层镀膜涂层，同样能有效改善成像素质，不过实际测试又如何呢？

首先是解像力方面，即使全开光圈f/2.8，解像力也很不错，而最佳光圈在f/8，解像力更进一步提升。另外，变形测试方面的结果也很理想，桶状变形情况极轻微。最后是四角失光测试，全开光圈f/2.8时，失光情况稍为明显，但不算严重；而且收小一级光圈至f/4时，情况已大为改善；收小至f/5.6时，已经无法用肉眼察觉四角失光的情况。

整体而言，一方面此镜头的焦距很易用，而且镜身轻巧，也有f/2.8大光圈、AF/MF和LIMIT/FULL的轻易转换设计，是支很好用的镜头！而拥有微距拍摄能力的抓拍镜头相信有一定吸引力！

▲ 采用9片光圈叶片设计，利用大光圈拍摄微距时，可制造更舒服的小景深虚化效果。

▲ 此镜头做工不错，用上金属卡口，耐用度已不是问题！

■线性失真DISTORTION

Tokina AF 35mm f/2.8 Macro （测试相机：Nikon D300）

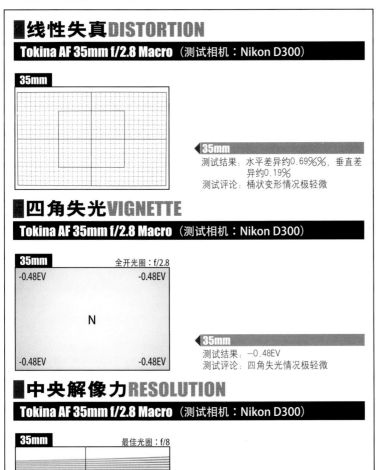

35mm

◄**35mm**
测试结果：水平差异约0.69%%，垂直差
异约0.19%
测试评论：桶状变形情况极轻微

■四角失光VIGNETTE

Tokina AF 35mm f/2.8 Macro （测试相机：Nikon D300）

35mm　　　　　　全开光圈：f/2.8

-0.48EV　　　　　　　　　　　-0.48EV

N

-0.48EV　　　　　　　　　　　-0.48EV

◄**35mm**
测试结果：−0.48EV
测试评论：四角失光情况极轻微

■中央解像力RESOLUTION

Tokina AF 35mm f/2.8 Macro （测试相机：Nikon D300）

35mm　　　　　　最佳光圈：f/8

20

◄**35mm**
测试结果：最佳光圈f/8
测试评论：此镜头的最佳光圈为f/8，解
像力进一步提升

Lab test by Pop Art Group Ltd., © All rights reserved.

■规格SPEC.

Tokina AF 35mm f/2.8 Macro	
焦距	35mm
用于APS-C	约52.5mm
视角	43°
镜片	8组9片
光圈叶片	9片
最大光圈	f/2.8
最小光圈	f/22
最近对焦距离	0.14m
最大放大倍率	1x
滤镜直径	52mm
体积	73.2 x 60.4mm
重量	340g
卡口	EF卡口、F卡口

■评测结论

　　这支镜头拥有相当于135格式的52.5mm，是常用的焦距，所以很快能掌握如何操作；而且相当焦距的镜头较少拥有1：1放大倍率的微距拍摄能力；加上其LIMIT/FULL及AF/MF随时切换的设计，令此镜头的整体操作感很好，售价也算合理，成像素质也不错，没有微距镜头的摄影人值得考虑。

快门：1/20秒　光圈：f/5.6　感光度：ISO6400

大光圈超广角实力派镜头
Tokina AT-X PRO DX 11-16mm f/2.8

主要特点

●超广角的焦距，用在APS—C格式相机上约相当于135格式的16—24mm焦距●恒定f/2.8大光圈，对弱光拍摄非常有利●SD低色散镜片配合P—MO和MOLD两组非球面镜组有效控制变形●虽然是恒定大光圈，但镜身小巧，非常难得

■结构图

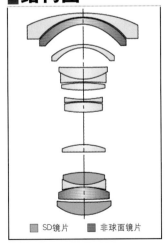

■ SD镜片   ■ 非球面镜片

■评分   8.0
■（10分为满分）

　　此镜头很有吸引力，恒定f/2.8大光圈配上11-16mm广角焦距，还有改善成像的低色散镜片和非球面镜片，不但实用，而且少见，就算原厂镜头也不多。这种大光圈的超广角之选，可谓实力之作。

看到这支镜头的型号，基本已知道此镜头的特色，11—16mm超广角、恒定大光圈，有经验的用户都知道，现在很少这样的f/2.8超广角镜头，所以这次Tokina应该很有竞争力。特别是需要使用f/2.8大光圈的专业用户，这样的镜头相当吸引人。

超广角焦距实用

这支镜头有11—16mm，经过1.5X焦距换算后，相当于135格式的16.5—25mm，视角极为广阔，用来拍摄风景、纪实都很合适。

为了提升超广角镜头的成像素质，在13片11组镜片设计中，加入了SD超低色散镜片、P—MO非球面镜片和MOLD非球面镜片，用于减少影像变形，减少衍射和色差等，务求提升影像的素质。

细心的朋友知道，Tokina并非只有一支这种超广角镜头，还有一支12—24mm超广角镜头。千万不要以为Tokina这两支近似的镜头是"自己打自己"，相比之下，新的11—16mm不但视角更广阔，而且有f/2.8大光圈，比12—24mm更强劲。

现在用APS—C格式相机真划算，虽然全画幅相机也有16—35mm焦距的镜头，但价格不菲。用在APS—C格式相机上，焦距接近16—35mm的镜头，数量真的很多，价格非常合理。这次再添Tokina这支f/2.8镜头，用户的选择就更多样了。

全金属镜身

Tokina镜头也有分级，例如AT—X PRO DX、AT—X DX和AT—X PRO D等，最顶级的镜头都有PRO字样，而这支11—16mm也一样，属于AT—X PRO DX系列，所以用料和做工都达顶级素质。

先不说什么，拿在手上就知道此镜头用全金属制造，坚固性和耐用性不成问题，可以应付专业拍摄需要。

此镜头采用可快速转换手动或自动的对焦环，也是Tokina常用设计，在改变对焦模式时非常方便。

镜头素质不俗

超广角镜头的素质一直是用户最关注的地方，在测试中，我们主要留心此镜头的解像力、变形和四角失光情况，最受人关注的是解像力。

由于镜头是超广角，会出现正常的衍射现象。我们观察到，此镜头用f/2.8最大光圈时，四周的衍射会较易察觉。收小光圈会有所改善，其中在最广角的11mm时用f/2.8光圈，中央比四周来得锐利。我们逐渐收小光圈，由f/2.8改为f/4，四周的解像力有所提升，而一直到f/8光圈，影像中央以至边缘都有最佳表现，f/8也是11mm时的最佳光圈。

至于16mm焦距，在f/2.8时同样出现中央比边缘清晰的现象。我们也不断收小光圈，不过情况和11mm时不同，一直要收小到f/8光圈，中央和边缘解像力才明显接近。到f/16光圈时，中央以至边缘都有最佳解像力，也是16mm时的最佳光圈。

以一支超广角镜头来说，此镜头的中央解像力表现较佳。由f/2.8到更小的光圈，中央解像力也没有大变化，四周则有合理的衍射现象，在大光圈时显得点模糊，但我们仍然对此镜头在中央解像力的表现非常满意。

暗角、变形控制合理

此镜头四角失光并没有想象中的明显，这完全超出了我们的预期。在试用前，我们以为这支超广角镜头会有明显的四角失光，但实际试用中发现，此镜头无论11mm还是16mm，四角失光都不明显，即使用f/2.8最大光圈，也没有严重的四角失光；如果在实际拍摄时，有景物的衬托，四角失光则更难以察觉。同时，我们即使在f/2.8时发现四角失光情况，只要收小光圈至f/5.6左右，四角失光就不明显了。

而变形的情况，大家也预期11—16mm这样的焦距会有一定程度的变形，要超广角镜头没有变形，是无理强求。我们其实接受此镜头的变形情况，在11mm时，变形会较易察觉，但16mm则十分轻微，和11mm时明显不同，变形大为减轻，效果令人满意。

以广角镜头来说，此镜头的表现已相当不错，也令人满意，且四角失光和变形已控制得很低，用户会更满意。

▲此镜头其实并不大，属于轻便的镜头，外出拍摄很方便。

■线性失真DISTORTION

Tokina AT-X PRO DX 11-16mm f/2.8 （测试相机：Nikon D300）

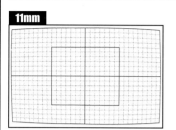

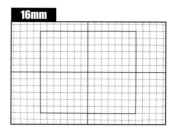

11mm
测试结果：水平差异约1.13%，垂直差异约1.46%
测试评论：桶状变形情况可察觉

16mm
测试结果：水平差异0.65%，垂直差异0.64%
测试评论：枕状变形情况轻微

■四角失光VIGNETTE

Tokina AT-X PRO DX 11-16mm f/2.8 （测试相机：Nikon D300）

11mm 全开光圈：f/2.8
-1.27EV   -1.27EV
N
-1.27EV   -1.27EV

16mm 全开光圈：f/2.8
-0.43EV   -0.43EV
N
-0.43EV   -0.43EV

11mm
测试结果：约-1.27EV
测试评论：四角失光情况明显

16mm
测试结果：约-0.43EV
测试评论：四角失光情况轻微

■中央解像力RESOLUTION

Tokina AT-X PRO DX 11-16mm f/2.8 （测试相机：Nikon D300）

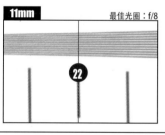
11mm 最佳光圈：f/8

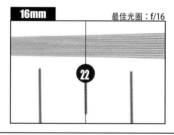
16mm 最佳光圈：f/16

11mm
测试结果：最佳光圈f/8
测试评论：解像力最佳，最为锐利

16mm
测试结果：最佳光圈f/16
测试评论：镜头的解像力大幅提升

Lab test by Pop Art Group Ltd., © All rights reserved.

■规格SPEC.

Tokina AT-X PRO DX 11-16mm f/2.8

焦距	11-16mm
用于APS-C	约16.5-24mm
视角	104° - 82°
镜片	11组13片
光圈叶片	9片
最大光圈	f/2.8
最小光圈	f/22
最近对焦距离	0.3m
最大放大倍率	0.09x
滤镜直径	77mm
体积	89.2 x 84mm
重量	560g
卡口	EF卡口、F卡口（DX格式）

■评测结论

　　我们相信很多用户都会喜欢这支镜头，因为焦距实在太实用了。11-16mm使用在APS-C格式相机上，可以做到16-24mm，正是很多用户所期盼的。而且这支镜头的解像力不错，特别是中央解像力很有水平。整支镜头并没有什么需要挑剔，对焦速度也不错，最重要的是价格合理。

快门：1/250秒　光圈：f/4　感光度：ISO100

恒定大光圈广角至中焦镜皇
Tokina AT-X 16-50mm f/2.8 PRO DX

主要特点

●16—50mm的焦距在135格式下为24—75mm●拥有16mm（135格式24mm）的广角端焦距●恒定f/2.8大光圈●具备微距拍摄功能，最近距离为30cm●采用2片SD超低色散镜片

■结构图

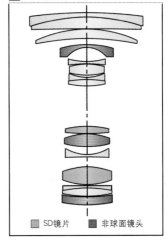

□ SD镜片　■ 非球面镜头

当你拿起这支16-50mm f/2.8，肯定会感到十分兴奋，其焦距在APS-C格式相机上，相当于135格式的24-75mm，广角至中焦，又有恒定f/2.8光圈。一般来说，有如此规格的镜头，在任何品牌都是镜皇级别！

■评分
（10分为满分）

8.0

> 图丽镜头向来有着优异的做工，而这支专业级别的金属镜身镜头更不用担心做工了。该镜头具有恒定f/2.8大光圈，用在APS-C格式的相机上正好是24-75mm的标准焦距，十分有吸引力。

数码专用镜头

新镜头有多方面吸引人的地方，其中之一，是其f/2.8恒定大光圈！如果想要营造效果显著的小景深照片，唯有大光圈才可以做到，所以其f/2.8也是十分重要的；加上在光线不足的环境下，大光圈绝对有帮助，对焦也会更快更准。

而新镜头另一个卖点，就是其16mm的广角端焦距，这支镜头的焦距为16-50mm，用在1.5X焦距换算系数的DSLR上，则相当于135格式的24-75mm。

另外，此镜头也具有微距拍摄功能，最近对焦距离达到了30cm，拍摄近距离的被摄体时也可轻松完成。

镜身设计手感好

在对焦环和变焦环方面，镜头前方较大的是对焦环，手动对焦时会相当舒服，而且只要前后推动对焦环，听见轻轻的"咔"一声，就可立即由自动对焦更改为手动对焦，设计得十分方便。

而后方较小的就是变焦环，虽然宽度比较小，但其实就部分摄影人手持相机的姿势来看，应该是没有大影响的，变焦时不会因为宽度较小而操作困难；加上其变焦倍数也不算大，16-50mm只是3倍左右，所以变焦环的转动幅度不会太多。

另外，镜头采用了IF内对焦，所以对焦时镜身是不会转动的，因此也不影响用户拍摄，可

专心拍摄。此外，镜身主要采用金属材料制造，使用时手感也会比全塑料镜身设计的镜头更好。

使用2枚SD镜片

此镜头的整体结构为12组15片镜片，其中包括2片SD镜片，即超低色散镜片，可减低因颜色失真而出现的双重色散，能有效提升影像的还原度和重现更丰富鲜艳的色彩。虽然近年推出的镜头中已有不少使用这类超低色散镜片的，但部分只会用上1片，但AT-X 165 PRO DX就用上了2片SD镜片，另外再加上1片LD镜片和非球面镜片等，相信成像素质会有更加理想的效果。

除此之外，镜头前端的镜片使用上新开发的WR涂层，这种涂层能有效防水和防油迹，这样就不用太担心镜头会受到水滴和指纹等因素而影响到镜头的表面。

f/2.8又多一个选择

相信经过以上介绍，大家对此镜头已有一定的了解了吧！但要真正了解一支镜头，唯有清楚其成像素质才是最快、最好的。

先说解像力，这支镜头在广角端和远摄端时的素质没有出现太大的差异。广角端时的表现会比较好一些，中央解像力的最佳光圈在f/5.6，可见其解像力达2000LW/PH。而远摄端时的解像力也不弱，最佳光圈为f/8，解像力约有1800LW/PH。

而在变形方面，虽然在16mm（135格式24mm）广角端时

出现可观察到的桶状变形情况，但在50mm（135格式75mm）时，枕状变形情况就极轻微。广角端时水平差异约0.13%，垂直差异约为2.13%，桶状变形情况可察。远摄端时水平差异约0.16%，而垂直差异约0.09%，枕状变形情况极轻微。

在四角失光测试中，在f/2.8全开光圈时，可以看到广角端的四角失光情况较明显，测试结果为-1.22EV的四角失光，虽然明显，但比起同级的镜头不算多。但在远摄端时就明显减轻，同样以f/2.8光圈测试，结果为-0.64EV，四角失光极轻微，情况减轻近一倍。

▲ 这支镜头采用了金属卡口，耐用性十足。

▲ 镜头结构有9片光圈叶片，令大光圈拍摄时焦外成像部分的圆圈更加漂亮。

■线性失真DISTORTION

Tokina AT-X 16-50mm PRO DX （测试相机：Nikon D80）

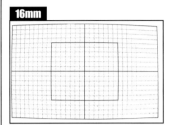

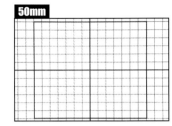

16mm
测试结果：水平差异约0.13%，垂直差异约2.13%
测试评论：桶状变形情况可察

50mm
测试结果：水平差异约0.16%，垂直差异约0.09%
测试评论：枕状变形情况极轻微

■四角失光VIGNETTE

Tokina AT-X 16-50mm PRO DX （测试相机：Nikon D80）

16mm　全开光圈：f/2.8
-1.22EV　　-1.22EV
N
-1.22EV　　-1.22EV

50mm　全开光圈：f/2.8
-0.64EV　　-0.64EV
N
-0.64EV　　-0.64EV

16mm
测试结果：-1.22EV
测试评论：四角失光明显

50mm
测试结果：-0.09EV
测试评论：四角失光极轻微

■中央解像力RESOLUTION

Tokina AT-X 16-50mm PRO DX （测试相机：Nikon D80）

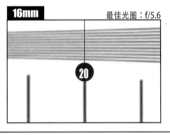

16mm　最佳光圈：f/5.6
(20)

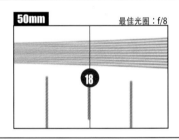

50mm　最佳光圈：f/8
(18)

16mm
测试结果：最佳光圈f/5.6
测试评论：中央解像力相当不错

50mm
测试结果：最佳光圈f/8
测试评论：远摄焦距比广角稍低，但边缘与中央差别不大！

Lab test by Pop Art Group Ltd., © All rights reserved.

■规格SPEC.

Tokina AT-X 16-50mm PRO DX

焦距	16—50mm
用于APS-C	约24—75mm
视角	82° — 31°
镜片	12组15片
光圈叶片	9片
最大光圈	f/2.8
最小光圈	f/22
最近对焦距离	0.3m
最大放大倍率	0.2x
滤镜直径	77mm
体积	84x97.4mm
重量	610g
卡口	EF卡口/F卡口

■评语

　　在试用中可以感受到，这支镜头在广角端时相当于135的24mm（1.5X时），可涵盖到的景物也较多，用于抓拍效果也算不错。另外其f/2.8大光圈和最近30cm的最近对焦距离，在近摄时很有帮助，镜身手感也很理想。

快门：1/640秒　　光圈：f/5.6　　感光度：ISO100

专业级大光圈远摄镜头
Tokina AT-X PRO DX AF 50-135mm f/2.8

主要特点

● 恒定f/2.8大光圈●提供约相当于135格式的80-210mm焦距●镜身在变焦时长度不变●IF内对焦，可快速AF/MF切换●附有脚架环

■结构图

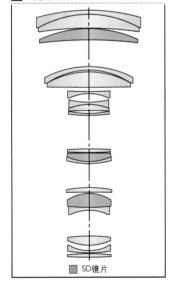

□ SD镜片

　此镜头的焦距特殊，50-135mm一般只算中焦镜头，理论上并不实用，但此镜头专为APS-C格式相机而设，因此实际是80-210mm f/2.8，马上变得十分好用。更重要的是，此镜头不但没有一般70-200mm那样"重型"，大小适中，用起来也方便。

■评分
（10分为满分）

7.5

在135胶片年代，要说最受欢迎的人像镜头，70—200mm f/2.8肯定是最受拥戴的镜头之一，不过用到一般DSLR上便会大幅增长焦距。因此Tokina特别推出了这支50—135mm焦距的镜头，用在换算系数为1.6x的APS-C格式相机后便成为一支约80—210mm焦距的镜头，"还原"至传统的中长焦距。

◄与其他新型Tokina镜头一样，此镜头使用了WP保护涂层。

长度保持不变

与大部分针对APS-C格式相机而设的镜头一样，此镜头要比传统的70—200mm大光圈镜头更加小巧轻便，仅重845克，足以媲美同级的f/4光圈镜头，因此这支镜头非常适合要求轻便又需要大光圈的影友。而使用这类大光圈镜头的好处，除了可以营造突出的小景深效果外，能提供更明亮的取景效果，某些型号的相机更会因此而加强其对焦性能。

另一方面，这支恒定f/2.8镜头，无论在广角端还是远摄端均保持长度不变，而镜头前端也不会在变焦或对焦时旋转，用户可以放心使用偏光镜。此镜头给予用户强烈的金属质感，用户使用时会感到分外安心。而镜头末端可见一个小白点，用以标示安装镜头时的位置，这是十分细心的设计。

随镜附赠脚架环

虽然这支镜头没有超声波马达这类技术，但是其对焦速度合理，在自动对焦模式中能够快速地对焦。然而此镜头没有全时手动对焦功能，用户要切换成手动对焦模式，必须拉动整个对焦环，这项设计要比靠专用按钮来得方便。

像这类f/2.8大光圈的镜头，影像的景深范围很小，要有效控制景深，镜头就要提供顺畅的对焦环设计。而此镜头的对焦环就相当顺畅，让用户可以十分精确地对焦。

另一方面，这支镜头已经内置了脚架环，当用户将此镜头放在脚架上时，便可以提供稳定的平衡位置，而且这样能方便地快速切换竖拍或横拍模式。可是，用户无法拆除这个脚架环，如果用户觉得它阻碍操作，便需要转动到其位置了。

影像有表现

作为Tokina的优质镜头，素质应有保证。我们测试也觉镜头的表现不俗，在解像力方面，此镜头在50mm焦距如全开f/2.8大光圈，中央和边缘都保持锐利，完全没有因为大光圈而出现边缘松散的情况；如果想要更佳的锐度，我们可以收小光圈至f/8，解像力便有大幅提升。而且四角失光轻微，基本不让人

快门：1/400秒　光圈：f/4　感光度：ISO400

察觉，同时也没有明显的变形状况，证明在50mm时，镜头的表现非常不错。

而在135mm焦距，在f/2.8大光圈时，中央比边缘清晰锐利，四周有可以察觉的松散情况；如果要改善，需收小至f/8光圈，边缘锐度就会和中央接近；而在f/11光圈时，中央和边缘的锐度都提升到最高，直到f/22都保持锐度充足。在200mm时变形和四角失光都不明显，即使我们以严格的标准来测试，也没有发现镜头有明显的失光或变形。

有竞争力之作

Tokina推出的镜头一向切合用户的需要。这支50—135mm本身就设计得特殊，焦距在换算之后的实用性、光圈够大和镜身重量合理，给用户很大吸引力；也由于设计上的独特性，即使和原厂镜头比较，也未必有相同焦距的产品，让此镜头保持竞争力。

■线性失真DISTORTION

AT-X PRO DX AF 50-135mm f/2.8 （测试相机：Canon EOS 400D）

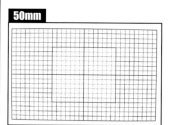
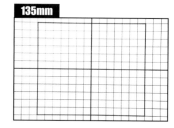

◀**50mm**
测试结果：水平差异约0.20%，垂直差异约0.36%
测试评论：桶状变形情况极轻微

◀**135mm**
测试结果：水平差异约0.33%，垂直差异约0.59%
测试评论：枕状变形情况极轻微

■四角失光VIGNETTE

AT-X PRO DX AF 50-135mm f/2.8 （测试相机：Canon EOS 400D）

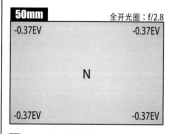
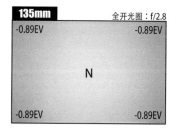

◀**50mm**
测试结果：−0.37EV
测试评论：四角失光极轻微

◀**135mm**
测试结果：−0.89EV
测试评论：四角失光轻微

■中央解像力RESOLUTION

AT-X PRO DX AF 50-135mm f/2.8 （测试相机：Canon EOS 400D）

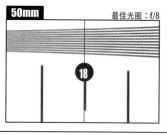
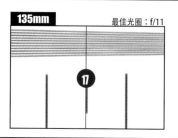

◀**50mm**
测试结果：最佳光圈f/8
测试评论：在f/8光圈，中央和边缘解像力相当

◀**135mm**
测试结果：最佳光圈f/11
测试评论：长焦距的解像力于f/11光圈有明显的改善

Lab test by Pop Art Group Ltd., © All rights reserved.

■规格SPEC.

AT-X PRO DX AF 50-135mm f/2.8

焦距	50−135mm
用于APS-C	约75−212.5mm
视角	31°3′ −11°8′
镜片	14组18片
光圈叶片	9片
最大光圈	f/2.8
最细光圈	f/32
最近对焦距离	1m
最大放大倍率	0.17x
滤镜直径	67mm
体积	78.2 x 135.2mm
重量	845g
卡口	EF卡口、F卡口

■评测结论

这支镜头的放大倍率只有0.17倍，加上最近对焦距离达1米，用它拍摄花卉这类题材效果不太突出。虽然此镜头的远摄端解像力仍有明显的进步空间，但它毕竟提供了小景深效果甚佳的恒定f/2.8光圈，对预算有限的用户，此镜头已算物超所值。

快门：1/800秒　光圈：f/8　感光度：ISO800

简约版5倍变焦镜头
Tokina 80-400mm f/4.5-5.6 AT-X 840 D

主要特点

●远摄端400mm的光圈为f/5.6●
最近对焦距离为2.5m●遮光罩可
转动偏光镜

■结构图

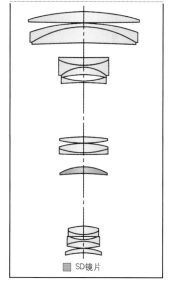

■ SD镜片

　　这支镜头和1996年推出的80-400mm极
为相近，是升级之作。由于进入数码年代，
Tokina也将以前的经典长焦距镜头升级为新一
代镜头，让数码相机也可以使用，主要升级就
是将镜头的镀膜加强，减少镜尾受感光元件反
光的影响。

■评分
(10分为满分)

7.0

目前最便宜的入门级DSLR，只不过四五千元便可买到，用户可以花费更多投资在镜头方面。这支Tokina 80-400mm f/4.5-5.6镜头便属于大众化的中长焦变焦镜头，也是不少初学者继标准变焦镜头后，会打算购买的镜头。

▶ 随镜附送的遮光罩非常实用。

镜身具金属感

目前中长焦距镜头中，较受欢迎的有70-200mm这个焦距的，然而Tokina这支镜头要比这个范围更长，所以它的用途其实更加广泛。近年生态摄影兴起，对于喜欢拍摄鸟类的影友，这支镜头应该会成为他们的考虑之列。此外，相对许多同焦距的大光圈镜头，这支仅1千克重的镜头确实轻巧得多，在野外走动也较方便。

或许不少影友会怀疑这种小光圈的长焦镜头，镜身手感比不上大光圈镜头。然而事实正好相反，这支镜头的镜身使用了大量金属制造，加上它粗糙的磨砂表面，由外观以至实际手持的感觉，都给予人相当稳重的感觉，在同级镜头中一点也不逊色。

事实上，这支镜头是1996年问世的AT-X 840 AF的翻新之作。与前作最大区别之一，便是新镜头采用了内对焦系统设计，换言之，镜头最重要的一块镜片在对焦时并不会转动，这能有效加快对焦速度。不过，实际上使用此镜头对焦时，如配合入门相机，便会发觉其对焦速度仅为一般，而且发出相当明显的声响，相比一些配备超声波马达驱动的镜头，差别仍然明显。

遮光罩设有圆盘

这支镜头的遮光罩比较特殊，首先是其做工相当不俗，内层设有绒状材料，帮助减少光线反射。此外，还在其外缘设有一个小圆盘，方便用户按下转动镜头前端的偏光镜，如果用户不用力按着这个小圆盘，就不用怕会不慎转动偏光镜的角度，由此可见厂方的细心之处。

这支镜头在变焦时，镜身长度会随之改变，幸好镜筒也够扎实坚固，不会自动滑下。可是，这支镜头在对焦时，同样会改变镜身长度。加上对焦环在镜头前端，当使用自动对焦时，用户持着的镜头前端既会前后移动，对焦环又会不断转动，与用户的手指不断磨擦，这种设计实在需要用户慢慢适应。

转动变焦模式按键的位置在镜头末端，即是接近相机的位置。然而在实际应用中，此按键应该改在接近对焦环的位置，因为用户往往需要在对焦过程中，实时转换对焦模式。另一方面，脚架环与镜身的空间较窄，手指不可能放在这个空间，所以当手持拍摄时，用户更需要调整脚架环至合适位置。

没有明显眩光

由于现在DSLR使用CCD或CMOS作为感光元件，相比胶片这些感光材料更容易反光。这支新镜头则使用了多重镀膜技术，声称能有效减少上述的光学问题。而在我们实际的测试中，也都拍摄了不少面向太阳、有强光照射的照片，结果发现影像果然没有明显的鬼影现象。

只是在400mm长焦距时，照片的边缘容易见到紫边，这是值得改善之处。幸好在收小光圈时，紫边情况即有所减轻，还算可取！不过，用户仍可照用400mm，事后利用图像编辑软件作后期处理也无不可。

虽然此镜头在远摄端的表现并不算顶级，但是以其远摄焦距拍摄的照片，背景能够呈现十分自然的虚化。这应该与它使用了8片光圈叶片有关，因此以它来拍摄人像照片也相当不错。

■线性失真DISTORTION

Tokina 80-400mm f/4.5-5.6 AT-X 840 D （测试相机：Canon EOS 350D）

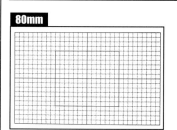

80mm

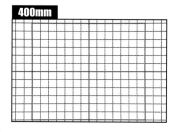

400mm

80mm
测试结果：水平差异约0.08%，垂直差异约0.63%
测试评论：桶状变形情况极轻微

400mm
测试结果：水平差异约0.2%，垂直差异约0.25%
测试评论：枕状变形情况极轻微

■四角失光VIGNETTE

Tokina 80-400mm f/4.5-5.6 AT-X 840 D （测试相机：Canon EOS 350D）

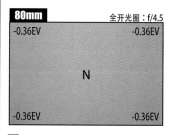

80mm　全开光圈：f/4.5
-0.36EV　-0.36EV
N
-0.36EV　-0.36EV

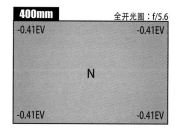

400mm　全开光圈：f/5.6
-0.41EV　-0.41EV
N
-0.41EV　-0.41EV

80mm
测试结果：-0.36EV
测试评论：四角失光极轻微

400mm
测试结果：-0.41EV
测试评论：四角失光极轻微

■中央解像力RESOLUTION

Tokina 80-400mm f/4.5-5.6 AT-X 840 D （测试相机：Canon EOS 350D）

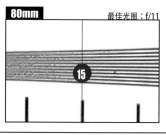

80mm　最佳光圈：f/11
15

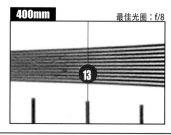

400mm　最佳光圈：f/8
13

80mm
测试结果：最佳光圈f/11
测试评论：在f/8光圈，解像力有所提升。

400mm
测试结果：最佳光圈f/8
测试评论：在f/8光圈，解像力有所提升。

Lab test by Pop Art Group Ltd., © All rights reserved.

■规格SPEC.

Tokina 80-400mm f/4.5-5.6 AT-X 840 D

焦距	80—400mm
用于APS-C	约120—600mm
视角	29°50′ —6°13′
镜片	10组16片
光圈叶片	8片
最大光圈	f/4.5—5.6
最小光圈	f/32
最近对焦距离	2.5m
最大放大倍率	0.19x
滤镜直径	72mm
体积	79 x 136.5mm
重量	1020g
卡口	EF卡口、F卡口

■评测结论

　　这支镜头适合生态摄影或人像摄影等要求长焦距镜头的题材。由于镜头设计合理，在重量和体积之间达到合理平衡，就算手持拍摄也没有太大问题，如有机身防抖，那就更能保持影像清晰度。

▲ 镜身设有锁紧变焦键，可防止镜头在相机袋内意外伸长。

图书在版编目（ＣＩＰ）数据

DSLR流行镜头大比拼 ／ 胡民炜，黎韶琪，姜荣杰著.
-- 北京 ： 中国摄影出版社，2012.3
ISBN 978-7-80236-721-0

Ⅰ. ①D… Ⅱ. ①胡… ②黎… ③姜… Ⅲ. ①数字照
相机－单镜头反光照相机－摄影镜头－基本知识 Ⅳ.①TB851

中国版本图书馆CIP数据核字(2012)第041703号

书　　　名：DSLR流行镜头大比拼

作　　　者：胡民炜　黎韶琪　姜荣杰

责任编辑：谢建国

装帧设计：王　彪

出　　　版：中国摄影出版社

地址：北京东城区东四十二条48号　邮编：100007

发行部：010-65136125 65280977

网址：www.cpphbook.com

邮箱：office@cpphbook.com

制　　　版：北京杰诚雅创文化传播有限公司

印　　　刷：北京市雅迪彩色印刷有限公司

开　　　本：16

纸张规格：787mm×1092mm

印　　　张：18.5

字　　　数：270千字

版　　　次：2012年5月第1版

印　　　次：2012年5月第1次印刷

ISBN 978-7-80236-721-0

定　　　价：89.00元

版权所有　侵权必究